W0260294

Algebra für Informatiker

H. Kaiser
R. Mlitz
G. Zeilinger

Zweite, verbesserte Auflage

Springer-Verlag Wien New York

Prof. Dr. Hans Kaiser
Dr. Gisela Zeilinger
Institut für Algebra und diskrete Mathematik
Technische Universität Wien, Österreich
Prof. Dr. Rainer Mlitz
Institut für Angewandte und Numerische Mathematik
Technische Universität Wien, Österreich

Mit 23 Abbildungen

CIP-Kurztitelaufnahme der Deutschen Bibliothek
Kaiser, Hans:
Algebra für Informatiker / H. Kaiser ; R. Mlitz ; G. Zeilinger. – 2., verb. Aufl. – Wien ; New York : Springer, 1985.
ISBN-13:978-3-211-81891-6

NE: Mlitz, Rainer:; Zeilinger, Gisela:

ISBN-13:978-3-211-81891-6 e-ISBN-13:978-3-7091-8820-0
DOI: 10.1007/978-3-7091-8820-0

VORWORT

Das Kernstück des vorliegenden Buches entstand aus einer einsemestrigen Vorlesung gleichen Namens, die die Autoren seit mehreren Studienjahren an der Technischen Universität Wien betreuen und die von R.Mlitz ausgearbeitet wurde. Es erschien den Autoren notwendig bzw. zweckmäßig,dieses Kernstück zu ergänzen durch lineare Algebra - die an der TU Wien getrennt vorgetragen wird - und graphentheoretische Grundbegriffe. Die von den Autoren gewonnenen Erfahrungen haben die vom üblichen Schema abweichenden didaktischen Aspekte der Darstellung geprägt, deren Grundprinzip in der nachfolgenden Einleitung erläutert wird.

Das Buch richtet sich zunächst an Studierende der Informatik zum Gebrauch neben entsprechenden Vorlesungen, zum Nachschlagen und Wiederholen. Darüber hinaus soll der Anwender angesprochen werden, der in dem Werk die wichtigsten algebraischen Methoden des Informatikers dargeboten findet. Die Darstellung beschränkt sich auf den mathematischen Hintergrund und dessen direkte Anwendung. Bezüglich eventueller technischer Realisierungen sei auf die entsprechende Literatur verwiesen.

Unser besonderer Dank gilt Frau E.Wiesenbauer und Frau H.Reinauer für die sorgfältig durchgeführten Schreibarbeiten, Herrn Mag.W.Nowak für die genaue Ausführung der Graphiken, sowie dem Springer-Verlag Wien für sein Entgegenkommen und die gute Zusammenarbeit.

Wien, im Juli 1981 H.Kaiser, R.Mlitz und G.Zeilinger

In der vorliegenden 2. Auflage wurden - so hoffen wir - alle Tippfehler des ersten Manuskriptes korrigiert. Des weiteren wurde an einigen Stellen der Text in mathematischer Hinsicht leichter lesbar gemacht.

Wien, im Juli 1985 Die Autoren

INHALTSVERZEICHNIS

Einleitung 1

0. Mathematische Grundbegriffe 3

1. Mengen 3
2. Relationen und Abbildungen 6
3. Elemente der Wahrscheinlichkeitsrechnung 12
Aufgaben 15

I. Klassische algebraische Strukturen 17

1. Halbgruppen und Gruppen 17
2. Ringe und Körper 36
3. Moduln und Vektorräume 40
4. Polynome 50
5. Interpolation durch Polynome 58
6. Teilbarkeit-der Euklidische Algorithmus 63
7. Endliche Körper 67
Aufgaben 74
Literatur 79

II. Lineare Algebra 81

1. Lineare Abbildungen und Matrizen 81
2. Rang einer Matrix 86
3. Lineare Gleichungssysteme 90
4. Determinanten 94
5. Skalarprodukt und Orthogonalität 106
6. Lineare Abhängigkeit und Gramsche Determinante 109
7. Orthonormalsysteme 111
8. Orthogonale Matrizen 114
9. Eigenwerte und Eigenvektoren 115
Aufgaben 118
Literatur 122

III. Algebraische Codierungstheorie 123

1. Grundprinzipien der Codierung 123
2. Kanalcodierung und Fehlerkorrektur durch Blockcodes 127
3. Gruppencodes 134
4. Lineare Codes 138
5. Zyklische Codes 143
6. Fehlerbündel 149
7. Einige spezielle Linearcodes 150

Aufgaben 156

Literatur 158

IV. Relationen und Graphen 159

1. Relationen 159
2. Ungerichtete und gerichtete Graphen 161
3. Isomorphie von Graphen 166
4. Zusammenhang 168
5. Relationen, Graphen, Matrizen 171
6. Graphen und Automaten 174

Aufgaben 176

Literatur 178

V. Universale Algebra 179

1. Universale Algebren, Varietäten 179
2. Unteralgebren, Homomorphismen und direkte Produkte 184
3. Freie Algebren 189
4. Funktionenalgebren 194
5. Relationensysteme 197
6. Algebraische Beschreibung von Automaten 200

Aufgaben 203

Literatur 206

VI. Aussagen- und Schaltungsalgebra 207

1. Die Grundprinzipien 207
2. Verbände und Boolesche Algebren 210
3. Polynomfunktionen über Booleschen Algebren 215
4. Zweipol- Serienparallelschaltungen 218
5. Allgemeine Schaltungen 230
6. Gatter 235
7. Das Grundprinzip sequentieller Schaltwerke 238
8. Boolesche Algebra und Logik 240

Aufgaben 243

Literatur 245

Sachverzeichnis 247

Einleitung

Der Inhalt: "Was ist Algebra für Informatiker ?" Diese Frage ist, wie aus divergierenden Antworten von Fachleuten zu ersehen war, nicht ganz eindeutig zu beantworten. Die zentralen Themenkreise scheinen neben diversen Algorithmen der linearen Algebra und der Polynomalgebra die Konstruktion fehlerkorrigierender Codes, die Theorie der Schaltkreise und die Grundlagen der Automatentheorie zu sein. Diese Gebiete und ihr algebraischer Hintergrund bilden denn auch den Inhalt dieses Buches.

Der Leser findet zunächst Grundbegriffe der allgemeinen Mathematik sowie die später benötigte elementare Wahrscheinlichkeitsrechnung (Kapitel 0). Der erste Kontakt mit der Algebra erfolgt dann über Halbgruppen, Gruppen, Ringe, Körper, Moduln und Vektorräume (Kapitel I), also über Strukturen, für die einerseits ausreichend vertraute Beispiele in Gestalt verschiedener Zahlenbereiche bzw. der Ebene und des Raums zur Verfügung stehen und die andererseits mit dem Grundprinzip der Algebra, dem Rechnen mit verschiedenen Operationen nach vorgegebenen Regeln, vertraut machen. Das Kapitel schließt mit verschiedenen Algorithmen aus dem Bereich der Polynomringe. Kapitel II ist den endlichdimensionalen Vektorräumen, den Matrizen und Determinanten und dem Lösen linearer Gleichungssysteme gewidmet. Als für die Datenübertragung und -speicherung wichtige Anwendung der linearen und der Polynomalgebra werden in Kapitel III Codes erläutert, die es ermöglichen Übertragungsfehler zu korrigieren. In Kapitel IV sind Begriffe aus dem Gebiet der Relationen und Graphen - soweit sie für die Datenstrukturierung bzw. die Beschreibung von Automaten benötigt werden - zusammengefaßt. Anknüpfend an Kapitel I wird sodann in Kapitel V das Grundprinzip der Algebra durch das Studium der universalen Algebren vertieft. Ein spezielles Augenmerk wurde dabei einerseits den freien Algebren und den Herleitungsschritten von Rechengesetzen gewidmet, die ja Beispiele spezieller "Produktionen" der Logik sind und somit auf diese vorbereiten; andererseits wurden Probleme der Funktionenalgebren im Hinblick auf die Schaltalgebra in den Vordergrund gestellt. Schließlich wird der im Bereich der abstrakten Datentypen verwendete Begriff der heterogenen Algebra eingeführt und es werden verschiedene algebraische Beschreibungen von Automaten vorgestellt. Das Buch schließt mit einem Kapitel über die Algebra der Schaltungen und logischen Aussagen, in dessen Zentrum die Konstruktion und Vereinfachung von Schaltnetzen, also eine Grundlage des theoretischen Computerbaus steht. Das Buch beschränkt sich, wie bereits im Vorwort erwähnt, auf die mathematischen Methoden und behandelt keine technischen Realisierungen.

Die didaktischen Prinzipien: Nach Meinung von Informatikern ist einer der wesentlichen Aspekte der Algebra im Rahmen des Informatikstudiums die Schulung des abstrakten Denkens. Dem Rechnung tragend werden in dem Buch nicht nur Algorithmen zur Lösung diverser Probleme vorgestellt, sondern es wird auch der theoretische Hintergrund exakt dargelegt (abgesehen von einigen Ausnahmen, die den Rahmen des Buches gesprengt hätten). Aufgrund der Erfahrungen der Autoren wurde das in der Mathematik übliche strenge Schema "Definition - Satz - Beweis - Anwendung" ersetzt durch die Abfolge: "Fragestellung der Anwendung (= Motivation) - Aufbau der zur Beantwortung nötigen mathematischen Begriffswelt aus der Fragestellung heraus - mathematisches Ergebnis - Lösung des Anwendungsproblems" . Die Gliedeung des Textes erfolgt dem entsprechend durch unterstrichene Stichworte, die den Inhalt des nachfolgenden Absatzes darlegen. Wichtige Textstellen und erstmals erklärte Begriffe sind durch Skriptschrift bzw. Unterstreichung herausgehoben. Die am Ende eines jeden Kapitels angeführten Aufgaben sollen dem Studierenden helfen, den erarbeiteten Stoff zu vertiefen. Jedem Kapitel ist ferner eine Liste von begleitender bzw. weiterführender Literatur angefügt.

0. Mathematische Grundbegriffe

In diesem Kapitel sind die für den Aufbau der Algebra nötigen allgemeinen mathematischen Grundlagen zusammengefaßt. Außerdem wird kurz auf die elementare Wahrscheinlichkeitsrechnung eingegangen, die in der algebraischen Codierung eine große Rolle spielt.

1. Mengen

Basis der gesamten modernen Mathematik ist der von Georg Cantor in der zweiten Hälfte des vergangenen Jahrhunderts geprägte

Begriff der Menge:

Unter einer solchen verstand Cantor "eine Zusammenfassung von wohlbestimmten und wohlunterschiedenen Objekten unserer Anschauung oder unseres Denkens (die man die Elemente der Menge nennt) zu einem Ganzen". Dieser sehr allgemeine Mengenbegriff birgt, wie man bald erkannte, den Keim logischer Widersprüche in sich; als Beispiel sei die Russellsche Antinomie (1893) der "Menge aller Mengen, die nicht Element von sich selbst sind" genannt: sowohl die Aussage, daß diese Menge Element von sich selbst ist, als auch deren Negation führen zu einem Widerspruch. Man kann durch zusätzliche Regeln das Auftreten solcher "ausgearteter" Mengen verbieten; da diese in den Anwendungen der Mathematik jedoch kaum auftreten, wollen wir nicht näher darauf eingehen und uns mit dem anschaulichen Mengenbegriff Cantors begnügen. Um im weiteren lästige Fallunterscheidungen zu vermeiden, lassen wir zusätzlich noch die leere Menge (Symbol: $\emptyset$) zu, die kein Element enthält.

Schreibweisen für Mengen:

Die Zugehörigkeit eines Elementes zu einer Menge drückt man durch das Symbol "$\in$" aus: $x \in M$ bedeutet also "x ist Element von M", $x \notin M$ die Negation dieser Aussage. Mengen kann man entweder durch Auflisten ihrer Elemente angeben oder durch gewisse Eigenschaften ihrer Elemente:

$M = \{x,y,z,\dots\}$ oder $M = \{x \mid x \text{ hat die Eigenschaften}\dots\}$.

Letzteres ist vor allem dann von Vorteil, wenn man eine Menge M durch Aussondern gewisser Elemente aus einer anderen Menge X bildet; wir schreiben dann meist:

$M = \{x \in X \mid x$ hat die Eigenschaften...$\}$.

Es sei noch vermerkt, daß beim elementweisen Auflisten von Mengen jedes Element stets nur einmal angeschrieben wird. Soll in einer Zusammenfassung von Elementen auch das mehrfache Auftreten desselben Elementes erlaubt sein, werden wir stets von einem System von Elementen sprechen.

Zur einfacheren Angabe von Eigenschaften werden wir die aus der Quantorenlogik stammenden Zeichen

$\forall$ = "für alle..."

$\exists$ = "es gibt ein" (im Sinn von "mindestens ein")

$\nexists$ = "es gibt kein"

verwenden.

Als Standardbeispiel von Mengen seien die wichtigsten

Zahlenmengen

genannt, die wir im weiteren mit speziellen Symbolen bezeichnen:

$\mathbb{N}$ = die Menge der natürlichen Zahlen = $\{1,2,3,4,\ldots\}$:

$\mathbb{N}_0 = \{0,1,2,3,4,\ldots\}$;

$\mathbb{Z}$ = die Menge der ganzen Zahlen = $\{\pm n \mid n \in \mathbb{N}_0\}$;

$\mathbb{Q}$ = die Menge der rationalen Zahlen (Bruchzahlen) ;

$\mathbb{R}$ = die Menge der reellen Zahlen (das sind alle endlichen und unendlichen Dezimalzahlen, also außer den rationalen Zahlen alle Wurzeln positiver Zahlen, π , usw...) ;

$\mathbb{C}$ = die Menge der komplexen Zahlen = $\{a + ib \mid a,b \in \mathbb{R}, i = \sqrt{-1}\}$.

Die üblichen Rechenregeln für diese Zahlenmengen setzen wir als bekannt voraus; als spezielle Eigenschaften von $\mathbb{N}$ (bzw. $\mathbb{N}_0$) sei lediglich genannt, daß jede Menge natürlicher Zahlen ein kleinstes Element enthält und daß für $\mathbb{N}$ (bzw. $\mathbb{N}_0$)

das Prinzip der vollständigen Induktion

gilt: *Ist* A(n) *eine von* $n \in \mathbb{N}$ *abhängige Aussage, die die beiden im folgenden angegebenen Bedingungen* 1. *und* 2. *erfüllt, so gilt* A(n) *für alle* $n \in \mathbb{N}$. *Die Bedingungen:*

1. A(1) *ist erfüllt (Induktionsanfang)*
2. *für alle* n *aus* N *gilt:"aus der Gültigkeit von* A(n) *folgt die von* A(n+1)".

Man beachte, daß in 2. keine Aussage über den Algorithmus, mit dem man von $A(n)$ zu $A(n+1)$ gelangt, gemacht wird. Dieser Algorithmus kann also im Prinzip für jedes n ein anderer sein; das Versagen eines Algorithmus für gewisse n läßt also keinen Schluß auf das Versagen des gesamten Prinzips bei einer konkreten Aufgabenstellung zu. Das Prinzip der vollständigen Induktion dient sowohl für Beweise von Aussagen, als auch zur sogenannten rekursiven Definition bzw. rekursiven Konstruktion: man definiert von $n \in \mathbb{N}$ abhängige mathematische Objekte $O(n)$ indem man zuerst $O(1)$ angibt und sodann ein Verfahren, um $O(n+1)$ aus $O(n)$ zu erhalten; aufgrund des Prinzips der vollständigen Induktion ist damit $O(n)$ für alle $n \in \mathbb{N}$ definiert.

Die wichtigsten Begriffe der Mengenlehre:

Teilmengen einer Menge:

Unter einer Teilmenge T von M (symbolisch: $T \subseteq M$) versteht man eine Menge, deren sämtliche Elemente in M liegen; M heißt dann eine Obermenge von T. Die leere Menge $\emptyset$ ist Teilmenge jeder Menge. Gibt es Elemente von M, die nicht in T liegen, gilt also $T \neq M$, so nennt man $T \subseteq M$ eine echte Teilmenge von M (symbolisch: $T \subset M$), und M eine echte Obermenge von T. Die Menge aller Teilmengen einer Menge M heißt die Potenzmenge von M (Symbol: $P(M)$).

Differenzmenge und Komplement:

Unter der Differenzmenge $M \setminus N$ zweier Mengen M und N versteht man die Menge aller jener x aus M, die nicht in N liegen:

$$M \setminus N = \{x \in M \mid x \notin N\} ;$$

$M \setminus N$ ist also stets Teilmenge von M. Ist T eine Teilmenge von M, so nennt man die Differenzmenge $M \setminus T$ auch das Komplement von T in M (Bezeichnung: $M \setminus T$ oder $C_M(T)$).

Das kartesische Produkt zweier Mengen:

Unter diesem versteht man die Menge aller geordneten Paare (x,y), in denen x zur ersten und y zur zweiten der beiden Mengen gehört:

$$M \times N = \{(x,y) \mid x \in M \text{ und } y \in N\}.$$

Ein Beispiel eines solchen Produktes ist $\mathbb{R} \times \mathbb{R}$; die Elemente dieser Menge kann man als die Punkte der Ebene auffassen; man sieht dann sofort, daß die Reihenfolge in den Paaren wesentlich ist: $(a,b) \neq (b,a)$ für $a \neq b$. Kartesische Produkte von mehr als zwei Mengen werden wir im zweiten Abschnitt kennenlernen.

Durchschnitt und Vereinigung von Mengen:

Als den Durchschnitt gegebener Mengen bezeichnet man die Menge aller Elemente, die in jeder dieser Mengen liegen, als die Vereinigung gegebener Mengen die Menge aller Elemente, die in mindestens einer dieser Mengen liegen.

Symbole für den Durchschnitt bzw. die Vereinigung zweier Mengen:

$A \cap B = \{x \mid x \in A \text{ und } x \in B\}$ ... Durchschnitt von A und B

$A \cup B = \{x \mid x \in A \text{ oder } x \in B \text{ (oder beides)}\}$... Vereinigung von A und B.

Beispiele:

1. Für $A = \{n \in \mathbb{N} \mid n \text{ ist gerade}\}$

   $B = \{n \in \mathbb{N} \mid n \text{ ist Vielfaches von } 3\}$

   erhält man

   $A \setminus B = \{n \in \mathbb{N} \mid n \text{ gerade, jedoch nicht Vielfaches von } 3\}$,

   $C_{\mathbb{N}}(A) = \{n \in \mathbb{N} \mid n \text{ ungerade}\}$,

   $A \cap B = \{n \in \mathbb{N} \mid n \text{ ist Vielfaches von } 6\}$,

   $A \cup B = \{n \in \mathbb{N} \mid n \text{ gerade oder Vielfaches von } 3\} =$

   $= \{2,3,4,6,8,9,10,12,\ldots\}$.

2. Für $A = \{1,2,3,4,5\}$

   $B = \{n \in \mathbb{N} \mid n \text{ ist Vielfaches von } 7\}$

   erhält man

   $A \setminus B = A$, $B \setminus A = B$

   $A \cap B = \emptyset$,

   $A \cup B = \{1,2,3,4,5,7,14,21,\ldots\}$.

2. Relationen und Abbildungen

Mathematische und auch nichtmathematische Objekte stehen oft in gewissen Beziehungen zueinander; als Beispiele seien Punkte des Raumes genannt, die auf einer Geraden liegen, Studenten, die an derselben Universität studieren, Wegstrecken, die zueinander in der "kürzer als"-Beziehung stehen, und dergleichen. Mathematisch lassen sich diese Beziehungen beschreiben, indem man die zueinander in Beziehung stehenden Elemente zu Paaren zusammenfaßt. Man gelangt so zum Begriff

binäre Relation:

Unter einer binären Relation auf den Mengen A *und* B *versteht man eine Teilmenge des kartesischen Produktes* $A \times B$. *Für* $A = B$ *sprechen wir von einer binären Relation auf* A.

Die obigen Beispiele führen etwa zu den folgenden Relationen:

$R = \{(P,G) \mid P$ Punkt, G Gerade, P liegt auf $G\}$,

$R = \{(S,T) \mid S,T$ Studenten derselben Universität$\}$,

$R = \{(l,L) \mid l,L$ Wegstrecken mit $l < L\}$.

Die erste Relation ist eine auf der Menge aller Punkte und der Menge aller Geraden des Raumes, die zweite eine auf der Menge aller Studenten, die dritte eine auf der Menge aller Wegstrecken.

Man sieht an diesen Beispielen, daß es oft praktischer ist, anstelle von $(x,y) \in R$ einfach $x \, R \, y$ zu schreiben.

Klassifikation der binären Relationen:

Eine binäre Relation R auf einer Menge M heißt

reflexiv, wenn für alle $x \in M$ gilt: $x \, R \, x$;
symmetrisch, wenn aus $x \, R \, y$ folgt: $y \, R \, x$;
antisymmetrisch, wenn aus $x \, R \, y$ und $y \, R \, x$ folgt: $x = y$;
transitiv, wenn aus $x \, R \, y$ und $y \, R \, z$ folgt: $x \, R \, z$.

Eine binäre Relation auf M, *die reflexiv, symmetrisch und transitiv ist, heißt eine Äquivalenzrelation auf* M. *Eine reflexive, antisymmetrische und transitive Relation auf* M *nennt man eine Halbordnung auf* M; *sind außerdem je zwei Elemente von* M *bezüglich* R *"vergleichbar", (d.h. gilt stets* $x \, R \, y$ *oder* $y \, R \, x$ *(oder* $x = y$*)), so spricht man von einer Totalordnung auf* M.

Achtung! In der Literatur treten für diese Ordnungsrelationen die verschiedensten Namen auf (z.B. "teilweise Ordnung" und "Ordnung" oder "Ordnung" und "lineare Ordnung" anstelle von "Halbordnung" und "Totalordnung").

Eine Äquivalenzrelation ist offensichtlich die oben angeführte auf der Menge aller Studenten, während die übliche "$<$"-Relation eine Totalordnung auf der Menge der reellen Zahlen ist. Die Relation "$\subseteq$" zwischen Mengen ist eine Halbordnung auf jeder Menge von Mengen.

Äquivalenzrelationen führen zu

Zerlegungen von Mengen in Äquivalenzklassen:

Ist R eine Äquivalenzrelation auf einer Menge M, so bezeichnet man mit $[x]_R$ die Menge $\{y \in M \mid y \, R \, x\}$; $[x]_R$ heißt die Äquivalenzklasse von x bezüglich R oder kurz die R-Klasse von x. Klarerweise gehört jedes $x \in M$ zu seiner R-Klasse. Sind zwei R-Klassen nicht disjunkt, d.h. enthalten sie ein gemeinsames Element z, so folgt für jedes $w \in [y]_R$ durch Symmetrie und Transitivität aus $w\,R\,y$, $y\,R\,z$ und $x\,R\,z$ sofort $w \in [x]_R$, also $[y]_R \subseteq [x]_R$. Ebenso erhält man $[x]_R \subseteq [y]_R$; daraus folgt, daß zwei Äquivalenzklassen entweder disjunkt oder identisch sind: $[x]_R = [y]_R$ falls $x\,R\,y$, $[x]_R$ und $[y]_R$ disjunkt im gegenteiligen Fall. *Jede Äquivalenzklasse ist also durch eines ihrer Elemente, einen sogenannten Repräsentanten, eindeutig festgelegt und besteht aus genau allen zu diesem Repräsentanten äquivalenten Elementen. Die Menge aller R-Klassen einer Menge M bezüglich einer Äquivalenzrelation R bezeichnen wir mit* M/R. Durch Bildung dieser R-Klassen zerfällt die Menge M in disjunkte Teilmengen. Jede solche Zerlegung nennt man eine <u>Partition</u> von M. Ist umgekehrt eine Partition einer Menge gegeben, so erhält man die zugehörige Äquivalenzrelation R durch die Festsetzung:

$x\,R\,y \Leftrightarrow$ x und y liegen in derselben Teilmenge der Partition.

Jeder Partition einer Menge entspricht also eine Äquivalenzrelation auf dieser Menge und umgekehrt.

<u>Beispiele:</u>

1. Die Relation auf $\mathbb{N}$, die durch

$k\,R\,n \Leftrightarrow k-n$ ist Vielfaches von 3 in $\mathbb{Z}$

definiert ist, ist eine Äquivalenzrelation. Die zugehörige Partition ist die Zerlegung von $\mathbb{N}$ in folgende drei Klassen:

$[1]_R = \{1,4,7,10,\dots\}$
$[2]_R = \{2,5,8,11,\dots\}$
$[3]_R = \{3,6,9,12,\dots\}$

2. Die Partition von $\mathbb{N}$ in die Teilmengen $\{1,\dots,9\}$, $\{10,\dots,99\}$, $\{100,\dots,999\}$, $\{1000,\dots,9999\}$, usw. induziert folgende Äquivalenzrelation auf $\mathbb{N}$:

$k\,R\,n \Leftrightarrow$ k und n haben in Dezimalschreibweise gleich viele Ziffern.

Einen weiteren Spezialfall von binären Relationen bilden die

<u>Abbildungen oder Funktionen:</u>

Unter einer <u>Abbildung</u> oder Funktion von einer Menge A <u>in</u> eine Menge B versteht man eine Zuordnung, bei der jedem Element von A ein (eindeutig bestimmtes) Element von B entspricht. Abbildungen von A in B sind also binäre Relationen f auf A,B mit der Eigenschaft, daß es zu jedem $x \in A$ ein eindeutig bestimmtes $y \in B$ gibt mit $x\,f\,y$. Um den Zuordnungscharakter der Abbildungen deutlich zu machen schreibt man sie üblicherweise nicht in der Gestalt $x\,f\,y$ an, sondern in der Form

$$f : A \to B$$
$$x \to y \text{ oder } y = f(x) .$$

Für $f : A \to B$, $M \subseteq A$ und $N \subseteq B$ nennt man die Menge

$$f(M) = \{y \in B \mid \exists x \in M \text{ mit } y = f(x)\}$$

das Bild von M unter f, und die Menge

$$f^{-1}(N) = \{x \in A \mid f(x) \in N\}$$

das vollständige Urbild von N unter f.

Abbildungen von besonders einfacher Bauart sind die konstanten Funktionen $f_c : A \to B : x \to c \quad \forall x \in A$ und die identische Funktion auf einer Menge A : $id_A : x \to x \quad \forall x \in A$.

Eine Abbildung $f : A \to B$ heißt surjektiv, wenn jedes Element von B als Bild auftritt; man nennt f dann eine Abbildung von A auf B. $f : A \to B$ heißt injektiv, wenn je zwei verschiedene Elemente von A in B verschiedene Bilder haben, d.h. wenn aus $f(x) = f(y)$ folgt: $x = y$. Schließlich nennt man f bijektiv, wenn f sowohl injektiv als auch surjektiv ist. In diesem Fall tritt also jedes Element von B als Bild f(x) von genau einem $x \in A$ auf, sodaß man die Abbildung f durch Bildung von $f(x) \to x$ für alle $x \in A$ rückgängig machen kann. Die so definierte Abbildung von B auf A heißt die zu f inverse Abbildung; man bezeichnet sie mit f^{-1} . *f^{-1} existiert genau dann, wenn f bijektiv ist.*

Die Verknüpfung von Abbildungen:

Sind Abbildungen $f : A \to B$, $g : B \to C$ gegeben, so versteht man unter $g \circ f$ die Abbildung

$$g \circ f : A \to C$$
$$x \to g(f(x))$$

Man überlegt leicht, daß für Abbildungen $f : A \to B$, $g : B \to C$ und $h : C \to D$ stets gilt:

$$(h \circ g) \circ f = h \circ (g \circ f)$$

Sind f und g injektiv bzw. surjektiv bzw. bijektiv, so auch $g \circ f$. Für zueinander inverse Abbildungen $f : A \to B$ und $f^{-1} : B \to A$ gilt:

$$f \circ f^{-1} = id_B \quad \text{und} \quad f^{-1} \circ f = id_A .$$

Man kann die zu einer Abbildung f inverse Abbildung auch durch diese beiden Eigenschaften charakterisieren.

Für das spätere von größter Bedeutung ist

der Zusammenhang zwischen Äquivalenzrelationen und Abbildungen:

Ist eine Abbildung $f: A \to B$ gegeben, so erhält man auf natürliche Weise eine Äquivalenzrelation θ_f, indem man zwei Elemente als äquivalent ansieht, wenn sie unter f dasselbe Bild haben:

$$x\,\theta_f\,z \Leftrightarrow f(x) = f(z)\,.$$

Man nennt die Relation θ_f die von f auf A induzierte Äquivalenzrelation. Ist umgekehrt eine Äquivalenzrelation R auf A gegeben, so ist die Abbildung

$$g : x \to [x]_R$$

offensichtlich eine Abbildung mit $\theta_g = R$; somit wird jede Äquivalenzrelation auf A von einer Abbildung induziert. *Es besteht sogar stets eine bijektive Zuordnung zwischen den Mengen* $f(A)$ *und* $A/\theta_f : f(x) \leftrightarrow [x]_{\theta_f}$, *schematisch:*

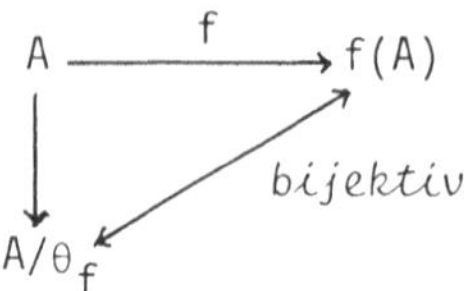

Indexschreibweise für Abbildungen:

Ist f eine Abbildung von I in M, so kann man die Bildelemente unter f durch ihre Urbildelemente "numerieren", indem man für das Element x aus M welches Bild von $i \in I$ ist, einfach "m_i" schreibt. Ist f surjektiv, so sind alle Elemente von M so darstellbar und man kann M in der Gestalt

$$M = \{m_i \mid i \in I\}$$

schreiben.

I heißt dann eine Indexmenge für die Elemente von M. Man beachte, daß für nicht injektives f mehrere m_i gleich sein können. Besonders häufig verwendet man die Indexschreibweise für endliche Mengen: $M = \{m_1,\ldots,m_k\}$ für eine Menge M mit k Elementen,d.h. eine Menge, die bijektiv auf $\{1,\ldots,k\}$ abgebildet werden kann. Man gelangt so zum Begriff der

Mächtigkeit einer Menge:

Unter dieser versteht man die "Anzahl" ihrer Elemente (Symbol: $|M|$). Für endliche Mengen $M = \{m_1,\ldots,m_k\}$ gilt also $|M| = k$; für alle übrigen Mengen setzt man $|M| = \infty$ (unendlich). Innerhalb dieser unendlichen Mengen werden wir manchmal noch zwischen den abzählbaren Mengen, das sind jene, die sich bijektiv auf die Menge $\mathbb{N}$ der natürlichen Zahlen abbilden lassen, und den nicht abzählbaren Mengen unterscheiden. Die abzählbaren Mengen sind die kleinsten unendlichen Mengen, jede ihrer Teilmengen ist endlich oder abzählbar. Als Beispiel sei genannt, daß etwa $\mathbb{Q}$ abzählbar ist, während $\mathbb{R}$ nicht abzählbar ist.

Mit Hilfe der Indexschreibweise können wir nun leicht die Begriffe Durchschnitt und Vereinigung von Mengen in Kurzform anschreiben.

Durchschnitt der M_i : $\bigcap_{i\in I} M_i = \{x \mid x \in M_i \;\; \forall i \in I\}$

Vereinigung der M_i : $\bigcup_{i\in I} M_i = \{x \mid \exists\, i \in I \text{ mit } x \in M_i\}$.

<u>Regeln für Durchschnitt und Vereinigung:</u>

1. $A \cap B = B \cap A$, $A \cup B = B \cup A$;
2. $(A \cap B) \cap C = A \cap (B \cap C)$, $(A \cup B) \cup C = A \cup (B \cup C)$;
3. $A \cap A = A$, $A \cup A = A$;
4. $A \cap \emptyset = \emptyset$, $A \cup \emptyset = A$;
5. $A \cap B \subseteq A \subseteq A \cup B$;
6. $A \subseteq B \Leftrightarrow A \cup B = B \Leftrightarrow A \cap B = A$;
7. $C_M(C_M(A)) = A$;
8. Regeln von de Morgan:

$$C_M(A \cap B) = C_M(A) \cup C_M(B) \;, \quad C_M(A \cup B) = C_M(A) \cap C_M(B) \;.$$

1.-6. gelten für beliebige Mengen, 7. und 8. für Teilmengen A und B einer Menge M. Man weist die Gültigkeit dieser Regeln, von denen 8. auch für beliebig viele Teilmengen einer Menge M gilt, nach, indem man die Gleichheit der angegebenen Mengen elementweise überprüft ($S = T \Leftrightarrow (x \in S \Rightarrow x \in T$ und $x \in T \Rightarrow x \in S)$).

<u>Kartesische Produkte beliebig vieler Mengen:</u>

Als natürliche Erweiterung des Begriffs des kartesischen Produkts zweier Mengen ergibt sich für endlich viele Mengen $M_1,\dots,M_k$ die Definition des kartesischen Produkts

$$M_1 \times \dots \times M_k = \prod_{i=1}^{k} M_i$$

als die Menge aller geordneten k-Tupel $(x_1,\dots,x_k)$ mit $x_i \in M_i$ für $i = 1,\dots,k$. Für $M_1 = M_2 = \dots = M_k = M$ schreiben wir für dieses kartesische Produkt einfach M^k. Um auch kartesische Produkte unendlich vieler Mengen beschreiben zu können, ist es günstig zu überlegen, daß ein kartesisches Produkt $M_1 \times \dots \times M_k$ auch aufgefaßt werden kann als die Menge aller Abbildungen von $\{1,\dots,k\}$ in die Vereinigung von $M_1,\dots,M_k$ mit $f(i) \in M_i$ für $i = 1,\dots,k$; jedes solche f ist in Indexschreibweise genau ein k-Tupel von $M_1 \times \dots \times M_k$. Als kartesisches Produkt beliebig vieler Mengen M_i $(i \in I)$ definiert man daher die Menge aller Abbildungen von I in die Vereinigung der M_i $(i \in I)$ mit $f(i) \in M_i$ für alle $i \in I$; anstelle von k-Tupeln treten in der Indexschreibweise dann Elemente der Gestalt $(x_i \mid i \in I)$. Die in einem kartesischen Produkt auftretenden Mengen M_i nennt man die Faktoren des Produkts, die in einem Element $(x_1,\dots,x_k)$ bzw. $(x_i \mid i \in I)$ auftretenden x_i die Komponenten dieses Elementes. *Die Abbildungen*

$$\pi_j : \prod_{i \in I} M_i \to M_j$$
$$(x_i \mid i \in I) \to x_j$$

nennt man Projektionen. Im trivialen Fall des kartesischen Produktes eines einzigen Faktors M ist die einzige Projektion offensichtlich die identische Abbildung id_M. Die Projektionen sind verhältnismäßig einfach gebaute Funktionen; sie spielen daher eine besondere Rolle unter allen Funktionen (siehe Kapitel I.2 und Kapitel V.2,4). *Schließlich sei noch erwähnt, daß man die Abbildungen eines kartesischen Produktes* M^k *in* M *meist als k-stellige Funktionen auf* M *bezeichnet; Symbol für die Menge dieser Abbildungen:* $F_k(M)$; (anstelle von $F_1(M)$ schreiben wir auch kurz $F(M)$). *Die bijektiven Abbildungen einer Menge auf sich* (das sind also jene Abbildungen aus $F(M)$, die nur eine Vertauschung der Elemente von M bewirken) *nennt man die Permutationen auf* M; *Bezeichnung für die Menge aller Permutationen auf einer Menge* M : $S(M)$.

3. Elemente der Wahrscheinlichkeitsrechnung

Im Bereich der fehlerkorrigierenden Codes (Kapitel III) wird nach der Wahrscheinlichkeit der zu korrigierenden Fehler vorgegangen. Wir benötigen dazu also Kenntnisse aus der Wahrscheinlichkeitsrechnung.

Das Grundprinzip:

Die von uns benötigte elementare Wahrscheinlichkeitsrechnung beruht auf dem Prinzip, als Wahrscheinlichkeit $p(E)$ des Eintretens eines Ereignisses E das Verhältnis der Anzahl $A(E)$ der Fälle, in denen E eintritt, zur Gesamtanzahl G aller möglichen Fälle anzusetzen:

$$p(E) = \frac{\text{Anzahl der "günstigen" Fälle}}{\text{Anzahl der möglichen Fälle}} = \frac{A(E)}{G} .$$

Aus diesem Ansatz folgt sofort, daß $p(E)$ stets zwischen 0 und 1 liegt; $p(E) = 0$ gilt genau für unmögliche Ereignisse, $p(e) = 1$ genau für in jedem Fall eintretende. In der Praxis ist es oft recht umständlich, nach der oben angegebenen Formel zu rechnen, speziell bei aus mehreren Ereignissen zusammengesetzten Ereignissen. Man sucht die Berechnung der Wahrscheinlichkeit solcher "komplexer" Ereignisse auf die Wahrscheinlichkeiten der einzelnen Teilereignisse zurückzuführen.

Das Auftreten eines beliebigen Ereignisses aus endlich vielen:

Ist E das Auftreten eines beliebigen der Ereignisse $E_1,\dots,E_n$, so ist der erste Berechnungsansatz wohl $A(E) = A(E_1) + \dots + A(E_n)$. Man beachte dabei aber, daß für die Richtigkeit dieses Ansatzes die Ereignisse E_i und E_j für $i \neq j$ nicht zugleich möglich sein dürfen (man hätte sonst das Ereignis "E_i und E_j" sowohl in $A(E_i)$ als auch in $A(E_j)$ gezählt). Man nennt Ereignisse $E_1,\dots,E_n$, von denen niemals zwei zugleich eintreten können (d.h. für die gilt: $p(E_i \text{ und } E_j) = 0$ für $i \neq j$) unvereinbare Ereignisse. Aufgrund unserer Überlegungen gelangen wir nun zu folgender Formel für die Wahrscheinlichkeit des Eintretens eines beliebigen der unvereinbaren Ereignisse $E_1,\dots,E_n$:

$$p(E_1 \text{ oder } E_2 \text{ oder } \dots \text{ oder } E_n) = \frac{A(E_1) + \dots + A(E_n)}{G} = p(E_1) + \dots + p(E_n).$$

Beispiel:

Die Wahrscheinlichkeit, mit einem Würfel eine ungerade Zahl oder "6" zu würfeln ist

$$p(\text{ungerade oder } 6) = p(\text{ungerade}) + p(6) = \frac{3}{6} + \frac{1}{6} = \frac{2}{3}.$$

Bei Berechnung der Wahrscheinlichkeit, mit dem Würfel eine ungerade Zahl oder eine Zahl, die kleiner als 5 ist, zu erzielen, würde die gleiche Methode zu

$$p(\text{ungerade und} < 5) = p(\text{ungerade}) + p(<5) = \frac{3}{6} + \frac{4}{6} = \frac{7}{6} > 1,$$

also zu einem jedenfalls falschen Ergebnis führen, was nicht weiter verwunderlich ist, da die Ereignisse "ungerade" und "<5" nicht unvereinbar sind. In diesem Fall konnten wir den Fehler am Resultat sofort erkennen, was allerdings nicht immer der Fall sein muß: es wäre etwa

$$p(\text{ungerade}) + p(<3) = \frac{3}{6} + \frac{2}{6} = \frac{5}{6} < 1,$$

was trotzdem nicht bedeutet, daß $p(\text{ungerade und } <3)$ gleich $\frac{5}{6}$ ist. Also Achtung auf die Unvereinbarkeit der Ereignisse !

Bedingte Wahrscheinlichkeiten:

Oft benötigt man die Wahrscheinlichkeit des Eintretens eines Ereignisses E unter der Voraussetzung, daß ein (anderes) Ereignis F bereits eingetreten ist. Es gilt dann:

Anzahl der "günstigen Fälle" = A(E und F);
Anzahl der möglichen Fälle = A(F) (F ist ja bereits eingetreten !);

Somit erhält man für die bedingte Wahrscheinlichkeit des Auftretens von E unter der Voraussetzung F :

$$p(E|F) = \frac{A(E \text{ und } F)}{A(F)} = \frac{p(E \text{ und } F)}{p(F)} .$$

Hat das Auftreten von F keinen Einfluß auf das Auftreten von E, so ist E unter den Voraussetzungen "F" und "nicht F" gleichwahrscheinlich, d.h. es gilt: $p(E|F) = p(E|\text{nicht } F)$. Daraus erhält man sofort:

$$p(E) = p[(E \text{ und } F) \text{ oder } (E \text{ und nicht } F)] = p(E|F).p(F) + p(E|F).p(\text{nicht } F) =$$
$$= p(E|F) .$$

Man nennt also zwei <u>Ereignisse</u> E,F <u>voneinander unabhängig</u>, wenn gilt:

$$p(E) = p(E|F) .$$

Der Ausdruck "voneinander unabhängig" ist zulässig, da aus $p(E) = p(E|F)$ durch $p(E|F).p(F) = p(E \text{ und } F) = p(F|E).p(E)$ sofort $p(F) = p(F|E)$ folgt und die Unabhängigkeit somit symmetrisch ist.

<u>Das gleichzeitige Auftreten zweier Ereignisse:</u>

Aus der Formel für bedingte Wahrscheinlichkeiten erhalten wir für voneinander unabhängige Ereignisse E und F sofort :

$$p(E \text{ und } F) = p(E).p(F) .$$

<u>Beispiel:</u>

Sind in einem Paket Spielkarten je 8 Karten der Farben Herz, Karo, Pik und Treff enthalten, so erhält man als Wahrscheinlichkeit, bei zweimaligem Ziehen je einer Karte zweimal auf Herz zu kommen:

$$p(\text{Herz und Herz}) = p(\text{Herz}).p(\text{Herz}) = \frac{8}{32} \frac{8}{32} = \frac{1}{16}$$

unter der Voraussetzung, daß beide Ereignisse unabhängig voneinander sind, d.h. wenn man die zuerst gezogene Karte wieder ins Paket zurückgibt und neu mischt. Dieses Resultat läßt sich mit Hilfe der Grundformel leicht überprüfen :

$$p(\text{Herz und Herz}) = \frac{A(\text{Herz und Herz})}{G} = \frac{8.8}{32.32} = \frac{1}{16} .$$

Durch das Zurücklegen der zuerst gezogenen Karte erreicht man, daß die Wahrscheinlichkeit, beim zweiten Ziehen Herz zu erhalten, vom Resultat des ersten Ziehens unabhängig (und gleich $\frac{1}{4}$) ist ; somit gilt in diesem Fall

$p(\text{Herz} \mid \text{Herz}) = \frac{1}{4} = p(\text{Herz im 2.Ziehen})$. Legt man die zuerst gezogene Karte nicht zurück, so erhält man:

$$p(\text{Herz beim ersten Ziehen}) = \frac{8}{32} = \frac{1}{4}\,,$$

$$p(\text{Herz beim zweiten Ziehen}) = \begin{cases} \frac{7}{31} & \text{falls die erste Karte Herz war} \\ \frac{8}{31} & \text{sonst}\,. \end{cases}$$

In diesem Fall gilt also:

$p(\text{Herz} \mid \text{Herz}) = \frac{7}{31}$, $p(\text{Herz} \mid \text{nicht Herz}) = \frac{8}{31}$ und $p(\text{Herz und Herz})$ $= p(\text{Herz beim ersten Ziehen}).p(\text{Herz} \mid \text{Herz}) = \frac{1}{4} \cdot \frac{7}{31}$.

Aufgaben

1. Wir betrachten die Menge der natürlichen Zahlen $\mathbb{N}_0$, die Menge der geraden Zahlen G, die Menge der durch 3 teilbaren Zahlen D und die Menge der Primzahlen P.
   Bestimmen Sie $G \cap D$, $G \cup D$, $C_{\mathbb{N}_0}(P)$.

2. Zeigen Sie, daß für Mengen $A \subseteq M$, $B \subseteq M$ gilt:

   $$C_M(A \cap B) = C_M(A) \cup C_M(B)$$

   $$C_M(A \cup B) = C_M(A) \cap C_M(B) \quad \text{(Regeln von de Morgan)}$$

3. Zeigen Sie durch vollständige Induktion:

   $$1^2+2^2+3^2+\ldots+n^2 = \frac{n(n+1)(2n+1)}{6}$$

4. Wo steckt der Fehler im folgenden "Beweis" durch vollständige Induktion?
   Behauptung: Wenn von n Mädchen eines blaue Augen hat, dann haben alle n Mädchen blaue Augen.

   Beweis: 1. Induktionsanfang: n=1 richtig (klar)
   2. Induktionsannahme: die Behauptung sei richtig für $k \leq n$
   3. Induktionsbehauptung: die Behauptung ist richtig für n+1
   4. Induktionsbeweis: Wir betrachten n+1 Mädchen, von denen

eines blauäugig ist und numerieren sie mit $M_1, \ldots, M_{n+1}$, wobei M_1 die Blauäugige sein soll. Wir betrachten die beiden Mengen $\{M_1, \ldots, M_n\}$ und $\{M_1, \ldots, M_{n-1}, M_{n+1}\}$. Beide enthalten M_1 und haben n Elemente, bestehen also laut Induktionsannahme aus lauter blauäugigen Mädchen. Da jedes der n+1 Mädchen in einer dieser beiden Mengen vorkommt, sind alle n+1 Mädchen blauäugig.

5. Bestimmen Sie die kleinste natürliche Zahl n, für die n^2-n+41 keine Primzahl ist. Welchen Schluß ziehen Sie aus dem Ergebnis in bezug auf das Überprüfen der Wahrheit von von $n \in \mathbb{N}$ abhängigen Aussagen ?

   Hinweis: Ist $n^2-n+41=p$ und q ein Teiler von $(n+1)^2-(n+1)+41 =$ $= n^2+n+41 = p+2n$, so muß die Summe der Reste von p und von 2n bei Division durch q selbst durch q teilbar sein.

6. Untersuchen Sie die Eigenschaften der Relation R und bilden Sie, falls R Äquivalenzrelation ist, die zugehörige Partition:

   a) $(a,b)\ R\ (c,d) \Leftrightarrow a+c = b+d$
   $(a,b,c,d) \in \mathbb{N}$

   b) $a\ R\ b \Leftrightarrow$ ab ist eine gerade Zahl oder $a = b$ $(a,b \in \mathbb{N})$

   c) $a\ R\ b \Leftrightarrow$ ab ist eine ungerade Zahl oder $a = b$ $(a,b \in \mathbb{N})$

   d) $a\ R\ b \Leftrightarrow \exists\, c \in \mathbb{N}:\ b = ac$ $(a,b \in \mathbb{N})$

   e) $(a,b)\ R\ (c,d) \Leftrightarrow a < c$ oder $a = c$ und $b \leq d$. $(a,b,c,d \in \mathbb{N})$.

7. Untersuchen Sie, ob die angegebene Abbildung f injektiv, surjektiv bzw. bijektiv ist,und bilden Sie gegebenenfalls f^{-1}:

   a) $f:\mathbb{N} \to \mathbb{N}$
   $n \to 2n+1$

   b) $f:\mathbb{Z} \to \mathbb{Z}$
   $z \to z^2+1$

I. Klassische algebraische Strukturen

Ein Großteil des Aufbaus der Algebra erfolgt für alle Strukturen analog; um den Einstieg in das teilweise höhere Abstraktionsniveau zu erleichtern und auf die in Kapitel V behandelten allgemeinen Algebren vorzubereiten, sollen zunächst Strukturen untersucht werden, die bereits in dem uns geläufigen Rechnen mit Zahlen und Vektoren auftreten. Das Beispiel der mathematischen Beschreibung der Bewegungen eines Bootes auf einem See bzw. eines Zuges auf einer Modellbahnanlage wird auf natürliche Weise zu den wichtigsten Grundbegriffen der Algebra führen.

1. Halbgruppen und Gruppen

An einem See seien n Anlegestellen für ein Boot gelegen, welches vom Ufer aus automatisch gesteuert wird; wir wollen annehmen, daß das Boot,um an sein Ziel zu gelangen,stets den kürzesten Weg wählt. Jeder Fahrbefehl an das Boot kann dann mathematisch durch Angabe der Anzahl der Anlagestellen, um die das Boot weiterfahren soll, beschrieben werden (wobei vorher noch festgelegt werden muß, in welcher Richtung die Anlegestellen gezählt werden); mögliche Befehle sind also: 1,...,n-1. Analog dazu können die Fahrbefehle an einen Zug auf einer Gleisschleife einer Modellbahnanlage beschrieben werden; allerdings muß in diesem Fall zusätzlich die Fahrtrichtung angegeben werden; ferner sind für den Zug auch Fahrbefehle um mehr als n-1 Stationen durchaus sinnvoll. Nach Festlegung einer "positiven" Fahrtrichtung kann also jeder Fahrbefehl durch eine ganze, von 0 verschiedene Zahl dargestellt werden.

In beiden Fällen wird jede Ausgabe von mehreren Befehlen (die das Boot bzw. der Zug dann nacheinander auszuführen hat), mathematisch durch eine Folge von Zahlen $a_1,\dots,a_k$ symbolisiert (a_1 = 1.Befehl, usw.). Wird nach der Ausgabe von $a_1\dots a_k$ eine weitere Befehlsfolge $b_1\dots b_\ell$ ausgegeben, so ist insgesamt die Folge $a_1\dots a_k b_1\dots b_\ell$ auszuführen. Als natürliche Verknüpfung von Befehlsfolgen tritt also die Aneinanderreihung auf. Bei diesem Aneinanderreihen ist es offensichtlich gleichgültig, ob man $a_1 \ldots a_k b_1 \ldots b_\ell c_1 \ldots c_m$ dadurch bildet, daß man zuerst $a_1 \ldots a_k$ und $b_1 \ldots b_\ell$ aneinanderreiht und dann $c_1 \ldots c_m$ anfügt, oder zuerst $b_1 \ldots b_\ell c_1 \ldots c_m$ bildet und dann mit $a_1 \ldots a_k$ verknüpft. Es gilt also:

$$(a_1 \ldots a_k b_1 \ldots b_\ell) c_1 \ldots c_m = a_1 \ldots a_k (b_1 \ldots b_\ell c_1 \ldots c_m).$$

Das führt nun zur

Definition der Halbgruppe:

Eine nichtleere Menge H *zusammen mit einer binären Operation* $*$ *(d.h. einer Abbildung* $*$ *von* $H \times H$ *in* H: $(a,b) \to a * b$) *heißt eine Halbgruppe, wenn für* $*$ *das Assoziativgesetz*

$$(a * b) * c = a * (b * c)$$

gilt. Bezeichnung: $< H,* >$.

Beispiele:

1. Die Menge der oben erklärten Befehlsfolgen mit der Operation des Aneinanderreihens;
2. $< \mathbb{N},+ >$;
3. $< \mathbb{N}, . >$, $< \mathbb{Z}, . >$, $< \mathbb{Q}, . >$, $< \mathbb{R}, . >$, $< \mathbb{C}, . >$;
4. $< \mathbb{Z}, + >$, $< \mathbb{Q}, + >$, $< \mathbb{R}, + >$, $< \mathbb{C}, + >$;
5. $< F(M),\circ >$ für jede Menge M;
6. $< S(M),\circ >$ für jede Menge M.

Bei genauerer Betrachtung dieser Beispiele treten mehrere Unterschiede zutage:

In 1., 5. und 6. ist die Reihenfolge der zu verknüpfenden Elemente (Befehlsfolgen bzw. Abbildungen) wesentlich, während sie in den übrigen Beispielen keine Rolle spielt. In 1. und 2. liefert die Verknüpfung zweier Elemente stets ein drittes (längere Befehlsfolge bzw. größere Zahl); in den übrigen Beispielen läßt die Multiplikation mit 1 bzw. die Addition mit 0 bzw. die Verknüpfung mit der Abbildung id_M das Ausgangselement ungeändert. Schließlich gibt es in den Beispielen 4. und 6. noch zu jedem Element a ein Element (nämlich -a bzw. die zu a inverse Abbildung), dessen Verknüpfung mit a auf das (wie soeben bemerkt ausgezeichnete) Element 0 bzw. id_M führt. Diese wichtigen Unterschiede zwischen verschiedenen Halbgruppen werden erfaßt in der

Definition:

Sei $< H, * >$ *eine Halbgruppe.*

1. *Gibt es in H ein Element* e *mit*

$$e * a = a = a * e \text{ für alle } a \in H,$$

so heißt $< H, * >$ *ein Monoid.*

2. *Gibt es in* H *außer einem solchen Element* e *noch zu jedem* a *ein* $\bar{a}$ *mit*

$$a * \bar{a} = e = \bar{a} * a,$$

so heißt $< H, * >$ *eine Gruppe.*

3. *Als Nullelement einer Halbgruppe* $< H, * >$ *bezeichnet man ein Element* $0 \in H$ *mit*

$$a * 0 = 0 = 0 * a \text{ für alle } a \in H.$$

4. *Ist* $< H, * >$ *eine Halbgruppe mit Nullelement* 0, *so nennt man jedes* $a \in H \setminus \{0\}$, *zu dem ein* $b \in H \setminus \{0\}$ *mit* $a * b = 0$ *oder* $b * a = 0$ *existiert, einen Nullteiler in* $< H, * >$. *Man überlegt leicht, daß es zu einem Nullteiler* a *eines Monoids kein* $\bar{a}$ *gemäß 2. geben kann.*

5. *Unabhängig davon, ob* $< H, * >$ *Gruppe, Monoid oder nur Halbgruppe ist, nennen wir* $< H, * >$ *kommutativ oder abelsch, wenn in* $< H, * >$ *das Kommutativgesetz*

$$a * b = b * a \text{ für alle } a, b \in H$$

gilt.

0, e *und* $\bar{a}$ *sind, falls sie in* $< H, * >$ *existieren, stets eindeutig bestimmt,* da aus der Existenz von zwei Elementen 0 und 0' bzw. e und e' bzw. $\bar{a}$ und $\bar{a}'$ mit den entsprechenden Eigenschaften folgt:

$$0 = 0 * 0' = 0'$$
$$e = e * e' = e'$$

bzw. $\bar{a} = \bar{a} * e = \bar{a} * (a * \bar{a}') = (\bar{a} * a) * \bar{a}' = e * \bar{a}' = \bar{a}'$.

e *heißt das neutrale Element,* $\bar{a}$ *das zu* a *inverse Element in* $< H, * >$. Aus der Eindeutigkeit des inversen Elementes folgt:

$$\bar{\bar{a}} = a \text{ (falls } \bar{a} \text{ existiert).}$$

Von den bereits genannten Beispielen sind genau jene aus 4. und 6. Gruppen (und daher auch Monoide), jene aus 3. und 5. Monoide, während die aus 2. - 4. kommutative Strukturen darstellen.

Notation:

Um Formeln möglichst übersichtlich zu gestalten, ist es üblich, die binäre Operation wie eine Multiplikation zu schreiben (also ohne "*"):

$< H, . >$ mit $(a,b) \to a.b$ oder ab als Operation.

Im kommutativen Fall wird auch häufig die additive Schreibweise (speziell für Gruppen) verwendet:

$< H, + >$ mit $(a,b) \to a + b$ als Operation.

Also Achtung! Selbst wenn H aus Zahlen besteht, kann "." oder "+" etwas anderes als die übliche Multiplikation bzw. Addition bedeuten!

Das neutrale bzw. das zu $a \in H$ inverse Element werden bei multiplikativer Schreibweise oft mit "1" und "a^{-1}" bezeichnet, bei additiver Schreibweise mit "0" und "-a".

Weitere Charakterisierungen der Gruppen:

Man kann die Gruppen außer wie in der Definition angegeben noch folgendermaßen charakterisieren:

1. *Eine Halbgruppe* $< H, . >$ *ist bereits dann eine Gruppe, wenn sie ein linksneutrales Element* e_ℓ *enthält*

(d.h. ein e_ℓ *mit* $e_\ell . a = a \quad \forall\, a \in A$)

und zu jedem $a \in H$ *ein linksinverses Element* a_ℓ

(d.h. ein a_ℓ *mit* $a_\ell . a = e_\ell$).

e_ℓ *ist dann auch rechtsneutral und* a_ℓ *zu* a *rechtsinvers*. (s. Aufg. 5)

2. *Eine Halbgruppe* $< H, . >$ *ist genau dann eine Gruppe, wenn für alle* $a,b \in H$ *die Gleichungen*

$a.x = b$ *und* $y.a = b$

Lösungen in H *haben; diese Lösungen sind dann eindeutig*. (s. Aufg. 6)

Verknüpfung endlich vieler Elemente:

Für jede binäre Operation "." auf einer Menge H kann man die Verknüpfung endlich vieler Elemente definieren; eine Möglichkeit einer solchen Definition liefert die Rekursionsformel:

$$a_1 a_2 = a_1 . a_2 \quad \text{(laut angegebener Operation ".")}$$
$$a_1 \ldots a_{n+1} = (a_1 \ldots a_n) . a_{n+1} = ((\ldots((a_1 . a_2) . a_3) \ldots a_n) . a_{n+1} \quad \text{für } n \geq 2.$$

Im allgemeinen wird das Resultat von der gewählten Klammersetzung abhängen.

Man kann (etwa durch vollständige Induktion nach der Anzahl der verknüpften Elemente) zeigen, daß das Resultat nur dann stets von der Klammersetzung unabhängig ist, wenn die Operation "." das Assoziativgesetz erfüllt, d.h. wenn $< H, . >$ eine Halbgruppe ist. In diesem Fall kann man also stets die Klammern weglassen und einfach $a_1 \ldots a_n$ für das Resultat der Verknüpfung dieser n Elemente schreiben oder kurz $\prod_{i=1}^{n} a_i$.

Man rechnet leicht nach, daß, falls es in der Halbgruppe $< H, . >$ zu jedem der a_i ein inverses Element gibt, ein solches auch für $a_1 \ldots a_n$ existiert und zwar das Element

$$(a_1 \ldots a_n)^{-1} = a_n^{-1} \ldots a_1^{-1}.$$

(Bei additiver Schreibweise erhält man für $a_1 + \ldots + a_n = \sum_{i=1}^{n} a_i$

$$-(a_1 + \ldots + a_n) = -a_n + (-a_{n-1}) + \ldots + (-a_1).\ )$$

Potenzen in Halbgruppen:

Im Spezialfall $a_1 = a_2 = \ldots = a_n = a$ schreibt man anstelle von $a_1 \ldots a_n$ einfach "a^n". Gibt es in der betrachteten Halbgruppe $< H, . >$ ein neutrales Element e, so setzt man

$$a^0 = e \quad \forall\, a \in H .$$

Gibt es in H zum Element a ein inverses, so gilt $(a^n)^{-1} = (a^{-1})^n$, wofür man einfach "a^{-n}" schreibt.

Mit diesen Festsetzungen gelten die üblichen Potenzen-Rechenregeln

$$a^m . a^n = a^{m+n} \text{ und } (a^m)^n = a^{mn}$$

für alle ganzen Zahlen m,n, für die diese Ausdrücke sinnvoll sind.

Bei additiver Schreibweise setzt man im Fall $a_1 = \ldots = a_n = a$ $a_1 + \ldots + a_n$ = "n.a"; existiert e in $< H, + >$, so setzt man

$$0.a = e \quad \forall \quad a \in H;$$

für die inversen Elemente erhält man $-(n.a) = n.(-a)$ und schreibt dafür einfach "-n.a".

Die Ordnung von Halbgruppen bzw. Gruppen:

Unter der *Ordnung* *einer Halbgruppe bzw. Gruppe* $< H, . >$ *versteht man die Anzahl der Elemente der zugrundeliegenden Menge* H. Die Ordnung von $< H, . >$ wird mit $|H|$ bezeichnet. Mit Ausnahme der Abbildungshalbgruppen $< F(M), \circ >$ und der Permutationsgruppen $< S(M), \circ >$ für endliche Mengen M haben alle in unseren bisherigen Beispielen betrachteten Halbgruppen bzw. Gruppen unendliche Ordnung. Für $|M| = k$ gilt:

$|F(M)| = k^k$ und $|S(M)| = k! = 1.2.3. \ldots .(k-1).k$

wie die folgenden Überlegungen zeigen: es ist jede Abbildung aus F(M) durch die Angabe der Bilder aller Elemente von M eindeutig bestimmt. Für jedes der k Elemente von M gibt es k Möglichkeiten für das Bildelement, sodaß wir insgesamt k^k Möglichkeiten haben, die Bilder aller Elemente auszuwählen. Daher gilt $|F(M)| = k^k$. Zur Bestimmung von $|S(M)|$ geht man analog vor; es ist dabei aber zu beachten, daß jedes Element von M nur genau einmal als Bild auftreten darf. Für die Auswahl des Bildes des zweiten Elementes verbleiben daher nur k-1 Möglichkeiten, für das des dritten Elementes nur mehr k-2, usw. Damit ergibt sich: $|S(M)| = k.(k-1)\ldots 3.2.1 = k!$.

Endliche Permutationsgruppen:

Im Fall einer endlichen Menge M kann man deren Elemente numerieren: $M = \{m_1,\ldots,m_k\}$. Jede Permutation von M entspricht in diesem Fall somit einer Permutation der Zahlenmenge $\{1,\ldots,k\}$ und umgekehrt. Es genügt also, die Permutationsgruppen aller solchen Zahlenmengen zu studieren. *Die Permutationsgruppe von* $\{1,\ldots,k\}$ *heißt die symmetrische Gruppe auf* k *Elementen und wird mit* S_k *bezeichnet.* Jede Permutation aus S_k kann in naheliegender Weise dadurch angegeben werden, daß man unter jede der Zahlen $1,\ldots,k$ ihr Bild unter der Permutation schreibt, also für $\pi \in S_k$: $j \to \pi(j)$ $(j = 1,\ldots,k)$:

$$\pi = \begin{pmatrix} 1 & 2 & \ldots & k \\ \pi(1) & \pi(2) & \ldots & \pi(k) \end{pmatrix}.$$

Diese Notation ist allerdings für die Praxis recht umständlich und besser zu ersetzen durch die

Zyklendarstellung von Permutationen:

Unter einem Zyklus versteht man dabei eine Permutation der Gestalt $t_1 \to t_2$, $t_2 \to t_3,\ldots,t_{m-1} \to t_m, t_m \to t_1$, *für die man kurz* $(t_1t_2\ldots t_m)$ *schreibt.* (Die t_j sind dabei beliebige natürliche Zahlen.) *Jedes Element* π *von* S_k *kann nun als Verknüpfung von elementfremden Zyklen (d.h. von Zyklen, in denen jeweils nur verschiedene Zahlen auftreten) dargestellt werden.* Man geht dazu so vor, daß man $t_1 = 1$ setzt, dazu t_2 bestimmt, dann t_3 usw... Da insgesamt nur k Elemente zur Verfügung stehen, muß es ein m geben, bei dem sich der Zyklus schließt, d.h. mit $t_m \to t_j$ $(1 \le j \le m)$. Wäre $j \neq 1$, so wäre t_j sowohl Bild von t_{j-1} als auch von t_m, und π könnte keine Permutation sein. Also muß t_m in 1 übergehen, d.h. es liegt ein Zyklus, und zwar $(1t_2t_3\ldots t_m)$ vor. Sind alle Zahlen aus $\{1,\ldots,k\}$ in diesem Zyklus enthalten, so ist π gleich diesem Zyklus; im gegenteiligen Fall setzt man das Verfahren beginnend mit der kleinsten noch nicht verwendeten Zahl aus $\{1,\ldots,k\}$ fort und erhält wieder einen Zyklus, der wegen der Bijektivität von π zum ersten Zyklus elementfremd sein muß. Fortsetzung des Verfahrens bis zur Erschöpfung der Elemente von $\{1,\dots,k\}$ liefert die gesuchte Darstellung. *Die Anzahl der in einem Zyklus enthaltenen Elemente heißt die Länge des Zyklus.* Eventuell auftretende Zyklen der Länge 1 bedeuten, daß das betreffende Element unter π fest bleibt. Man schreibt sie üblicherweise nicht an.

Beispiel:

$$\begin{pmatrix} 1 & 2 & 3 & 4 & 5 & 6 & 7 & 8 \\ 2 & 6 & 3 & 7 & 8 & 1 & 4 & 5 \end{pmatrix} = (126)\circ(3)\circ(47)\circ(58) = (126)\circ(47)\circ(58).$$

Da bei dieser Zerlegung nur paarweise elementfremde Zyklen auftreten, kommt es auf die Reihenfolge, in der man diese anschreibt, nicht an. Im allgemeinen ist jedoch zur

Kommutativität von Permutationsgruppen

zu sagen, daß diese nur für S_1 und S_2 gilt, da man in S_k für $k > 2$ etwa bereits

$$(123)\circ(23) = (12) \text{ aber } (23)\circ(123) = (13)$$

erhält.

Man beachte an dieser Stelle, daß "$\circ$" die Verknüpfung von Abbildungen ist; somit bedeutet $(123)\circ(23)$ in S_k, daß zuerst

$$\pi = (23) = \begin{pmatrix} 1 & 2 & 3 & 4 & \dots & k \\ 1 & 3 & 2 & 4 & \dots & k \end{pmatrix} \text{ und dann}$$

$$\rho = (123) = \begin{pmatrix} 1 & 2 & 3 & 4 & \dots & k \\ 2 & 3 & 1 & 4 & \dots & k \end{pmatrix} \text{ anzuwenden ist!}$$

Die Verknüpfung ist also von rechts nach links zu lesen! Um den Formalismus der uns geläufigen Leserichtung anzupassen, wird in der Literatur das "Produkt" von Permutationen häufig so definiert, daß man bei $\pi\rho$ zuerst π und dann ρ anzuwenden hat. Dieses Produkt steht zu der hier verwendeten Verknüpfung in der Beziehung $\pi\rho = \rho\circ\pi$. Da in allen übrigen Bereichen der Algebra, speziell in der linearen Algebra (Kap.II), die Leseweise von rechts nach links Vorteile bringt, behalten wir diese auch für Permutationen bei.

Von besonderer Bedeutung, speziell in der linearen Algebra, ist für eine Permutation die Anzahl der sogenannten Fehlstände (oder Inversionen): ein solcher liegt vor, wenn nach Anwendung der Permutation eine größere Zahl vor einer kleineren steht. Man definiert in diesem Zusammenhang das

Signum einer Permutation:

$$\operatorname{sgn} \pi = (-1)^{f(\pi)},$$

wobei $f(\pi)$ die Anzahl der Fehlstände von π ist. Es ist z.B.

für $\pi = \begin{pmatrix} 1 & 2 & 3 & 4 \\ 3 & 2 & 4 & 1 \end{pmatrix}$ $f(\pi) = 4$, also $\operatorname{sgn} \pi = 1$

(Fehlstände: 3 vor 2, 3 vor 1, 2 vor 1, 4 vor 1).

Die Grundlage zur Berechnung des Signums einer Permutation aus S_k *liefert die Formel:*

$$\operatorname{sgn} \pi = \prod \frac{t-j}{\pi(t)-\pi(j)}$$

in der das Produkt auf der rechten Seite über alle Zahlenpaare (j,t) *mit* $j < t$, $j,t \in \{1,\ldots,k\}$ *zu bilden ist.*

Die Richtigkeit der Formel erhält man leicht aus folgenden Überlegungen: da π eine bijektive Abbildung ist, gibt es zu je zwei Zahlen $j \neq t$ aus $\{1,\ldots,k\}$ Zahlen $\bar{j} \neq \bar{t}$ in $\{1,\ldots,k\}$ mit $\pi(\bar{j}) = j$ und $\pi(\bar{t}) = t$. Somit treten alle Paare verschiedener Zahlen aus $\{1,\ldots,k\}$ im Zähler und im Nenner des Produktes je einmal auf; der Absolutbetrag des Produktes ist also 1. Die Zahlen im Zähler sind stets positiv, im Nenner steht ein negativer Faktor $(\pi(t)-\pi(j))$ genau dann, wenn ein Fehlstand vorliegt. Das Produkt ist also bei gerader Anzahl von Fehlständen gleich +1, bei ungerader gleich -1.

Für das oben angeführte Beispiel liefert die Formel:

$$\operatorname{sgn} \begin{pmatrix} 1 & 2 & 3 & 4 \\ 3 & 2 & 4 & 1 \end{pmatrix} = \frac{2-1}{2-3} \cdot \frac{3-1}{4-3} \cdot \frac{3-2}{4-2} \cdot \frac{4-1}{1-3} \cdot \frac{4-2}{1-2} \cdot \frac{4-3}{1-4} = 1.$$

Berechnung von $\operatorname{sgn} \pi$ aus der Zyklendarstellung:

Für diese Berechnung sind folgende Regeln zu beachten:

1. $\operatorname{sgn} (\rho \circ \pi) = \operatorname{sgn} \rho \cdot \operatorname{sgn} \pi$

(Diese Regel ist aus der oben angegebenen Produktformel leicht herzuleiten; s. Aufg. 12).

2. *Jeder* m*-elementige Zyklus ist als Verknüpfung von* m-1 *(nicht paarweise elementfremden)* *Transpositionen* *(d.s. 2-elementige Zyklen) darstellbar:*

$$(t_1 t_2 \ldots t_m) = (t_1 t_2) \circ (t_2 t_3) \circ \ldots \circ (t_{m-1} t_m).$$

3. *Das Signum jeder Transposition ist* -1.

Aus diesen Regeln ergibt sich:

$$\operatorname{sgn} \pi = (-1)^{m_1-1+m_2-1+\ldots+m_j-1} = (-1)^{m_1+\ldots+m_j-j}$$

wenn die Zyklendarstellung von π *aus* j *(elementfremden) Zyklen mit den Längen* $m_1,\ldots,m_j$ *besteht.*

Man erhält z.B.:

$$\mathrm{sgn}\begin{pmatrix}1&2&3&4\\3&2&4&1\end{pmatrix} = \mathrm{sgn}\,(134) = (-1)^2 = 1 \quad \text{bzw.}$$

$$\mathrm{sgn}\begin{pmatrix}1&2&3&4&5&6&7&8\\2&6&3&7&8&1&4&5\end{pmatrix} = \mathrm{sgn}\,[(126)\circ(47)\circ(58)] = (-1)^{2+1+1} = 1.$$

Gerade und ungerade Permutationen:

Durch das Signum unterscheidet man zwei Klassen von Permutationen: die geraden Permutationen (mit gerader Anzahl von Fehlständen, d.h. Signum +1) und die ungeraden Permutationen (mit ungerader Anzahl von Fehlständen, d.h. mit Signum -1). Aus den Rechenregeln für das Signum folgt sofort, daß die Verknüpfung von zwei geraden Permutationen wieder gerade ist, ebenso wie die zu einer geraden inverse Permutation. *Man erkennt also, daß die geraden Permutationen aus S_k bezüglich "$\circ$" wieder eine Gruppe bilden; man nennt diese die alternierende Gruppe A_k auf k Elementen.*

Ähnlich wie A_k in S_k ist die Halbgruppe der Befehlsfolgen an das Boot in der Halbgruppe der Befehlsfolgen an den Zug (s. einführendes Bsp.) enthalten. Das führt zu den Begriffsbildungen

Unterhalbgruppe und Untergruppe:

Eine Teilmenge $U \neq \emptyset$ einer Halbgruppe $\langle H, . \rangle$ (bzw. einer Gruppe $\langle G, . \rangle$) heißt eine Unterhalbgruppe von $\langle H, . \rangle$ (bzw. Untergruppe von $\langle G, . \rangle$), wenn U bezüglich der Operation "." eine Halbgruppe (bzw. Gruppe) ist. Man beachte, daß sich der Begriff Unterhalbgruppe (bzw. Untergruppe) immer auf die Operation in der zugrundeliegenden Halbgruppe bzw. Gruppe bezieht!

Im allgemeinen kann eine Halbgruppe Unterhalbgruppen mit voneinander verschiedenen neutralen Elementen enthalten (s. Aufg.22). Im Fall der Gruppen stellt man jedoch durch einfache Rechnung fest, daß das neutrale Element einer Untergruppe stets mit dem neutralen Element der Gesamtgruppe übereinstimmt, ebenso wie das zu $u \in U$ in U inverse mit dem zu u in $\langle G, . \rangle$ inversen Element. Da außerdem das Assoziativgesetz für "." in jeder Halbgruppe bzw. Gruppe für alle Elemente gilt, braucht man es für Teilmengen U nicht extra zu überprüfen. Daraus ergeben sich folgende

Kriterien für Unterhalbgruppen bzw. Untergruppen:

1. $U \subseteq H$ $(U \neq \emptyset)$ *ist genau dann Unterhalbgruppe von $\langle H, . \rangle$, wenn U bezüglich "." abgeschlossen ist, d.h. wenn für alle $u,v \in U$ gilt: $uv \in U$.*

2. $U \subseteq G$ $(U \neq \emptyset)$ *ist genau dann Untergruppe der Gruppe $\langle G, . \rangle$, wenn U abgeschlossen ist bezüglich "." und der Inversenbildung;* oder in anderer Formulierung:

3. $U \subseteq G$ ($U \neq \emptyset$) *ist genau dann Untergruppe der Gruppe* $\langle G, . \rangle$, *wenn für alle* $u, v \in U$ *gilt:* $uv^{-1} \in U$.

Für endliche Teilmengen U vereinfacht sich das Untergruppenkriterium 2. wie folgt:

4. *Eine endliche (nichtleere) Teilmenge* U *von* G *ist genau dann Untergruppe der Gruppe* $\langle G, . \rangle$, *wenn* U *bezüglich* "." *abgeschlossen ist.*

Dieses einfachere Kriterium gilt, da im endlichen Fall aus der Abgeschlossenheit von U bezüglich "." die Abgeschlossenheit bezüglich der Inversenbildung folgt: für beliebiges $a \in U$ bilde man die Menge $aU = \{au \mid u \in U\} \subseteq U$; aus $au = av$ folgt $u = a^{-1}au = a^{-1}av = v$, sodaß die endlichen Mengen aU und U gleichviele Elemente enthalten und daher gleich sind. Es gibt somit ein $x \in U$ mit $ax = a$, d.h. mit $e = a^{-1}a = a^{-1}ax = x \in U$ und ein $y \in U$ mit $ay = e$, d.h. mit $a^{-1} = a^{-1}e = a^{-1}ay = y \in U$.

Erzeugung von Unterhalbgruppen bzw. Untergruppen:

Mit Hilfe der angeführten Kriterien stellt man leicht fest, daß der Durchschnitt $\bigcap_{i \in I} U_i$ *einer beliebigen Menge* $\{U_i \mid i \in I\}$ *von Unterhalbgruppen einer Halbgruppe* $\langle H, . \rangle$ *wieder eine Unterhalbgruppe von* $\langle H, . \rangle$ *ist (soferne er nicht leer ist) und daß der Durchschnitt einer beliebigen Menge von Untergruppen einer Gruppe wieder eine Untergruppe ist (dieser Durchschnitt ist stets nichtleer, da er das neutrale Element der Gesamtgruppe enthält).*

Es sei vermerkt, daß die analoge Aussage für die Vereinigung im allgemeinen falsch ist, wie das Beispiel $\langle \mathbb{Z}, + \rangle$ mit den Untergruppen U der geraden Zahlen und V der durch 3 teilbaren Zahlen zeigt.

Aufgrund der oben angeführten Durchschnittseigenschaft gibt es zu jeder Teilmenge $M \neq \emptyset$ *einer Halbgruppe* $\langle H, . \rangle$ *(bzw. Gruppe* $\langle G, . \rangle$*) eine eindeutig bestimmte kleinste Unterhalbgruppe von* $\langle H, . \rangle$ *(bzw. Untergruppe von* $\langle G, . \rangle$*), die* M *enthält, nämlich den Durchschnitt aller* M *enthaltenden Unterhalbgruppen von* $\langle H, . \rangle$ *(bzw. Untergruppen von* $\langle G, . \rangle$*). Man nennt diese Unterhalbgruppe (bzw. Untergruppe) die* <u>*von M*</u> *in* $\langle H, . \rangle$ *(bzw.* $\langle G, . \rangle$*)* <u>*erzeugte Unterhalbgruppe (bzw. Untergruppe)*</u> *und schreibt dafür* $\langle M \rangle$. *Ist die Halbgruppe* $\langle H, . \rangle$ *bzw. die Gruppe* $\langle G, . \rangle$ *von der Gestalt* $\langle M \rangle$, *so nennt man* M *ein* <u>*Erzeugendensystem*</u> *von* $\langle H, . \rangle$ *bzw.* $\langle G, . \rangle$.

$\langle M \rangle$ besteht im Fall der Halbgruppen aus allen Elementen von H, die sich als endliche Verknüpfung von Elementen aus M darstellen lassen, d.h. aus allen $h \in H$ der Gestalt

$$h = m_1 m_2 \dots m_k \quad (k \in \mathbb{N});$$

im Fall der Gruppen enthält <M> genau alle Elemente $g \in G$ der Gestalt

$$g = m_1^{i_1} m_2^{i_2} \ldots m_k^{i_k} \quad (i_j = \pm 1 \text{ für } 1 \leq j \leq k,\ k \in \mathbb{N}).$$

Zyklische Halbgruppen und Gruppen:

Im Fall $M = \{m\}$ schreibt man anstelle von $<\{m\}>$ einfach $<m>$ und spricht man von der von m erzeugten Unterhalbgruppe bzw. Untergruppe. *Jede Halbgruppe bzw. Gruppe der Gestalt* $<m>$ *nennt man zyklisch (mit erzeugendem Element* m). $<m>$ besteht im Halbgruppenfall aus allen Elementen der Gestalt m^k $(k \in \mathbb{N})$, im Gruppenfall aus allen Elementen m^k $(k \in \mathbb{Z})$.

Man beachte, daß im Zusammenhang mit "Erzeugung", "zyklisch" streng zwischen Halbgruppe und Gruppe unterschieden werden muß! So gilt etwa:

$< \mathbb{Z}, + > = <1>$ als Gruppe

$< \mathbb{N}, + > = <1>$ als Halbgruppe

$< \mathbb{Z}, + > = <\{-1,1\}>$ als Halbgruppe.

Als sehr wichtiger Begriff erweist sich die Ordnung eines Gruppenelementes, die durch $o(g) = |<g>|$ *definiert wird. Offensichtlich ist sie gleich der Anzahl der voneinander verschiedenen Potenzen* g^k $(k \in \mathbb{Z})$.

Die Ordnung der Elemente und das Rechnen in Gruppen:

Für jedes Element g *einer Gruppe* $< G, . >$ *gilt entweder*

$o(g) = \infty$ *und* $g^n \neq e$ *für alle* $n \in \mathbb{N}$, *oder*

$o(g) = k$ *und* k *ist die kleinste Zahl aus* N *mit* $g^k = e$.

$g^m = e$ *gilt in diesem Fall genau dann, wenn* m *Vielfaches von* k *ist.*

In ein und derselben Gruppe können natürlich beide Fälle auftreten.

Diese Regeln ergeben sich aus folgenden Überlegungen:

a) aus $g^n = e$ folgt, daß $\{g, g^2, \ldots, g^n\}$ Untergruppe von $< G, . >$ ist; $g^n = e$ kann also nur für $n \geq o(g)$ gelten;

b) im Fall $o(g) = k$ gibt es in $\{0, \ldots, k\}$ mindestens zwei Zahlen $s > t$ mit $g^s = g^t$, woraus $g^{s-t} = e$ folgt. Daher gilt $s-t \leq k = o(g) \leq s-t$, d.h. $s-t = k$, also $s = k$ und $t = 0$. Natürlich gilt $g^{kz} = e^z = e$ für alle $z \in \mathbb{Z}$; hat m die Gestalt $m = kz + t$ $(1 \leq t \leq k-1)$, so folgt $g^m = g^t \neq e$.

Kehren wir nun zu unserem anfänglichen Beispiel des Bootes bzw. Zuges zurück. In natürlicher Weise erheben sich die Fragestellungen der nach Ausführung einer Befehlsfolge $a_1 \ldots a_k$ zurückgelegten Wegstrecke und der Endposition. In Stationen gezählt ist die Wegstrecke für den Zug gleich der Summe der Zahlen $|a_i|$ $(i = 1, \ldots, k)$. Zur Berechnung der Endposition ist zu beachten, daß das Boot bzw. der Zug am Ende um $\sum_{i=1}^{k} a_i$ Stationen verschoben ist (negative und positive Bewegungen des Zuges gleichen einander aus). Da jede Verschiebung um n Stationen die Rückkehr zur Ausgangsposition bedeutet, ist die Endposition gegenüber dieser genau um den Rest $r_n(\sum_{i=1}^{k} a_i)$ bei Division von $\sum_{i=1}^{k} a_i$ durch n verschoben. Zu beachten sind also die Abbildungen:

$$\varphi: a_1 \ldots a_k \to \sum_{i=1}^{k} |a_i|$$

$$\psi: a_1 \ldots a_k \to r_n(\sum_{i=1}^{k} a_i),$$

wobei letztere auch als Zusammensetzung der Abbildungen

$$\sigma: a_1 \ldots a_k \to \sum_{i=1}^{k} a_i \quad \text{und } \tau: z(\in \mathbb{Z}) \to r_n(z)$$

dargestellt werden kann.

Es gilt für diese Abbildungen:

$$\varphi(a_1 \ldots a_k b_1 \ldots b_\ell) = \varphi(a_1 \ldots a_k) + \varphi(b_1 \ldots b_\ell) \quad \text{(ebenso für } \sigma\text{) und}$$

$$\tau(z+u) = r_n(z+u) = r_n(\tau(z)+\tau(u)) \quad \text{(analog für } \psi\text{).}$$

Diese Eigenschaften führen zur folgenden wichtigen

Definition:

Eine Abbildung φ *von einer Halbgruppe* $< H, . >$ *in eine Menge* K *mit einer 2-stelligen Operation "*" heißt ein* *(Halbgruppen)homomorphismus*, *wenn gilt:*

$$\varphi(ab) = \varphi(a) * \varphi(b) \quad \textit{für alle } a,b \in H,$$

d.h. *wenn sie mit den Operationen "." und "*"* *verträglich* *ist. Ist* φ *außerdem bijektiv von* H *auf* K, *so heißt* φ *ein* *(Halbgruppen)-isomorphismus*. *Die Homomorphismen von* $< H, . >$ *in sich selbst heißen die* *Endomorphismen*, *die Isomorphismen von* $< H, . >$ *auf sich selbst die* *Automorphismen* *von* $< H, . >$.

Aus dieser Definition ergeben sich sofort folgende

Regeln für (Halbgruppen)homomorphismen:

Für jeden (Halbgruppen)homomorphismus φ *von* $< H, . >$ *in eine Menge* K *mit einer Operation "*" gilt:*

1. $\varphi(H)$ *ist bezüglich "*" eine Halbgruppe; man nennt* $<\varphi(H), *>$ *das* *homomorphe Bild* *von* $< H, . >$ *unter der Abbildung* φ ;
2. *ist* $< H, . >$ *kommutativ, so auch* $<\varphi(H), *>$;
3. *ist* e *neutrales Element in* $< H, . >$, *so ist* $\varphi(e)$ *neutral in* $<\varphi(H), *>$;
4. *gibt es zu* a *in* $< H, . >$ *ein inverses Element* a^{-1}, *so ist* $\varphi(a^{-1})$ *zu* $\varphi(a)$

invers in $<\varphi(H),*>$;

5. *ist* $<H,.>$ *eine Gruppe, so auch* $<\varphi(H),*>$;

6. *ist* U *Unterhalbgruppe (bzw. Untergruppe) von* $<H,.>$, *so ist* $\varphi(U)$ *Unterhalbgruppe (bzw. Untergruppe) von* $<\varphi(H),*>$;

7. *das vollständige Urbild jeder Unterhalbgruppe von* $<\varphi(H),*>$ *ist Unterhalbgruppe von* $<H,.>$; *ist* $<H,.>$ *eine Gruppe, so ist das vollständige Urbild jeder Untergruppe von* $<\varphi(H),*>$ *eine Untergruppe von* $<H,.>$;

8. *ist* $<H,.>$ *eine Gruppe, so gilt für jedes* $a \in H$: $o(\varphi(a)) \leqslant o(a)$, *im Fall* $o(a) < \infty$ *ist* $o(\varphi(a))$ *sogar stets ein Teiler von* $o(a)$.

Wie man leicht nachrechnet, ist die Umkehrabbildung eines Isomorphismus stets wieder [illegible]omorphismus; man kann daher, falls es einen Isomorphismus von $<H,.>$ auf $<K,*>$ gibt, kurz sagen, $<H,.>$ und $<K,*>$ seien zueinander isomorph. Da ein Isomorphismus alle algebraischen (d.h. durch die Operation gegebenen) Eigenschaften einer Gruppe oder Halbgruppe erhält, haben zueinander isomorphe Gruppen bzw. Halbgruppen dieselbe algebraische Struktur. (So hat etwa die multiplikative Halbgruppe der Zahlen 2^i ($i \in \mathbb{N}$) dieselbe algebraische Struktur wie $<\mathbb{N},+>$, was auch anschaulich klar ist, da $2^i.2^j = 2^{i+j}$ gilt.)

Von den oben erwähnten Abbildungen sind φ und σ Homomorphismen von der Halbgruppe der Befehlsfolgen (Operation: Aneinanderreihen) in $<\mathbb{Z},+>$, während ψ und τ Homomorphismen von der Halbgruppe der Befehlsfolgen bzw. von $<\mathbb{Z},+>$ auf die Menge $\mathbb{Z}_n$ der Reste $r_n(i)$ ($i \in \mathbb{Z}$) modulo n mit der Operation

$r_n(i) * r_n(j) = r_n(i+j)$ sind.

Der Eindeutigkeit halber sei $r_n(i)$ stets der nichtnegative Rest, d.h. jene Zahl s aus $\{0,1,\dots,n-1\}$, für die gilt: $i = nk + s$; für $n = 5$, $i = -8$ erhält man also z.B.: $r_5(-8) = 2$ (und nicht $= -3$!).

Offensichtlich gilt $r_n(i) = r_n(j)$ genau dann, wenn $i-j$ ein Vielfaches von n ist. Jedem Rest $r_n(i)$ entspricht also (in bijektiver Weise) eine ganze Klasse von Zahlen, nämlich

$\bar{i} = \{j \in Z \mid j = i + zn,\ z \in \mathbb{Z}\}$.

Man identifiziert $\mathbb{Z}_n$ oft mit der Menge dieser Restklassen und schreibt für die Operation auf $\mathbb{Z}_n$ einfach:

$\bar{i} + \bar{j} = \overline{i + j}$.

Restklassenhalbgruppen:

Aus den angeführten Regeln folgt, daß für alle $n \in \mathbb{N}$ $<\mathbb{Z}_n,+>$ *eine Gruppe ist;*

man nennt sie die *additive Restklassengruppe modulo n.* *Analog erhält man, daß* $\mathbb{Z}_n$ *bezüglich der Operation ".":*

$\bar{i}.\bar{j} = \overline{ij}$

stets ein Monoid ist (*multiplikatives Restklassenmonoid modulo n*). *Zu jedem* $\bar{k} \in \mathbb{Z}_n$, *für das* k *und* n *relativ prim sind* (*d.h. keine gemeinsamen Teiler haben*), *gibt es in* $<\mathbb{Z}_n, .>$ *ein inverses Element, während die übrigen Elemente von* $\mathbb{Z}_n$ *Nullteiler in* $<\mathbb{Z}_n, .>$ *sind* (*s. Aufg.*21). *Daraus folgt, daß die zu* n *relativ primen Reste aus* $\mathbb{Z}_n$ *bezüglich "." eine Gruppe bilden, die man die* *prime Restklassengruppe modulo n* *nennt.*

Nach Kap. 0 induziert jede Abbildung $\varphi: M \to N$ auf M eine Äquivalenzrelation Θ_φ. Algebraisch von besonderem Interesse sind die durch (Halbgruppen)homomorphismen φ induzierten Relationen Θ_φ:

Kongruenzrelationen und Faktorhalbgruppen:

Die von den auf einer Halbgruppe $<H, .>$ *definierten Homomorphismen* φ *induzierten Relationen* Θ_φ *nennt man die* *Kongruenzrelationen* *auf* $<H, .>$. Eine einfache Rechnung zeigt, *daß für jede Kongruenzrelation* Θ *auf* $<H, .>$ *gilt:*

$a \Theta b$ *und* $c \Theta d \Rightarrow ac \Theta bd.$ (*)

Erfüllt umgekehrt eine Äquivalenzrelation Θ auf $<H, .>$ die Bedingung (*), so induziert die Operation "." durch

$[a]_\Theta . [b]_\Theta = [ab]_\Theta$

auf der Menge H/Θ der Θ-Äquivalenzklassen von H in eindeutiger Weise eine Operation "." bezüglich der die Abbildung $\varphi: a \to [a]_\Theta$ von $<H, .>$ auf H/Θ ein (Halbgruppen)homomorphismus mit $\Theta_\varphi = \Theta$ ist. Wir erhalten also:

Eine Äquivalenzrelation auf H *ist genau dann eine Kongruenzrelation auf der Halbgruppe* $<H, .>$, *wenn sie* (*) *erfüllt. In diesem Fall ist* H/Θ *mit der oben definierten Operation ein homomorphes Bild von* $<H, .>$ *- man nennt es die* *Faktorhalbgruppe* *von* $<H, .>$ *nach* Θ *und schreibt dafür einfach* H/Θ (*die Operation ist ja durch jene auf* H *eindeutig bestimmt*). *Ist* $<H, .>$ *eine Gruppe, so ist nach Regel 5. für Homomorphismen auch jede Faktorhalbgruppe von* $<H, .>$ *eine Gruppe. Man spricht daher in diesem Fall von den* *Faktorgruppen* *der Gruppe* $<H, .>$. Aus Regel 4. schließt man, daß jede (Halbgruppen)-kongruenzrelation Θ auf einer Gruppe $<H, .>$ auch mit der Inversenbildung verträglich ist im Sinn von:

$a \Theta b \Rightarrow a^{-1} \Theta b^{-1}$.

Die besondere Rolle der Faktor(halb)gruppen tritt zutage im

Homomorphiesatz:

Für jeden auf < H, . > definierten Homomorphismus φ ist das homomorphe Bild $<\varphi(H), *>$ isomorph zur Faktorhalbgruppe H/Θ.

Dieser Satz - den man beweist, indem man überprüft, daß die Abbildung $[a]_{\Theta_\varphi} \to \varphi(a)$ ein Isomorphismus ist - besagt nichts anderes als daß die homomorphen Bilder der Halbgruppen (bzw. Gruppen) im Wesentlichen (d.h. bis auf Isomorphie) genau die Faktorhalbgruppen (bzw. Faktorgruppen) sind.

Zur Erfassung aller Faktor(halb)gruppen benötigt man die Kenntnis aller Kongruenzrelationen der betrachteten (Halb)gruppe. Im Fall der Gruppen können diese relativ einfach beschrieben werden:

Kongruenzrelationen auf Gruppen:

Jede Kongruenz Θ auf einer Gruppe < G, . > ist durch die Klasse $[e]_\Theta$ eindeutig bestimmt und zwar durch:

$$[a]_\Theta = a[e]_\Theta = [e]_\Theta a \quad \textit{für alle } a \in G$$

(dabei bedeutet aM : $\{am \mid m \in M\}$). Die angegebene Aussage folgt sofort aus:

$$ba^{-1}\,\Theta\, e \;\Leftrightarrow\; b \in [a]_\Theta \;\Leftrightarrow\; a^{-1}b\,\Theta\, e \;.$$

Man beachte, daß es auf Monoiden, die nicht Gruppen sind, mehrere Kongruenzen mit derselben e-Klasse geben kann! (s. Aufg.26).

Um alle Kongruenzrelationen auf einer Gruppe < G , . > zu erfassen, genügt es also, alle Teilmengen N von G, die die Gestalt $N = [e]_\Theta$ haben, zu kennen. Man stellt sofort fest, daß jede solche Teilmenge N von G Untergruppe von < G, . > ist, die obendrein die Bedingung aN = Na für alle $a \in G$ erfüllt. Man nennt diese Untergruppen die Normalteiler von < G, . >.

Es besteht folgender

Zusammenhang zwischen den Normalteilern und den Kongruenzrelationen einer Gruppe:

Die Normalteiler und die Kongruenzrelationen einer Gruppe entsprechen einander in bijektiver Weise: jeder Kongruenz ist der Normalteiler $N = [e]_\Theta$ zugeordnet (wobei verschiedenen Kongruenzen verschiedene Normalteiler entsprechen); umgekehrt definiert jeder Normalteiler N von < G, . > durch

$$a\,\Theta_N\, b \Leftrightarrow aN = bN$$

eine Kongruenz Θ_N auf < G, . >, für die gilt: $[a]_{\Theta_N} = aN = Na$, speziell für a = e also: $[e]_{\Theta_N} = N$.

Der erste Teil dieses wichtigen Satzes folgt direkt aus dem bisher Gesagten. Umgekehrt ist Θ_N klarerweise eine Äquivalenzrelation und, da aus aN = bN und cN = dN die Gleichheit von acN, aNc, bNc, bNd, bdN folgt, eine Kongruenz auf < G, . >. Zum Nachweis von $[a]_{\Theta_N} = aN$ beachte man, daß für jede Untergruppe U von < G, . > , wie leicht zu überprüfen ist,

$$aU = U \Leftrightarrow a \in U$$

gilt, woraus folgt:

$$aU = bU \Leftrightarrow a^{-1}bU = U \Leftrightarrow a^{-1}b \in U \Leftrightarrow b \in aU.$$

Der angeführte Zusammenhang zwischen Normalteilern und Kongruenzen einer Gruppe erlaubt es, von den Faktorgruppen $G/N = G/\Theta_N$ *einer Gruppe* < G, . > *nach ihren Normalteilern* N *zu sprechen. Jedes homomorphe Bild* $\varphi(G)$ *einer Gruppe* < G, . > *ist isomorph zur Faktorgruppe* G/N *von* < G, . > *nach dem Normalteiler*

$$N = [e]_{\Theta_\varphi} = \{a \in G \mid \varphi(a) = \varphi(e) \in \varphi(G)\} ,$$

den man als den <u>*Kern*</u> *des Homomorphismus bezeichnet (Schreibweise:* $N = \ker\varphi$ *).*

Da aus $aNa^{-1} \subseteq N$ für alle $a \in G$ folgt: $N = a^{-1}aNa^{-1}a \subseteq a^{-1}Na$, gilt

$$aN = Na\ \forall a \in G \Leftrightarrow aNa^{-1} = N\ \forall a \in G \Leftrightarrow aNa^{-1} \subseteq N\ \forall a \in G$$

und man erhält als

<u>weitere Charakterisierung der Normalteiler:</u>

Eine Untergruppe N *von* < G, . > *ist genau dann ein Normalteiler, wenn gilt:*

$$aNa^{-1} \subseteq N \quad \text{für alle } a \in G.$$

Der Vollständigkeit halber angeführt seien folgende, leicht zu überprüfende

<u>Eigenschaften der Normalteiler:</u>

1. Der Durchschnitt beliebig vieler Normalteiler einer Gruppe ist wieder ein Normalteiler der Gruppe;
2. die von der Vereinigung beliebig vieler Normalteiler einer Gruppe erzeugte Untergruppe ist ein Normalteiler;
3. das Bild eines Normalteilers einer Gruppe < G, . > unter einem auf G definierten Homomorphismus ist stets ein Normalteiler im Bild von < G, . >. Umgekehrt ist das vollständige Urbild eines Normalteilers eines homomorphen Bildes von < G, . > stets ein Normalteiler in < G, . >;
4. der Durchschnitt eines Normalteilers N einer Gruppe < G, . > mit einer Untergruppe U von < G, . > ist stets Normalteiler von U;

5. in einer kommutativen Gruppe ist jede Untergruppe ein Normalteiler.

Wie wir gesehen haben, ist jede Kongruenzklasse einer Gruppe von der Gestalt $aN = Na$ (N = zur Kongruenz gehöriger Normalteiler). Die Mengen aU bzw. Ua sind jedoch nicht nur für Normalteiler von großer Bedeutung, sondern führen allgemeiner zur

Nebenklassenzerlegung einer Gruppe nach einer Untergruppe:

Man nennt für eine Untergruppe U *der Gruppe* $< G, . >$ *und für jedes* $a \in G$ *die Menge* aU *die* ***Linksnebenklasse*** *(bzw. die Menge* Ua *die* ***Rechtsnebenklasse****) von* a *bezüglich* U. Wie im Fall der Normalteiler zeigt man, daß gilt:

$$aU = bU \;\Leftrightarrow\; a^{-1}b \in U \;\Leftrightarrow\; b \in aU \;\Leftrightarrow\; aU \cap bU \neq \emptyset ,$$

bzw. die analogen Aussagen für Rechtsnebenklassen. *Somit bildet für jede Untergruppe* U *von* $< G, . >$ *die Menge der voneinander verschiedenen Links- (bzw. Rechts-)nebenklassen von* $< G, . >$ *bezüglich* U *eine Zerlegung von* G *in elementfremde Teilmengen:*

$$G = \bigcup_{a \in S} aU = \bigcup_{b \in T} Ub$$

(wobei S und T so wählbar sind, daß jedes Element von G in genau einer der Mengen aU (bzw. Ub) auftritt). Ist U kein Normalteiler von $< G, . >$, so gibt es voneinander verschiedene Links- und Rechtsnebenklassen ($aU \neq Ua$). Wegen

$$aU = bU \;\Leftrightarrow\; a^{-1}b \in U \;\Leftrightarrow\; Ua^{-1} = Ub^{-1}$$

gilt: ist $G = \bigcup_{a \in S} aU$ die Zerlegung von G in (elementfremde) Linksnebenklassen bezüglich U, so ist $G = \bigcup_{a \in S} Ua^{-1}$ die Zerlegung von G in (elementfremde) Rechtsnebenklassen bezügl. U. *Daraus folgt wiederum, daß es genausoviele Links- wie Rechtsnebenklassen von* G *bezüglich* U *gibt. Die (endliche oder unendliche) Anzahl dieser Nebenklassen nennt man den* ***Index*** *von* U *in* $< G, . >$ *(Bezeichnung:* $|G : U|$*)*. Da die durch $u \rightarrow ua$ definierte Abbildung von U auf Ua stets bijektiv ist, hat jede Links- bzw. Rechtsnebenklasse von $< G, . >$ bezüglich U genausoviele Elemente wie U und es ergeben sich folgende wichtige

Anzahlaussagen in Gruppen:

1. *Für jede Gruppe* $< G, . >$ *und jede Untergruppe* U *von* $< G, . >$ *gilt*

   $$|G| = |U| . |G : U|$$

   (wobei man setzt: $\infty . n = n . \infty = \infty . \infty = \infty$*). Es folgt speziell, daß in einer endlichen Gruppe* $< G, . >$ *die Ordnung jeder Untergruppe* U *von* $< G, . >$ *ein Teiler der Gruppenordnung sein muß.*

2. *Ist* G *endlich, so ist für alle* $a \in G$ *die Ordnung* $o(a) = |\langle a \rangle|$

ein Teiler der Gruppenordnung $|G|$.

3. *Da die Nebenklassen einer Gruppe* $< G, . >$ *bezüglich eines Normalteilers* N *genau die Elemente der Faktorgruppe* G/N *sind, gilt für jeden auf* G *definierten Homomorphismus* φ :

   $|\varphi(G)| = |G : \ker\varphi|$.

   Im endlichen Fall ist also die Ordnung jedes homomorphen Bildes einer Gruppe ein Teiler der Gruppenordnung.

4. *Ist* $|G|$ *eine Primzahl, so hat die Gruppe* $< G, . >$ *nur die trivialen Untergruppen* G *und* $\{e\}$. *Jedes Element von* $G \setminus \{e\}$ *ist also erzeugend; die Allrelation und die identische Relation sind dann die einzigen Kongruenzen auf* $< G, . >$, *d.h. die homomorphen Bilder von* $< G, . >$ *sind isomorph zu* $< G, . >$ *oder einelementig.*

5. *Jede Untergruppe von Index 2 ist Normalteiler, da aus* $|G : U| = 2$ *folgt, daß sowohl die Links- als auch die Rechtsnebenklassenzerlegung von* $< G, . >$ *bezüglich* U *durch* $G = U \cup (G \setminus U)$ *gegeben sind.*

Zum Abschluß dieses Abschnittes seien zur Bestimmung von Unter(halb)gruppen, Kongruenzen usw... einige

Algorithmen

angegeben:

A. Unter(halb)gruppen: Man bestimmt

   1. alle zyklischen Unter(halb)gruppen;
   2. alle Unter(halb)gruppen der Gestalt $<\{a,b\}>$;

      ...

   n. alle Unter(halb)gruppen, die von n Elementen erzeugt werden, d.h. alle $<U \cup <a>>$ mit U aus dem (n-1)-ten Schritt.

Man beachte, daß im Fall einer endlichen Gruppe $< G, . >$ Untergruppen, deren Index eine Primzahl ist, in den weiteren Schritten nur mehr die gesamte Gruppe oder sich selbst liefern können und daher nicht mehr berücksichtigt zu werden brauchen. Daher:

Ende: im allgemeinen Fall, sobald der Algorithmus nur mehr die gesamte (Halb)gruppe liefert (muß für unendliche Ordnung nicht eintreten); im Fall einer endlichen Gruppe, sobald nur mehr Untergruppen von Primzahlindex auftreten.

B. Halbgruppenkongruenzen: Man beachte, daß gilt: die Äquivalenzrelation Θ

ist Kongruenz auf < H, . > genau dann, wenn aus $a \Theta b$ folgt: $ca \Theta cb$ und $ac \Theta bc$ $\forall c \in H$; (für $a \Theta b$, $c \Theta d$ erhält man daraus: $ac \Theta bc \Theta bd$).

Vorgangsweise:

1. Für je zwei Elemente $a,b \in H$ eine Menge $M(a,b)$ von Paaren bestimmen, die zu jeder (a,b) bzw. (b,a) enthaltenden Kongruenz auf < H, . > gehören müssen, durch:

a. Bildung von (a,b) und allen Paaren (ca,cb), (ad,bd), (cad,cbd);

b. Hinzufügen aller Paare, die aus den in Schritt a. erhaltenen durch Berücksichtigung von Symmetrie und Transitivität gewonnen werden können.

2. $\Theta \subsetneq H \times H$ ist genau dann Kongruenz, wenn Θ alle Paare (a,a) ($a \in H$) enthält und für alle $(a,b) \in \Theta$ ganz $M(a,b)$ in Θ liegt. Durch Überprüfung dieser Eigenschaft ermittelt man zunächst für jedes (a,b) die kleinste Kongruenz mit $a \Theta b$, sodann alle weiteren.

C. Normalteiler einer Gruppe:

Entweder alle Untergruppen bestimmen und die Normalteilereigenschaft $aN = Na$ jeweils nachprüfen, oder $a^{-1}Na = N$ berücksichtigen, was zum folgenden Algorithmus führt:

1. Für alle $a \in G$ die Menge $K(a) = \{b^{-1}ab \mid b \in G\}$ bilden, wobei zu beachten ist, daß für $c \in K(a)$ gilt: $K(c) = K(a)$, sodaß man schrittweise vorgehen kann:

a. $K(a)$ für ein $a \in G \setminus \{e\}$ bestimmen,

b. $K(b)$ für ein $b \in G \setminus (\{e\} \cup K(a))$ bestimmen,

c. $K(c)$ für ein $c \in G \setminus (\{e\} \cup K(a) \cup K(b))$ bestimmen, usw.

2. Alle Vereinigungen von Mengen der Gestalt $K(a)$ bilden (unter Berücksichtigung von $K(e) = \{e\}$). Jene, die Untergruppen von < G, . > sind, sind genau alle Normalteiler von < G, . >

D. Nebenklassenzerlegung von < G, . > nach der Untergruppe U :

1. Nebenklasse von e = U,

2. $a \in G \setminus U$ wählen, aU bilden,

3. $b \in G \setminus (U \cup aU)$ wählen, bU bilden,

4. $c \in G \setminus (U \cup aU \cup bU)$ wählen, cU bilden,

usw. (Für Rechtsnebenklassen analog).

2. Ringe und Körper

Im ersten Abschnitt haben wir algebraische Strukturen mit einer binären Operation kennengelernt. In der Praxis treten häufig Mengen mit zwei solchen Operationen auf (z.B. alle Zahlenbereiche $\mathbb{N}$, $\mathbb{Z}$, $\mathbb{Q}$, $\mathbb{R}$), die bezüglich jeder dieser Operationen eine Gruppe bzw. Halbgruppe bilden. Die algebraischen Eigenschaften solcher Strukturen können analog zu den Halbgruppen bzw. Gruppen untersucht werden.

Definition:

Eine nichtleere Menge R *heißt ein* ***Ring****, wenn auf* R *zwei binäre Operationen* "+" *und* "." *definiert sind, für die gilt:*

1. $< R, + >$ *ist eine kommutative Gruppe (neutrales Element:* 0*),*
2. $< R, . >$ *ist eine Halbgruppe,*
3. $a(b+c) = ab+ac$ *und* $(a+b)c = ac+bc$ *für alle* $a,b,c \in R$ *(****Distributivgesetze****).*

Man beachte, daß aus den Distributivgesetzen stets folgt:

a) $0a = 0 = a0$ *und* $-(ab) = (-a)b = a(-b)$,

b) $ax = ay$ bzw. $xa = ya \Rightarrow x = y$, *falls* a *nicht Nullteiler in* $< R, . >$ *und* $a \neq 0$ *ist (Kürzungsregel).*

Beispiele:

1. $< \mathbb{Z}, + , . >$
2. $< \mathbb{Q}, + , . >$, $< \mathbb{R}, + , . >$
3. Jede kommutative Gruppe $< G, + >$ mit der "Nullmultiplikation": $ab = 0$ für alle $a,b \in G$. Man nennt diesen Ring den Zeroring auf $< G, + >$.

In allen diesen Beispielen ist die Operation "." kommutativ - nichtkommutative Beispiele werden wir in Kapitel II kennenlernen. Die Beispiele aus 1. und 2. bilden bezüglich "." Monoide ohne Nullteiler, $\mathbb{Q} \setminus \{0\}$ und $\mathbb{R} \setminus \{0\}$ sogar Gruppen. In Beispiel 3. ist jedes Element (außer 0) Nullteiler in $< G, . >$.

Das führt zu den weiteren

Definitionen:

1. *Ein Ring* $< R, + , . >$ *heißt* ***kommutativ****, wenn* $< R, . >$ *kommutativ ist.*
2. *Ist* $< R, . >$ *ein Monoid, so bezeichnet man sein neutrales Element mit* "1" *und nennt* $< R, + , . >$ *einen Ring mit Einselement.*
3. *Ein kommutativer Ring mit Einselement und ohne Nullteiler (in der multiplikativen Halbgruppe) heißt ein* ***Integritätsbereich****.*

4. *Ein Ring* $< R, +, . >$ *heißt ein* *Körper,* *wenn* $< R \setminus \{0\}, . >$ *eine kommutative Gruppe ist.*

Unterring und Unterkörper:

Eine Teilmenge $U \neq \emptyset$ *eines Ringes* $< R, +, . >$ *heißt ein* *Unterring* *von* $< R,+,. >$*, wenn sie bezüglich der auf* R *betrachteten Operationen* "+" *und* "." *ein Ring ist. Ebenso nennt man eine Teilmenge* $U \neq \emptyset$ *eines Körpers* $< K, +, . >$ *einen* *Unterkörper,* *wenn sie bezüglich* "+" *und* "." *einen Körper bildet.* Da die Distributivgesetze in ganz R bzw. K gelten, sind sie automatisch in U erfüllt. U ist somit genau dann Unterring von $< R, +, . >$, wenn U Untergruppe von $< R, + >$ und Unterhalbgruppe von $< R, . >$ ist; ebenso gilt: U ist Unterkörper von $< K, +, . >$ genau dann, wenn U Untergruppe von $< K, + >$ und $U \setminus \{0\}$ Untergruppe von $< K \setminus \{0\}, . >$ ist . Man erhält also folgendes

Kriterium für Unterringe und Unterkörper:

1. $U \subseteq R$ $(U \neq \emptyset)$ *ist genau dann Unterring von* $< R, +, . >$*, wenn* U *abgeschlossen ist bezüglich* "+", "." *und der additiven Inversenbildung* $u \to -u$, d.h., *wenn gilt:*

   $$u,v \in U \Rightarrow u-v \in U \text{ und } uv \in U.$$

2. $U \subseteq K$ $(U \neq \emptyset)$ *ist genau dann Unterkörper von* $< K, +, . >$*, wenn* U *bezüglich* "+" *und der additiven Inversenbildung und* $U \setminus \{0\}$ *bezüglich* "." *und der multiplikativen Inversenbildung abgeschlossen sind, d.h. wenn gilt:*

   $$u,v \in U \Rightarrow u-v \in U \text{ und } u,v \in U \setminus \{0\} \Rightarrow uv^{-1} \in U.$$

Es folgt wie für Halbgruppen und Gruppen, daß der Durchschnitt beliebig vieler Unterringe eines Ringes bzw. Unterkörper eines Körpers wieder ein Unterring bzw. Unterkörper ist. *Den Durchschnitt aller eine Teilmenge* M *enthaltender Unterringe bzw. Unterkörper nennt man wieder den* *von* M *erzeugten Unterring* bzw. *Unterkörper* (*Bezeichnung:* $< M >$). *In der Körpertheorie von spezieller Bedeutung ist der von* $\{1\}$ *erzeugte Unterkörper eines Körpers* $< K, +, . >$; *er ist offensichtlich der Durchschnitt aller Unterkörper von* $< K, +, . >$; *man nennt ihn den* *Primkörper* P(K) *von* $< K, +, . >$.

(Ring)homomorphismen:

Eine Abbildung φ *von einem Ring* $< R, +, . >$ *in eine Menge* $S \neq \emptyset$ *mit zwei 2-stelligen Operationen* "*" *und* "∘" *heißt ein* *(Ring)homomorphismus,* *wenn gilt:*

$$\varphi(a+b) = \varphi(a) * \varphi(b) \quad \text{und}$$
$$\varphi(ab) = \varphi(a) \circ \varphi(b),$$

*d.h. wenn φ Halbgruppenhomomorphismus sowohl von < R, + > in < S, * >, als auch von < R, . > in < S, ∘ > ist. Ist φ sogar bijektiv von R auf S, so heißt φ ein <u>(Ring)isomorphismus</u>. Endomorphismen und Automorphismen werden wie bei Halbgruppen definiert.*

<u>Beispiel:</u>

Die Abbildung $i \to \bar{i} = r_n(i)$ ist ein Ringhomomorphismus von $< \mathbb{Z}, +, . >$ auf $< \mathbb{Z}_n, +, . >$.

Aus den Regeln für Halbgruppenhomomorphismen ergeben sich folgende

<u>Regeln für Ringhomomorphismen:</u>

*Für jeden Ringhomomorphismus von < R, +, . > in < S, *, ∘ > gilt:*

1. *φ(R) ist bezüglich "*" und "∘" ein Ring;*
2. *ist < R, +, . > kommutativ, so auch <φ(R), *, ∘ >;*
3. *das Bild von 1 ∈ R (falls ein solches Element existiert) ist Einselement in < φ(R), *, ∘ >;*
4. *ist < R, +, . > ein Körper, so auch <φ(R), *, ∘ >, falls nicht |φ(R)| = 1 gilt;*
5. *ist U Unterring von < R, +, . >, so ist φ(U) Unterring von <φ(R), *, ∘ >;*
6. *ist V Unterring von <φ(R), *, ∘ >, so ist $\varphi^{-1}(V)$ Unterring von < R, +, . >.*

Man beachte, daß - wie aus dem Beispiel $\mathbb{Z} \to \mathbb{Z}_n$ ersichtlich ist - ein homomorphes Bild eines Integritätsbereichs kein Integritätsbereich sein muß!

<u>Kongruenzrelationen auf Ringen:</u>

Wie im Fall der Halbgruppen nennt man die von den auf einem Ring < R, +, . > definierten Homomorphismen φ induzierten Äquivalenzrelationen Θ_φ die <u>Kongruenzrelationen</u> auf < R, +, . >. Es sind genau jene Äquivalenzrelationen Θ auf R, die Kongruenzen sowohl auf < R, + > als auch auf < R, . > sind.

Da < R, + > eine kommutative Gruppe ist, entsprechen einander die Normalteiler (d.h. wegen der Kommutativität: die Untergruppen) von < R, + > und die Kongruenzen auf < R, + > in bijektiver Weise, wobei die Θ entsprechende Untergruppe genau $[0]_\Theta$ ist. Ist nun Θ auch Kongruenz auf < R, . >, so gilt:

$$r[0]_\Theta \subseteq [0]_\Theta \quad \text{und} \quad [0]_\Theta r \subseteq [0]_\Theta \quad \forall r \in R.$$

Man nennt die Untergruppen U von < R, + >, die rU ⊆ U und Ur ⊆ U für alle r ∈ R erfüllen, die <u>Ideale</u> von < R, +, . >.

Es besteht folgender

Zusammenhang zwischen den Idealen, den Kongruenzrelationen und den homomorphen Bildern eines Ringes:

1. *die Ideale* I *und die Kongruenzen* Θ *eines Ringes entsprechen einander in bijektiver Weise:*

   $\Theta \to I = [0]_\Theta$ *bzw.*

   $I \to \Theta_I$, *definiert durch:* $a\ \Theta_I\ b \Leftrightarrow a+I = b+I$

   (Θ_I ist Kongruenz bezüglich ".", da aus $a+I = b+I$ und $c+I = d+I$ folgt: $(b+I)(d+I) = (a+I)(c+I) = ac + aI + Ic + I\cdot I \subseteq ac + I$, d.h. $bd \in ac + I$, woraus folgt: $bd + I = ac + I$).

2. *jedes homomorphe Bild* $\varphi(R)$ *eines Ringes* $\langle R, +, .\rangle$ *ist isomorph zum sogenannten* *Faktorring* R/I *von* R *nach dem Ideal* $I = [0]_{\Theta_\varphi} = \ker \varphi$.

   (Operationen auf $R/I = \{a+I \mid a \in R\}$:

   $(a+I) + (b+I) = (a+b) + I$

   $(a+I) . (b+I) = ab + I$).

Abschließend sei vermerkt, daß die in Abschnitt 1 angeführten Eigenschaften (1-5) der Normalteiler von Gruppen sinngemäß für die Ideale von Ringen gelten.

Funktionenringe:

Für jeden Ring $\langle R, +, .\rangle$ *bildet* - wie durch einfache Rechnung feststellbar ist - *die Menge* $F_1(R)$ *aller Funktionen von* R *in* R *einen Ring bei punktweiser Definition der Operationen, d.h. unter*

$$\left.\begin{array}{l} f+g : r \to f(r) + g(r) \\ fg : r \to f(r).g(r) \end{array}\right\} \text{ für alle } r \in R.$$

(Nullelement: die konstante Funktion $f_0 : r \to 0 \quad \forall\, r \in R$, zu f invers bezüglich "+" : $-f : r \to -f(r) \quad \forall\, r \in R$).

Besonders einfach zu handhaben sind natürlich alle konstanten Funktionen

$$f_c : r \to c \quad \forall\, r \in R$$

und die identische Funktion id_R, *sowie alle durch additive und multiplikative Verknüpfung daraus entstehenden Funktionen. Man nennt diese Funktionen die einstelligen Polynomfunktionen auf* R; *sie bilden einen Unterring* $P_1(R)$ *von* $\langle F_1(R), +, .\rangle$ *und zwar aufgrund der Unterringkriterien genau den von allen konstanten Funktionen auf* R *und* id_R *erzeugten.* Ist $\langle R, +, .\rangle$ ein kommutativer Ring mit Einselement, so rechnet man leicht nach, daß die einstelligen Polynomfunktionen auf R genau die Funktionen der Gestalt

$$r \to \sum_{i=0}^{n} p_i r^i \quad (n \in \mathbb{N}_0,\ p_0,\dots,p_n \in R)$$

sind.

3. Moduln und Vektorräume

Beim Rechnen mit Vektoren der Ebene bzw. des Raumes sind zwei Operationen von besonderer Bedeutung: die Addition und das Produkt mit einem Skalar. Im Folgenden sollen algebraische Strukturen mit solchen Operationen näher untersucht werden.

Definition:

1. *Ist* $\langle R, +, . \rangle$ *ein kommutativer Ring, so nennt man eine Menge* $V \neq \emptyset$ *auf der eine zweistellige Operation "*" und für jedes* $\lambda \in R$ *eine Operation* $\omega_\lambda : v \to \lambda v \in V$ *definiert ist, einen* *R-Modul*, *wenn gilt:*

   a) $\langle V, * \rangle$ *ist eine kommutative Gruppe*

   b) $\lambda(v * w) = \lambda v * \lambda w$

   c) $(\lambda + \mu)v = \lambda v * \mu v$ *für alle* $\lambda, \mu \in R, \quad v, w \in V$

   d) $\lambda(\mu v) = (\lambda . \mu)v$

2. *Ist* $\langle K, +, . \rangle$ *ein Körper, so nennt man einen K-Modul einen* *Vektorraum* *über K, wenn zusätzlich gilt:*

   $1v = v$ *für alle* $v \in V$

(1 *ist das Einselement in* K). Die Elemente eines Vektorraumes werden meist als Vektoren bezeichnet.

Beispiele:

1. Jede kommutative Gruppe $\langle G, + \rangle$ ist ein $\mathbb{Z}$-Modul bezüglich der Operationen + und $\omega_z : g \to z.g \ \forall g \in G, \forall z \in \mathbb{Z}$.

2. Für jeden kommutativen Ring $\langle R, +, . \rangle$ ist R^n für alle natürlichen Zahlen n bei komponentenweiser Definition der Operationen, d.h. unter

$$\left.\begin{aligned}(r_1,\dots,r_n) * (s_1,\dots,s_n) &= (r_1+s_1,\dots,r_n+s_n)\\ a(r_1,\dots,r_n) &= (a.r_1,\dots,a.r_n)\end{aligned}\right\} \forall r_1,\dots,r_n,s_1,\dots,s_n,a \in R$$

ein R-Modul; im Speziellen ist also jeder kommutative Ring R ein R-Modul.

3. Für jeden kommutativen Ring mit Einselement $\langle R, +, . \rangle$ ist die Menge $P_1(R)$ der einstelligen Polynomfunktionen auf R ein R-Modul bezüglich der punktweise definierten Operationen:

$f+g : r \to f(r) + g(r)$
für alle $r \in R$.
$\omega_s(f) : r \to s.f(r)$

4. Ist der Ring $< R, +, . >$ ein Körper, so bilden die Strukturen aus den Beispielen 2. und 3. Vektorräume über R.

5. Jeder Körper $< K, +, . >$ ist ein Vektorraum über jedem seiner Unterkörper U bezüglich der Operation + und der Operationen ω_λ, die definiert sind durch:

$\omega_\lambda : s \to \lambda.s \quad \forall \lambda \in U, \forall s \in K.$

Speziell ist also K stets Vektorraum über seinem Primkörper P(K), eine Eigenschaft, die uns wesentliche Aussagen über endliche Körper liefern wird (s. I. 7).

Zur Vereinfachung der Schreibweise verwendet man meist anstelle von "*" auch in V das Symbol "+" ; um Verwechslungen von Elementen des Grundringes (bzw. Grundkörpers) mit den Elementen des Moduls bzw. Vektorraumes V zu vermeiden, bezeichnet man oft die Elemente von V mit deutschen Buchstaben und die von R bzw. K mit lateinischen bzw. griechischen. So ist etwa $\mathfrak{o}$ stets das Nullelement von V, 0 jenes von R bzw. K. Im Fall $V = R^n$ bzw. K^n schreibt man meist $\mathfrak{x} = (x_1,\ldots,x_n)$. Um die auf V definierten Operationen anzugeben, schreiben wir im Folgenden für den R-Modul V: $< V, +, R >$ bzw. für den Vektorraum V über K: $< V, +, K >$.

Wie für die bisherigen Strukturen definiert man

Untermoduln und Unterräume:

$U \subseteq V (U \neq \emptyset)$ *heißt* *Untermodul* *des R-Moduls* $< V, +, R >$, *wenn U bezüglich der Operationen "+" und* ω_λ $(\lambda \in R)$ *auf V ein R-Modul ist. Ebenso heißt* $U \subseteq V$ $(U \neq \emptyset)$ *ein* *Unterraum* *(oder* *Teilraum*) *des Vektorraums V über K, wenn U bezüglich der auf V definierten Operationen "+" und* ω_λ $(\lambda \in K)$ *einen Vektorraum bildet. U ist genau dann Untermodul von* $< V, +, R >$, *wenn U Untergruppe von* $< V, + >$ *ist und abgeschlossen gegenüber den Operationen* ω_λ $(\lambda \in R)$. Man überlegt sofort, daß jeder Untermodul eines Vektorraums bereits ein Unterraum ist; somit gilt folgendes

Kriterium für Untermoduln und Unterräume:

$U \subseteq V$ $(U \neq \emptyset)$ *ist Untermodul von* $< V, +, R >$ *(bzw. Unterraum von* $< V, +, K >$) *genau dann, wenn gilt:*

$u,v \in U, \quad \lambda \in R \quad (bzw. \ \lambda \in K) \Rightarrow u-v \in U, \quad \lambda u \in U.$

Auch für Moduln und Vektorräume gilt wieder, daß der Durchschnitt beliebig vieler Untermoduln bzw. Unterräume wieder ein Untermodul bzw. Unterraum ist.

Den Durchschnitt aller eine Teilmenge M *von* V *enthaltenden Untermoduln von* $< V, +, R >$ *bzw. Unterräume von* $< V, +, K >$ *nennt man den von* M *erzeugten* *<u>Untermodul</u>* *bzw.* *<u>Unterraum</u>* *von* V. *Der von* M *erzeugte Unterraum besteht aus allen Elementen der Gestalt*

$$\sum_{i=1}^{k} \lambda_i m_i \quad (k \in \mathbb{N},\ \lambda_i \in R \text{ bzw. } K,\ m_i \in M \text{ für } 1 \le i \le k).$$

Man nennt jedes Element dieser Gestalt eine Linearkombination von Elementen aus M *und bezeichnet die Menge dieser Linearkombinationen, also den von* M *erzeugten Unterraum, auch als die* *<u>lineare Hülle</u>* *von* M *(Bezeichnung:* L(M)).
Für das Weitere von besonderer Bedeutung ist der Begriff der

<u>Basis eines Vektorraums:</u>

Unter einer solchen versteht man ein minimales Erzeugendensystem B *des betrachteten Vektorraums, d.h. ein Erzeugendensystem* B, *das kein echtes Teilsystem enthält, welches den Raum erzeugt.*

Ist ein Erzeugendensystem M eines Vektorraumes $< V, +, K >$ keine Basis, d.h. nicht minimal, so gibt es ein $m \in M$ mit der Eigenschaft $L(M \setminus \{m\}) = V$. Es ist dann speziell m selbst eine Linearkombination von Elementen aus $M \setminus \{m\}$:

$$m = \sum_{i=1}^{k} \lambda_i m_i \quad (m_i \neq m\ !).$$

Ist umgekehrt ein $m \in M$ in obiger Gestalt darstellbar, so kann man diese Darstellung in jede m enthaltende Linearkombination von Elementen aus M einsetzen und erhält dadurch eine Linearkombination von Elementen aus $M \setminus \{m\}$; es gilt dann also:

$$L(M) = L(M \setminus \{m\}).$$

Berücksichtigt man außerdem noch

$$\sum_{i=1}^{k} \lambda_i m_i = \mathcal{O} \in V \quad \text{mit } \lambda_j \neq 0 \quad \text{für ein } j \in \{1,\dots,k\} \Leftrightarrow m_j = \sum_{\substack{i=1 \\ i \neq j}}^{k} \left(\frac{-\lambda_i}{\lambda_j}\right) m_i$$

und

$$\sum_{i=1}^{k} \lambda_i m_i = \sum_{j=1}^{\ell} \mu_j \bar{m}_j \Leftrightarrow \sum_{i=1}^{k} \lambda_i m_i - \sum_{j=1}^{\ell} \mu_j \bar{m}_j = \mathcal{O} \in V,$$

so erhält man folgende

<u>Charakterisierungen der Basen eines Vektorraumes:</u>

$B \subseteq V$ *ist genau dann Basis des Vektorraums* $< V,+,K >$, *wenn gilt:*

1. $L(B) = V$ *und* $b \notin L(B \setminus \{b\}) \quad \forall\, b \in B$;

oder

2. L(B) = V *und für jede endliche Menge* $\{b_1,\dots,b_k\} \subseteq B$ *gilt:*

$$\sum_{i=1}^{k} \lambda_i b_i = \mathfrak{o} \Rightarrow \lambda_i = 0 \quad \forall\, i \in \{1,\dots,k\},$$

d.h. $\mathfrak{o} \in V$ *ist nur in trivialer Weise als Linearkombination von Elementen aus* B *darstellbar;*

oder

3. *Jedes Element von* V *ist auf genau eine Art als Linearkombination von Elementen aus* B *darstellbar.*

Von zentraler Bedeutung sind also die Lösungen der Gleichungen der Gestalt

$$\sum_{i=1}^{k} \lambda_i v_i = \mathfrak{o} \quad \text{(Unbekannte: } \lambda_1,\dots,\lambda_k).$$

Man definiert in diesem Zusammenhang die Begriffe

Lineare Abhängigkeit und lineare Unabhängigkeit:

Sei $v_1,\dots,v_k$ *ein System von (nicht notwendigerweise verschiedenen) Elementen eines Vektorraums* $\langle V, +, K \rangle$. $v_1,\dots,v_k$ *heißen linear unabhängig, wenn die Gleichung*

$$\sum_{i=1}^{k} \lambda_i v_i = \mathfrak{o}$$

nur die triviale Lösung $\lambda_1 = \dots = \lambda_k = 0$ *hat; anderenfalls heißen* $v_1,\dots,v_k$ *linear abhängig.*

Wegen der Äquivalenz der Aussagen

$$\sum_{i=1}^{k} \lambda_i v_i = \mathfrak{o},\ \lambda_j \neq 0 \quad \text{und} \quad v_j = \sum_{\substack{i=1\\ i\neq j}}^{k} \left(-\frac{\lambda_i}{\lambda_j}\right) v_i$$

sind für $k \geq 2$ die Elemente $v_1,\dots,v_k$ genau dann linear abhängig, wenn eines von ihnen als Linearkombination der übrigen darstellbar ist; im Speziellen ist also jedes System, das zwei gleiche Elemente enthält, linear abhängig. Für einelementige Systeme v beachte man:

$$\lambda\mathfrak{o} = \mathfrak{o} \ \forall\, \lambda \in K \text{ und } \lambda v = \mathfrak{o},\ \lambda \neq 0 \Rightarrow v = \lambda^{-1}\lambda v = \mathfrak{o};$$

$\mathfrak{o}$ *ist also linear abhängig, während jedes andere Element von* V *linear unabhängig ist.*

Da für $k > n$ aus $\sum_{i=1}^{n} \lambda_i v_i = \mathfrak{o}$ stets folgt $\sum_{i=1}^{k} \lambda_i v_i = \mathfrak{o}$, wenn man etwa $\lambda_{n+1} = \dots = \lambda_k = 0$ wählt, gilt ferner:

die Elemente jedes Teilsystems eines Systems linear unabhängiger Elemente sind linear unabhängig, während die Elemente jedes Systems, welches ein Teilsystem linear abhängiger Elemente enthält, selbst linear abhängig sind.

Der Zusammenhang zwischen "Basis" und "linear unabhängig":

Die Charakterisierung 2. der Basen eines Vektorraums kann nun folgendermaßen umformuliert werden:

$B \subseteq V$ *ist genau dann Basis des Vektorraums* $< V, +, K >$, *wenn* $L(B)$ *gleich* V *ist und jede endliche Menge von Elementen aus* B *linear unabhängig ist.*

$L(B) = V$ ist gleichbedeutend damit, daß jedes $v \in V$ eine Darstellung als Linearkombination von Elementen aus B hat; für $v \in V \setminus B$ bedeutet das, daß es in B endlich viele Elemente $b_1, \ldots, b_n$ gibt, so daß $v, b_1, \ldots, b_n$ linear abhängig sind. Daher enthält jede eine Basis B eines Vektorraums $< V,+,K >$ echt umfassende Teilmenge von V endliche Teilmengen linear abhängiger Elemente; jede Basis von $<V,+,K>$ ist also eine Teilmenge von V, die maximal ist bezüglich der Eigenschaft, daß jede ihrer endlichen Teilmengen aus linear unabhängigen Elementen besteht. Umgekehrt folgt für jede solche maximale Teilmenge T von V sofort $L(T) = V$, sodaß man insgesamt folgendes Kriterium erhält:

$B \subseteq V$ *ist genau dann Basis des Vektorraums* $<V,+,K>$, *wenn* B *eine Teilmenge von* V *ist, die maximal ist bezüglich der Eigenschaft, daß je endlich viele Elemente aus* B *linear unabhängig sind.*

Beispiel:

In jedem Vektorraum $<K^n,+,K>$ ist eine - besonders einfach gebaute - Basis gegeben durch die Vektoren $\mathfrak{e}_1 = (1,0,\ldots,0), \ldots, \mathfrak{e}_n = (0,\ldots,0,1)$. Man nennt diese Basis oft die *kanonische Basis von* K^n. Wie man leicht nachrechnet, bildet auch jede Menge von n Vektoren der Gestalt $\mathfrak{c}_1 = (x_{11},\ldots,x_{1n})$, $\mathfrak{c}_2 = (0,x_{22},\ldots,x_{2n}),\ldots, \mathfrak{c}_n = (0,\ldots,0,x_{nn})$ mit $x_{ii} \neq 0$ $(1 \leq i \leq n)$ eine Basis von K^n.

Es stellt sich allgemein die Frage: kann man eine gegebene Menge von Vektoren eines Vektorraums zu einer Basis ergänzen? Notwendig dazu ist jedenfalls, daß je endlich viele dieser Vektoren linear unabhängig sind. Weitere Auskunft über diese Frage gibt der

Austauschsatz von Steinitz:

Sind $v_1,\ldots,v_n$ *linear unabhängige Elemente eines Vektorraums und* $w_1,\ldots,w_k$ *linear unabhängige Elemente von* $L(v_1,\ldots,v_n)$, *so gilt* $k \leq n$ *und es gibt eine Partition* $\{i_1,\ldots,i_k\} \cup \{i_{k+1},\ldots,i_n\}$ *von* $\{1,\ldots,n\}$, *so daß* $\{w_1,\ldots,w_k,v_{i_{k+1}},\ldots,v_{i_n}\}$ *eine Basis von* $L(v_1,\ldots,v_n)$ *bildet; man kann also* k *der Elemente*

$v_1,\dots,v_n$ *gegen* $w_1,\dots,w_k$ *austauschen ohne etwas an der linearen Unabhängigkeit und der linearen Hülle zu verändern.*

Um zu diesem Satz zu gelangen, überlegt man, daß aus

$$w_1 \in L(v_1,\dots,v_n) \quad \text{folgt:} \quad w_1 = \sum_{i=1}^{n} \lambda_i v_i \; ;$$

man wählt nun für i_1 einen Index aus $\{1,\dots,n\}$ mit $\lambda_{i_1} \neq 0$. Hätte nun die Gleichung

$$\sum_{\substack{i=1\\ i\neq i_1}}^{n} \mu_i v_i + \mu w_1 = \mathfrak{o}$$

eine nichttriviale Lösung, so müßte für diese wegen der linearen Unabhängigkeit von $v_1,\dots,v_n$ gelten: $\mu \neq 0$. Es wäre also durch

$$\sum_{i=1}^{n} \lambda_i v_i + \sum_{\substack{i=1\\ i\neq i_1}}^{n} \frac{\mu_i}{\mu} v_i = w_1 - w_1 = \mathfrak{o}$$

eine nichttriviale Lösung der Gleichung

$$\sum_{i=1}^{n} \nu_i v_i = \mathfrak{o}$$

gegeben im Widerspruch zur linearen Unabhängigkeit von $v_1,\dots,v_n$. $w_1,v_1,\dots,v_{i_1-1},v_{i_1+1},\dots,v_n$ sind also linear unabhängig ; da v_{i_1} als Linearkombination dieser Elemente darstellbar ist,

$$v_{i_1} = w_1 - \sum_{\substack{i=1\\ i\neq i_1}}^{n} \frac{\lambda_i}{\lambda_{i_1}} v_i \,,$$

bilden diese eine Basis von $L(v_1,\dots,v_n)$. Wir haben also v_{i_1} gegen w_1 ausgetauscht, ohne etwas an der linearen Unabhängigkeit und der linearen Hülle zu ändern. Fortsetzen des Verfahrens liefert $v_{i_2},\dots,v_{i_k}$.
Man beachte dabei, daß wegen der linearen Unabhängigkeit von $w_1,\dots,w_k$ in der Darstellung von w_j als Linearkombination der Elemente w_i $(1 \leq i \leq j-1)$ und v_t $(1 \leq t \leq n,\ t \neq i_1,\dots,i_{j-1})$ mindestens ein Koeffizient eines v_t von 0 verschieden sein muß und daher w_j gegen ein v_{i_j} ausgetauscht werden kann. Wäre $k > n$, so würde nach vollständigem Austausch aller v_i die Situation $w_{n+1} \in L(v_1,\dots,v_n) = L(w_1,\dots,w_n)$ eintreten im Widerspruch zur linearen Unabhängigkeit von $w_1,\dots,w_k$.

<u>Das Ergänzen linear unabhängiger Vektoren zu einer Basis:</u>

Um eine endliche Menge linear unabhängiger Elemente eines Vektorraums zu einer Basis zu ergänzen, kann man aufgrund des Austauschsatzes folgendermaßen vorgehen:

Man nimmt eine beliebige Basis B des betrachteten Vektorraums; die zu ergänzenden Elemente $w_1,\dots,w_k$ sind dann Linearkombinationen von endlich vielen Elementen $b_1,\dots,b_n$ aus B. Man tauscht nun in $b_1,\dots,b_n$ k Elemente gegen $w_1,\dots,w_k$ aus; setzt man das so erhaltene System $w_1,\dots,w_k,b_{i_{k+1}},\dots,b_{i_n}$ anstelle von $b_1,\dots,b_n$ in B ein, so erhält man eine Basis, die die vorgegebenen Elemente $w_1,\dots,w_k$ enthält.

Beispiel:

In K^4 seien die Vektoren (1,0,1,0) und (1,0,0,1) zu einer Basis zu ergänzen (daß diese Vektoren linear unabhängig sind, ist unmittelbar zu erkennen). Man wählt etwa $B = \{\mathfrak{e}_1,\mathfrak{e}_2,\mathfrak{e}_3,\mathfrak{e}_4\}$; es gilt: $(1,0,1,0) = \mathfrak{e}_1 + \mathfrak{e}_3$, man kann also $\mathfrak{e}_1$ oder $\mathfrak{e}_3$ durch (1,0,1,0) ersetzen. Da $\mathfrak{e}_1$ auch in der Darstellung des zweiten Vektors auftritt, ist es in diesem Fall zweckmäßig, $\mathfrak{e}_3$ zu ersetzen. Man erhält also nach dem ersten Austauschschritt als neue Basis

$$B' = \{(1,0,1,0),\mathfrak{e}_1,\mathfrak{e}_2,\mathfrak{e}_4\}.$$

Bezüglich B' hat (1,0,0,1) die Darstellung $\mathfrak{e}_1 + \mathfrak{e}_4$, sodaß man $\mathfrak{e}_1$ oder $\mathfrak{e}_4$ gegen (1,0,0,1) austauschen kann. Eine Lösung ist also etwa durch

$$B'' = \{(1,0,1,0),\ (1,0,0,1),\ \mathfrak{e}_1,\mathfrak{e}_2\}$$

gegeben.

Als weitere Konsequenz aus dem Austauschsatz erhält man den Begriff der

Dimension eines Vektorraums:

Nach dem Austauschsatz gilt für jeden Vektorraum $\langle V,+,K\rangle$ mit endlicher Basis $B = \{b_1,\dots,b_k\}$, daß jedes System linear unabhängiger Elemente von V aus höchstens k Elementen besteht. Daraus folgt unmittelbar, daß jede andere Basis B' von V höchstens k Elemente enthält. Dasselbe Argument auf B' angewendet ergibt, daß B' genau k Elemente enthalten muß. *Daher sind für einen Vektorraum* $\langle V,+,K\rangle$ *nur zwei Fälle möglich:*

1. *V hat eine endliche Basis mit k Elementen - in diesem Fall hat jede Basis von V genau k Elemente;*

2. *es gibt keine endliche Basis von V, d.h. jede endliche Teilmenge von V erzeugt einen echten Unterraum.*

Aufgrund dieses Sachverhalts definiert man die __Dimension__ eines Vektorraums $\langle V,+,K\rangle$ *(Abkürzung:* $\dim_K V$ *) als die Anzahl der Elemente einer beliebigen Basis von* $\langle V,+,K\rangle$; es ist also $\dim_K V = k$ im ersten Fall, $\dim_K V = \infty$ im zweiten. *Wegen des Zusammenhangs zwischen "Basis" und "linear unabhängig"* *bedeutet* $\dim_K V = k$, *daß* k *die Maximalanzahl linear unabhängiger Elemente von* $\langle V,+,K\rangle$ *ist.*

Beispiele:

1. $\dim_K K^n = n$ (kanonische Basis betrachten),

2. $\dim_{\mathbb{R}} \mathbb{C} = 2$ (1 und i bilden eine Basis); es gilt aber (s.1.): $\dim_{\mathbb{C}} \mathbb{C} = 1$, woraus ersichtlich ist, daß die Dimension eines Vektorraums vom zugrundeliegenden Körper abhängt.

3. als Beispiel eines Vektorraums der Dimension ∞ werden wir im folgenden Abschnitt $\langle P_1(\mathbb{R}),+,\mathbb{R}\rangle$ kennenlernen.

Wesentlich für Dimensionsfragen sind die

Komplementärräume eines Unterraums:

Wie wir bereits festgestellt haben, kann jede Basis eines endlichdimensionalen Unterraums U von $\langle V,+,K\rangle$ zu einer Basis von V ergänzt werden. Derselbe Sachverhalt gilt auch für jeden unendlichdimensionalen Unterraum U (allerdings ist der Nachweis in diesem Fall wesentlich schwieriger). *Ist nun* U *Unterraum von* $\langle V,+,K\rangle$, B *eine Basis von* U *und* D *ihre Ergänzung zu einer Basis von* V (d.h.: $B \cap D \neq \emptyset$, $B \cup D$ ist Basis von V), *so ist* L(D) *ein Unterraum von* $\langle V,+,K\rangle$ *mit folgenden Eigenschaften:*

1. $U + L(D) = \{u+v \mid u \in U,\ v \in L(D)\} = V$

und

2. $L(D) \cap U = \{\mathfrak{o}\}$ (da je endlich viele Elemente von $D \cup B$ linear unabhängig sind).

Man nennt L(D) *einen* *Komplementärraum* *zu* U *in* $\langle V,+,K\rangle$. Da es mehrere Basen von U und zu jeder Basis im allgemeinen mehrere Ergänzungen D gibt, gibt es zu einem Unterraum U in $\langle V,+,K\rangle$ im allgemeinen mehrere Komplementärräume.

Beispiel:

$U = \{\lambda(1,1,1) \mid \lambda \in K\}$ ist Unterraum von $\langle K^3,+,K\rangle$ mit Basis $\{(1,1,1)\}$. Diese Basis kann z.B. durch die Elemente $\mathfrak{e}_1$ und $\mathfrak{e}_2$ zu einer Basis von K^3 ergänzt werden; der entsprechende Komplementärraum besteht aus allen Elementen der Gestalt $\lambda\mathfrak{e}_1 + \mu\mathfrak{e}_2 = (\lambda,\mu,0)$ $(\lambda,\mu \in K)$. Eine weitere Ergänzungsmöglichkeit wäre etwa $\mathfrak{e}_1$ und $\mathfrak{e}_3$ mit dem Komplementärraum $L(\mathfrak{e}_1,\mathfrak{e}_3) = \{(\lambda,0,\mu) \mid \lambda,\mu \in K\}$.

Aus der Konstruktion der Komplementärräume folgt sofort folgender

Zusammenhang zwischen den Dimensionen:

$$\dim_K U + \dim_K C(U) = \dim_K V$$

für jeden Unterraum U *von* $<V,+,K>$ *und jeden Komplementärraum* C(U) *zu* U *in* $<V,+,K>$.

Damit haben wir die Ausführungen über Untermoduln und Unterräume abgeschlossen und kommen wie bei allen bisher behandelten Strukturen zum Begriff des

(Modul)homomorphismus:

Unter einem solchen versteht man - in Analogie zu den bisher eingeführten Homomorphismen für Halbgruppen und Ringe - *eine Abbildung* φ *von einem R-Modul* $<V,+,R>$ *in eine Menge* $W \neq \emptyset$ *mit einer zweistelligen Operation* $*$ *und einstelligen Operationen* $\sigma_\lambda : w \to \lambda \circ w$ $(\lambda \in R)$, *die mit den Operationen "verträglich" ist, d.h. für die gilt:*

$$\begin{aligned} \varphi(u+v) &= \varphi(u) * \varphi(v) \\ \varphi(\lambda v) &= \lambda \circ \varphi(v) \end{aligned} \qquad \text{für alle } u,v \in V, \quad \lambda \in R.$$

Man nennt diese Abbildungen auch die lineare Abbildungen von V *in* W.
Die bijektiven linearen Abbildungen von $<V,+,R>$ *auf* W *mit den Operationen* $*$ *und* σ_λ $(\lambda \in R)$ *heißen wieder Isomorphismen; Endomorphismen und Automorphismen sind wieder die Homomorphismen von* V *in* V *bzw. die Isomorphismen von* V *auf* V.

Wie im Fall der Halbgruppen- und Ringhomomorphismen gelten folgende

Regeln für lineare Abbildungen:

Für jede lineare Abbildung φ *von* $<V,+,R>$ in W *mit den Operationen* $*$ *und* σ_λ $(\lambda \in R)$ *gilt:*

1. $<\varphi(V),+,R>$ *ist ein R-Modul;*
2. *Ist* $<V,+,R>$ *ein Vektorraum über dem Körper* R, *so ist* $<\varphi(V),+,R>$ *ebenfalls ein Vektorraum über* R;
3. *Ist* U *Untermodul von* $<V,+,R>$, *so ist* $\varphi(U)$ *Untermodul von* $<\varphi(V),+,R>$;
4. *Ist* T *Untermodul von* $<\varphi(V),+,R>$, *so ist* $\varphi^{-1}(T)$ *Untermodul von* $<V,+,R>$;
5. *Da die Untermoduln eines Vektorraums genau seine Unterräume sind, gelten 3. und 4. auch für Unterräume von Vektorräumen.*

Kongruenzen auf R-Moduln:

Wie in den bisherigen Fällen nennt man die von den auf einem R-Modul $<V,+,R>$ *definierten Homomorphismen (d.h. linearen Abbildungen)* φ *induzierten Äquivalenzrelationen* θ_φ *die Kongruenzen auf* $<V,+,R>$. *Es sind genau jene Äquivalenzrelationen auf* V, *die Kongruenzen auf* $<V,+>$ *sind und die Eigenschaft*

$v \,\theta\, w \Rightarrow \lambda v \,\theta\, \lambda w \quad \forall \lambda \in R$

erfüllen.

Für jede auf $\langle V,+,R \rangle$ definierte lineare Abbildung φ gilt laut Regel 4., daß $\ker\varphi = [\mathfrak{o}]_{\theta_\varphi} = \varphi^{-1}(\mathfrak{o})$ Untermodul von $\langle V,+,R \rangle$ (also im Fall der Vektorräume: Unterraum von $\langle V,+,R \rangle$) ist. Es besteht sogar folgender

Zusammenhang zwischen den Untermoduln (Unterräumen), den Kongruenzen und den homomorphen Bildern eines R-Moduls (Vektorraums über R):

1. *Die Untermoduln (Unterräume)* U *und die Kongruenzen eines* R*-Moduls (Vektorraums über* R*) entsprechen einander in bijektiver Weise:*

$\theta \to U = [\mathfrak{o}]_\theta$ *bzw.*

$U \to \theta_U$ *definiert durch:* $v \,\theta_U\, w \Leftrightarrow v+U = w+U$.

2. *Jedes homomorphe Bild* $\varphi(V)$ *eines* R*-Moduls (Vektorraums über* R*) ist isomorph zum Faktormodul (Faktorraum)* V/U *von* $\langle V,+,R \rangle$ *nach dem Untermodul (Unterraum)* $U = \ker\varphi$; dabei sind die Operationen auf $V/U = \{ v+U \mid v \in V \}$ definiert durch:

$$(v+U) + (w+U) = (v+w)+U$$
$$\lambda(v+U) = \lambda v + U .$$

Daraus folgt speziell, daß eine auf einem R*-Modul bzw. Vektorraum* $\langle V,+,R \rangle$ *definierte lineare Abbildung* φ *genau dann injektiv ist, wenn* $\ker\varphi$ *nur aus dem Nullvektor von* V *besteht.*

Von großem Nutzen (speziell im Fall endlichdimensionaler Vektorräume - s. Kap.II) ist die Möglichkeit der

Bestimmung einer linearen Abbildung aus den Bildern einer Basis:

Ist ein Element v eines Vektorraums $\langle V,+,K \rangle$ als Linearkombination dargestellt:

$$v = \sum_{i=1}^{n} \lambda_i v_i \quad ,$$

so gilt für jede auf $\langle V,+,K \rangle$ definierte lineare Funktion φ:

$$\varphi(v) = \varphi\Big(\sum_{i=1}^{n} \lambda_i v_i\Big) = \sum_{i=1}^{n} \lambda_i \varphi(v_i) \ .$$

Da jedes $v \in V$ in eindeutiger Weise als Linearkombination von Elementen einer beliebigen Basis B des Vektorraums $\langle V,+,K \rangle$ darstellbar ist, folgt:

Jede auf einem Vektorraum $\langle V,+,K \rangle$ *definierte lineare Abbildung* φ *ist eindeutig bestimmt durch die Bilder* $\varphi(b)$ *aller Elemente* b *einer beliebigen*

Basis B *von* $\langle V,+,K\rangle$. *Es gibt sogar zu jeder Vorgabe dieser Bilder in einer Menge* W *(mit einer zweistelligen Operation* "+" *und einstelligen Operationen* $\sigma_\lambda : w \to \lambda w$ $(\lambda \in K)$) *eine (eindeutig bestimmte) zugehörige lineare Abbildung* φ; $\varphi(v)$ ist dann für alle $v \in V$ laut obiger Formel aus den vorgegebenen Bildern $\varphi(b)$ $(b \in B)$ zu berechnen.

Die Dimension der homomorphen Bilder eines Vektorraums:

Ist φ eine auf dem Vektorraum $\langle V,+,K\rangle$ definierte lineare Abbildung, so ist $\ker\varphi$ Unterraum von $\langle V,+,K\rangle$; ist B Basis eines Komplementärraums $C(\ker\varphi)$ zu $\ker\varphi$ in V, so ist jedes Element w aus $\varphi(V)$ darstellbar in der Gestalt

$$w = \varphi(v) = \varphi(u + \sum_{j=1}^{n} \lambda_j b_j) = \sum_{j=1}^{n} \lambda_j \varphi(b_j)$$

mit $v \in V$, $u \in \ker\varphi$, $b_1,\ldots,b_n \in B$, $\lambda_1,\ldots,\lambda_n \in K$; d.h. $\varphi(B)$ ist ein Erzeugendensystem von $\varphi(V)$. Sind $\varphi(c_1),\ldots,\varphi(c_k)$ beliebige Elemente von $\varphi(B)$, so gilt

$$\sum_{j=1}^{k} \mu_j \varphi(c_j) = \mathscr{o} \Leftrightarrow \sum_{j=1}^{k} \mu_j c_j \in \ker\varphi,$$

was aber, da die c_j aus einem Komplementärraum zu $\ker\varphi$ sind, nur für

$$\sum_{j=1}^{k} \mu_j c_j = \mathscr{o}$$

möglich ist; da die c_j linear unabhängig sind, folgt $\mu_1 = \ldots = \mu_k = 0$ und wir haben gezeigt, daß je endlich viele Elemente von $\varphi(B)$ linear unabhängig sind. $\varphi(B)$ ist somit eine Basis von $\varphi(V)$. Aus den obigen Überlegungen folgt, daß je zwei Elemente c_1 und c_2 von B linear unabhängige, d.h. speziell voneinander verschiedene Bilder haben, daß also B bijektiv auf $\varphi(B)$ abgebildet wird.

Insgesamt folgt also:

$$\dim_K V = \dim_K(\ker\varphi) + \dim_K C(\ker\varphi) = \dim_K(\ker\varphi) + \dim_K \varphi(V).$$

Als direkte Folgerung erhält man, daß die Dimension eines homomorphen Bildes eines Vektorraums $\langle V,+,K\rangle$ *über* K *höchstens gleich* $\dim_K V$ *sein kann.*

4. Polynome

Am Ende des zweiten Abschnitts haben wir gesehen, daß die einstelligen Polynomfunktionen über einem kommutativen Ring $\langle R,+,.\rangle$ mit Einselement genau die Funktionen der Gestalt

$$r \to \sum_{i=0}^{n} p_i r^i \qquad (n \in \mathbb{N}_0\, ,\, p_0,\dots,p_n \in R)$$

sind. Jede solche Funktion wird also durch einen formalen Ausdruck

$$p(x) = \sum_{i=0}^{n} p_i x^i \qquad (n \in \mathbb{N}_0\, ,\, p_0,\dots,p_n \in R)$$

dargestellt (wobei man Summanden mit $p_i = 0$ weglassen kann). *Jeden solchen formalen Ausdruck nennt man ein Polynom (in x) über R; die Elemente p_i heißen die Koeffizienten des Polynoms, die größte nichtnegative ganze Zahl i mit $p_i \neq 0$ heißt der Grad des Polynoms (falls p(x) nicht das Nullpolynom ist); Bezeichnung für den Grad: [p]. Das Bild eines Elementes $r \in R$ unter der durch p(x) dargestellten Polynomfunktion heißt der Wert von p(x) an der Stelle r (Bezeichnung: p(r)); es gilt offensichtlich:*

$$p(r) = \sum_{i=0}^{[p]} p_i r^i \, .$$

Ist p(r) = 0, so heißt r eine Nullstelle von p(x).

Polynomringe:

Ebenso wie die Polynomfunktionen bilden die Polynome in x über einem kommutativen Ring $\langle R,+,.\rangle$ mit Einselement einen R als Unterring enthaltenden kommutativen Ring mit Einselement, wenn man mit ihnen formal gemäß den Ringgesetzen rechnet (*Bezeichnung:* R[x]). Man erhält dann für

$$p(x) = \sum_{i=0}^{k} p_i x^i \quad \text{und} \quad q(x) = \sum_{i=0}^{n} q_i x^i :$$

$$p(x) + q(x) = \sum_{i=0}^{\max(k,n)} (p_i+q_i)x^i \quad \text{und}$$

$$p(x).q(x) = \sum_{i=0}^{k+n} (p_i q_0 + p_{i-1} q_1 + \dots + p_0 q_i)x^i \, .$$

Aus diesen Formeln erkennt man sofort folgende Relationen für die Grade (p(x) und q(x) ungleich dem Nullpolynom vorausgesetzt):

$$[p+q] \leq \max([p],[q]) \quad \text{und}$$

$$[p.q] \leq [p] + [q] \, .$$

Da der Koeffizient von $x^{[p]+[q]}$ in p(x).q(x) gleich $p_{[p]}.q_{[q]}$ ist, folgt, daß dieser nur dann gleich 0 sein kann, wenn $p_{[p]}$ und $q_{[q]}$ Nullteiler sind. *Über einem nullteilerfreien Ring (und damit über jedem Körper) gilt also die Gradformel*

$$[p.q] = [p] + [q] \, .$$

Daraus folgt einerseits, daß R[x] nullteilerfrei ist, falls R keine Nullteiler enthält und andererseits, daß ein Polynomring niemals ein Körper sein kann, da entweder der Grundring und somit der Polynomring Nullteiler enthält oder laut Gradformel kein zu x inverses Polynom existiert:

$$1 = x.p(x) \Rightarrow 0 = [1] = [x] + [p] = 1 + [p], \text{ Widerspruch.}$$

Man beachte, daß zwischen Polynomen und Polynomfunktionen im allgemeinen streng unterschieden werden muß, da mehrere Polynome dieselbe Polynomfunktion darstellen können, wie etwa die Polynome der Gestalt $x^{2k+1} - x$ $(k \in \mathbb{N})$ über $\mathbb{Z}_3$, die alle die konstante Funktion f_0 darstellen.

Die Grundlagen für die meisten weiteren Aussagen über Polynome liefert der folgende

<u>Zusammenhang zwischen Nullstellen und Linearfaktoren:</u>

Über jedem kommutativen Ring $<R,+,.>$ *mit 1 gilt:* $a \in R$ *ist genau dann Nullstelle von* $p(x) \in R[x] \setminus \{0\}$, *wenn* $p(x)$ *darstellbar ist in der Gestalt*

$$p(x) = (x-a).q(x) \quad \text{mit} \quad q(x) \in R[x].$$

Die Gültigkeit dieser Aussage folgt sofort aus:

$$p(a) = 0 \Leftrightarrow p(x) = p(x)-p(a) = \sum_{i=1}^{n} p_i(x^i-a^i) =$$
$$= (x-a)\sum_{i=1}^{n} p_i(x^{i-1}+x^{i-2}.a + \ldots + a^{i-1}) .$$

Es kann natürlich vorkommen, daß $a \in R$ auch noch Nullstelle von $q(x)$ ist, daß also gilt:

$$p(x) = (x-a).q(x) = (x-a)^2.\bar{q}(x) .$$

Man gelangt so zum Begriff der

<u>Vielfachheit einer Nullstelle:</u>

Ist $a \in R$ *Nullstelle von* $p(x) \in R[x]$, *so bezeichnet man* a *als* <u>*k-fache Nullstelle*</u> *von* $p(x)$, *wenn gilt:*

$$p(x) = (x-a)^k.s(x) \quad \textit{mit } s(a) \neq 0 ,$$

d.h. wenn $p(x)$ *zwar durch* $(x-a)^k$, *nicht aber durch* $(x-a)^{k+1}$ *teilbar ist. Als direkte Konsequenz ergibt sich, daß ein von 0 verschiedenes Polynom* $p(x) \in R[x]$ *über einem Integritätsbereich R höchstens soviele Nullstellen in R hat, wie sein Grad beträgt (wobei jede mehrfache Nullstelle entsprechend ihrer* <u>*Vielfachheit*</u> *zu zählen ist).* Recht nützlich ist der

<u>Zusammenhang zwischen den Ableitungen eines Polynoms und den Vielfachheiten seiner Nullstellen:</u>

Als <u>*Ableitung eines Polynoms*</u> $p(x) = \sum_{i=0}^{n} p_i x^i$ *bezeichnet man das Polynom*

$$p'(x) = \begin{cases} 0 & \text{für } n = 0 \\ \sum_{i=1}^{n} i.p_i x^{i-1} & \text{für } n > 0 \, . \end{cases}$$

Die Abbildung D: $p(x) \to p'(x)$ ist offensichtlich linear, also ein (Modul)-endomorphismus von R[x] (aufgefaßt als Modul über seinem Unterring R). Für die Bildung der Ableitung eines Produktes gilt die Produktregel:

$$D(p(x).q(x)) = p'(x).q(x) + p(x).q'(x) \, ,$$

aus der man speziell

$$D((x-a)^k) = k(x-a)^{k-1}$$

erhält. Ist also a eine k-fache Nullstelle von p(x), so folgt:

$$p(x) = (x-a)^k.s(x) \quad \text{mit } s(a) \neq 0$$

und daher

$$p'(x) = k.(x-a)^{k-1}.s(x) + (x-a)^k.s'(x) \, ,$$

was nichts anderes bedeutet, als daß a eine (k-1)-fache Nullstelle von p'(x) ist. *Man sieht also, daß sich bei der Bildung der Ableitung die Vielfachheit jeder Nullstelle eines Polynoms um 1 verringert* (dafür treten in der Ableitung des Polynoms im allgemeinen neue Nullstellen auf). p(x) hat also genau dann nur einfache Nullstellen in R, wenn p(x) und p'(x) in R[x] keine gemeinsamen Linearfaktoren haben.

Die j-fache Anwendung der linearen Abbildung D ist wieder eine lineare Abbildung; sie liefert die <u>j-te Ableitung:</u>

$$D^j: p(x) \to p^{(j)}(x) = \begin{cases} 0 & \text{für } j > n = [p] \\ \sum_{i=j}^{n} \frac{i!}{(i-j)!} p_i x^{i-j} & \text{für } j \leq n \end{cases}$$

Es gilt: a ist k-fache Nullstelle von p(x) genau dann, wenn a Nullstelle von $p^{(j)}(x)$ für $j = 0,1,\dots,k-1$, aber nicht Nullstelle von $p^{(k)}(x)$ ist.

Die Anzahl der Nullstellen eines vom Nullpolynom verschiedenen Polynoms über einem Integritätsbereich ist also nach oben begrenzt durch den Grad des Polynoms; nach unten kann man im allgemeinen Fall nur die triviale Grenze 0 angeben, da es (auch über Körpern) Polynome in R[x] geben kann, die in R keine Nullstelle haben. Als Beispiel betrachte man etwa die Polynome x^2+1 bzw. x^2+x+1 über dem Körper $\mathbb{R}$, die in $\mathbb{R}$ keine Nullstellen haben. Sie sind aber auch Elemente von $\mathbb{C}[x]$ und haben in $\mathbb{C}$ die größtmögliche Anzahl von Nullstellen, nämlich zwei (und zwar: $\pm i$ bzw. $\frac{-1}{2} \pm i.\frac{3}{2}$). Die Anzahl der Nullstellen eines Polynoms hängt also vom betrachteten Grundring ab. Genauere Auskunft gibt der

Hauptsatz der Algebra:

Zu jedem Körper $\langle K,+,.\rangle$ *gibt es einen* *Erweiterungskörper* $\langle L,+,.\rangle$ (d.h. *einen Körper* $\langle L,+,.\rangle$, *der* $\langle K,+,.\rangle$ *als Unterkörper enthält), der minimal ist bezüglich der Eigenschaft, daß jedes Polynom aus* $L[x]\setminus\{0\}$ *in* L *genau so viele Nullstellen hat, wie sein Grad beträgt (wobei mehrfache Nullstellen entsprechend ihrer Vielfachheit gezählt werden); äquivalente Formulierung:* $\langle L,+,.\rangle$ *ist minimal bezüglich der Eigenschaft, daß jedes Polynom* $p(x)$ *aus* $L[x]\setminus\{0\}$ *als Produkt von Linearfaktoren* $(x-a)$ *aus* $L[x]$ *(und der Konstanten* $p_{[p]}$*) darstellbar ist. Man nennt diesen Erweiterungskörper* $\langle L,+,.\rangle$ *den* *algebraischen Abschluß* *von* $\langle K,+,.\rangle$. Bezüglich des - recht umfangreichen - Beweises dieses Satzes sei auf die Literatur (s.etwa [12]) verwiesen.

Aus dem Hauptsatz der Algebra ergibt sich die

Bedeutung der komplexen Zahlen für reelle Polynome:

Der Körper $\mathbb{C}$ *der komplexen Zahlen ist der algebraische Abschluß des Körpers* $\mathbb{R}$ *der reellen Zahlen*; d.h.: jedes vom Nullpolynom verschiedene Polynom über $\mathbb{R}$ hat in $\mathbb{C}$ (bei Zählung entsprechend den Vielfachheiten) genau so viele Nullstellen wie sein Grad beträgt und zerfällt in ebensoviele Linearfaktoren aus $\mathbb{C}[x]$. Wie eine leichte Rechnung zeigt, ist mit $a+ib \in \mathbb{C}$ auch die dazu konjugierte komplexe Zahl $a-ib$ Nullstelle von $p(x) \in \mathbb{R}[x]$; *nichtreelle Nullstellen von Polynomen über* $\mathbb{R}$ *können also nur in Form von Paaren konjugiert komplexer Nullstellen auftreten.* Wegen

$$(x-(a+ib)).(x-(a-ib)) = x^2 - 2ax + a^2 + b^2 \in \mathbb{R}[x]$$

ist also jedes Polynom $p(x)$ aus $\mathbb{R}[x]\setminus\{0\}$ darstellbar als Produkt von Linearfaktoren (entsprechend den Nullstellen in $\mathbb{R}$) und quadratischen Faktoren (entsprechend den konjugiert komplexen Nullstellen), sowie eines konstanten Faktors ($p_{[p]}$). Es folgt speziell, daß jedes Polynom ungeraden Grades aus $\mathbb{R}[x]$ mindestens einen Linearfaktor enthalten muß, also mindestens eine Nullstelle in $\mathbb{R}$ haben muß.

Sind $p(x)$ und $q(x)$ Polynome über einem Körper $\langle K,+,.\rangle$, so ist nach dem Hauptsatz der Algebra $p(x)$ genau dann darstellbar in der Gestalt $p(x) = q(x).s(x)$, wenn (im algebraischen Abschluß von $\langle K,+,.\rangle$) jede Nullstelle von $q(x)$ auch Nullstelle von $p(x)$ ist. Im allgemeinen wird also die

Division von Polynomen

nicht "ausgehen", sondern einen Rest liefern. Sind $p(x)$ und $q(x) \in K[x] \setminus \{0\}$ gegeben, so gilt:

1. für $[p] < [q]$: $p(x) = 0.q(x) + p(x)$;

2. für $n = [p] \geq [q] = k$:

$$p_n x^n + \ldots + p_o = \frac{p_n}{q_k} x^{n-k}.q(x) + r_1(x) \quad \text{mit } [r_1] < [p] .$$

Ist $[r_1] \geq [q]$, so kann man fortsetzen:

$$r_1(x) = cx^{[r_1]-k}.q(x) + r_2(x) \quad \text{mit } [r_2] < [r_1], \text{ usw...}$$

Man erhält schließlich:

$$p(x) = s(x).q(x) + r(x) \text{ mit}$$

$$[s] = [p] - [q] \quad \text{und} \quad [r] < [q] \quad \text{oder } r(x) = 0.$$

Die Koeffizienten von $s(x)$ sind wie angegeben rekursiv berechenbar (beginnend mit $s_{[s]}$) ; die Rekursion bricht ab, sobald das verbleibende Polynom $r_i(x)$ entweder gleich 0 ist oder einen Grad hat, der kleiner als der von $q(x)$ ist ; $r_i(x)$ ist dann genau der Rest $r(x)$. Die genauen Formeln dieser Rekursion sind bei beliebigem $q(x)$ sehr kompliziert, sodaß es im allgemeinen besser ist, in jedem konkreten Fall die Division durchzuführen. Eine wesentliche Reduktion des Rechenaufwandes ergibt sich allerdings im Fall $q(x) = x-a$ durch das

Horner-Schema:

Man erhält im Fall $q(x) = x-a$ aus der allgemeinen Formel:

$$\begin{aligned} p(x) &= (x-a).p_n.x^{n-1} + (p_{n-1} + a.p_n).x^{n-1} + p_{n-2}.x^{n-2} + \ldots + p_o = \\ &= (x-a)(p_n x^{n-1} + (p_{n-1} + ap_n)x^{n-2}) + (p_{n-2} + a(p_{n-1} + ap_n))x^{n-2} + \\ &\qquad + p_{n-3}x^{n-3} + p_{n-4}x^{n-4} + \ldots + p_o = \\ &= \text{usw...} \end{aligned}$$

Die Rekursionsformel zur Berechnung von $s(x)$ lautet also:

$$\begin{cases} s_{n-1} = p_n \\ s_{i-1} = p_i + as_i \quad \text{für } i = n-1,\ldots,1 . \end{cases}$$

Am Ende ergibt sich:

$$\begin{aligned} p(x) &= (x-a)(s_{n-1}x^{n-1} + \ldots + s_1 x) + (p_1 + as_1)x + p_o = \\ &= (x-a)(s_{n-1}x^{n-1} + \ldots + s_o) + p_o + as_o , \end{aligned}$$

d.h. : $r(x) = p_o + as_o = r_o$.

Man kann also alle Koeffizienten $s_{n-1},\ldots,s_o,r_o$ aus dem folgenden, 1819 von W.G.Horner angegebenen Schema ablesen:

$$
\begin{array}{c|cccccc}
 & p_n & p_{n-1} & p_{n-2} & \cdots\cdots & p_2 & p_1 & p_o \\
 & & + & + & & + & + & + \\
+ & & a.s_{n-1} & a.s_{n-2} & \cdots\cdots & a.s_2 & a.s_1 & a.s_o \\
\hline
 & p_n=s_{n-1} & s_{n-2} & s_{n-3} & \cdots\cdots & s_1 & s_o & r_o
\end{array}
$$

Beachtet man ferner $r_o = r(a) = p(a) - (a-a).s(a) = p(a)$, so erkennt man, daß das Horner-Schema auch eine einfache Methode zur Berechnung von Werten von Polynomen darstellt.

Durch analoge Überlegungen erhält man das

<u>verallgemeinerte Horner-Schema,</u>

welches die Koeffizienten $s_{n-2},\ldots,s_o,r_1,r_o$ der Darstellung $p(x) = (x^2-ax-b).s(x) + r(x)$ liefert :

$$
\begin{array}{c|cccccccc}
 & p_n & p_{n-1} & p_{n-2} & p_{n-3} & \cdots\cdots & p_2 & p_1 & p_o \\
+ & & & b.s_{n-2} & b.s_{n-3} & \cdots\cdots & b.s_2 & b.s_1 & b.s_o \\
+ & & a.s_{n-2} & a.s_{n-3} & a.s_{n-4} & \cdots\cdots & a.s_1 & a.s_o & \\
\hline
 & s_{n-2} & s_{n-3} & s_{n-4} & s_{n-5} & \cdots\cdots & s_o & r_1 & r_o
\end{array}
$$

Verallgemeinerte Horner-Schemata sind auf analoge Art für jeden Divisor der Gestalt $x^k - q_{k-1}x^{k-1} - \ldots . q_o$ konstruierbar.

Mit Hilfe des Horner-Schemas ist die Darstellung

$$p(x) = (x-a).s(x) + r_o$$

zu berechnen; die neuerliche Anwendung des Schemas auf s(x) führt zur Darstellung

$$s(x) = (x-a).t(x) + r_1 \quad \text{d.h. zu}$$

$$p(x) = (x-a)^2.t(x) + (x-a).r_1 + r_o .$$

Weiteres Fortsetzen liefert schließlich die Darstellung von p(x) durch Potenzen von (x-a):

$$p(x) = \sum_{i=0}^{[p]} r_i(x-a)^i .$$

Die Koeffizienten r_i sind dabei genau die Reste bei der wiederholten Division durch (x-a) ; man erhält sie durch das

<u>vollständige Horner-Schema:</u>

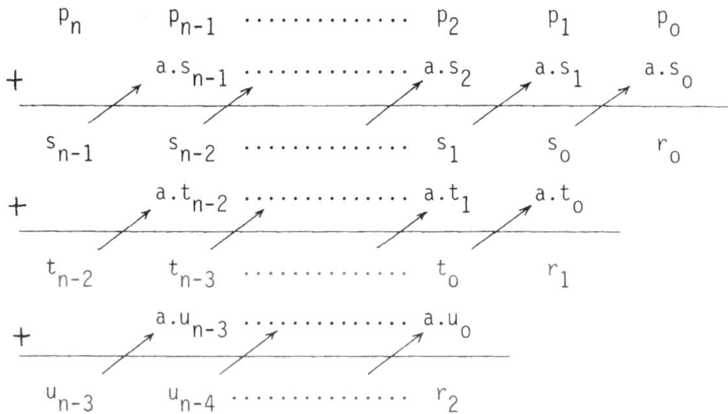

usw...

Beachtet man ferner, daß aufgrund der Produktregel gilt:

$$D^j(x-a)^i = \begin{cases} 0 & \text{für } j > i \\ \frac{i!}{(i-j)!}(x-a)^{i-j} & \text{für } j \leq i, \end{cases}$$

so erhält man für $j \leq [p]$:

$$p^{(j)}(a) = D^j\left(\sum_{i=0}^{[p]} r_i(x-a)^i\right)\Bigg|_{x=a} = \sum_{i=0}^{[p]} r_i D^j(x-a)^i\Bigg|_{x=a} = r_j \cdot j!.$$

Das vollständige Horner-Schema ermöglicht es also auch, jeden Wert $p^{(j)}(a)$ der j-ten Ableitung von p(x) zu berechnen, ohne $p^{(j)}(x)$ selbst bestimmen zu müssen.

<u>Beispiel:</u> $p(x) = x^4 + 3x^2 + 2x + 1$, $a = -3$

$$\begin{array}{lrrrrr}
 & 1 & 0 & 3 & 2 & 1 \\
+ & & -3 & 9 & -36 & 102 \\ \hline
 & 1 & -3 & 12 & -34 & 103 \\
+ & & -3 & 18 & -90 & \\ \hline
 & 1 & -6 & 30 & -124 & \\
+ & & -3 & 27 & & \\ \hline
 & 1 & -9 & 57 & & \\
+ & & -3 & & & \\ \hline
 & 1 & -12 & & &
\end{array}$$

$$p(x) = (x+3)(x^3-3x^2+12x-34) + 103 = \dots =$$
$$= (x+3)^4 - 12(x+3)^3 + 57(x+3)^2 - 124(x+3) + 103 .$$

$p(-3) = 103$, $p'(-3) = -124$, $p''(-3) = 57.2 = 114$,
$p'''(-3) = -12.3! = -72$, $p''''(-3) = 1.4! = 24$.

5. Interpolation durch Polynome

Im vorhergehenden Abschnitt wurde stets von einem gegebenen Polynom ausgegangen, dessen Werte bzw. Faktoren berechnet wurden. Jetzt soll die umgekehrte Problemstellung behandelt werden; gegeben die Stellen $a_1, a_2, \dots$ und die zugehörigen Werte $b_1, b_2, \dots$ -gesucht eine Polynomfunktion, die an jeder Stelle a_i genau den vorgegebenen Wert b_i annimmt. *Jede Aufgabe dieser Art, zu gegebenen Stellen und Werten eine Funktion zu bestimmen, nennt man eine Interpolationsaufgabe.* Da z.B. über $\mathbb{R}$ jedes Polynom $p(x)$ höchstens $[p]$ Nullstellen haben kann (soferne es nicht gleich 0 ist), gibt es kein $p(x) \in R[x]$ mit $p(n) = 0 \;\; \forall\, n \in \mathbb{N}$ und $p(0) = 1$. Für unendlich viele vorgegebene Stellen und Werte ist die Aufgabe der Interpolation durch Polynome also im allgemeinen nicht lösbar. Für endlich viele Stellen und Werte hat das Problem jedoch über jedem Körper eine Lösung; eine Möglichkeit zur Ermittlung dieser Lösung ist die

Interpolationsformel von Lagrange:

Grundgedanke der Konstruktion dieser Formel ist, bei gegebenen Stellen $a_1, \dots, a_n$ und Werten $b_1, \dots, b_n$ zunächst n Polynome $p_1(x), \dots, p_n(x) \in K[x]$ mit

$$p_i(a_j) = \begin{cases} 0 & \text{für } j \neq i \\ 1 & \text{für } j = i \end{cases}$$

zu bestimmen;

$$p(x) = \sum_{i=1}^{n} b_i p_i(x)$$

ist dann eine Lösung der Interpolationsaufgabe. Die Polynome $p_i(x)$ erhält man leicht auf folgende Art:

$$q_i(x) = \prod_{\substack{j=1 \\ j\neq i}}^{n} (x-a_j)$$

$$p_i(x) = \frac{q_i(x)}{q_i(a_i)} .$$

Es folgt: $[p] \leq n-1$.

Beispiel:

Sei $K = \mathbb{R}$; $a_1 = 1$, $a_2 = -1$, $a_3 = 2$, $a_4 = 5$,
$b_1 = 2$, $b_2 = 0$, $b_3 = 2$, $b_4 = -40$

Es folgt:

$$\begin{aligned} q_1(x) &= (x+1)(x-2)(x-5) & q_1(a_1) &= q_1(1) = 8 \\ q_2(x) &= (x-1)(x-2)(x-5) & q_2(a_2) &= q_2(-1) = -36 \\ q_3(x) &= (x-1)(x+1)(x-5) & q_3(a_3) &= q_3(2) = -9 \\ q_4(x) &= (x-1)(x+1)(x-2) & q_4(a_4) &= q_4(5) = 72 \end{aligned}$$

Also erhält man:

$$p(x) = \frac{2}{8} q_1(x) - \frac{0}{36} q_2(x) - \frac{2}{9} q_3(x) - \frac{40}{72} q_4(x) =$$
$$= \frac{(x+1)(x-2)(x-5)}{4} - \frac{2(x-1)(x+1)(x-5) + 5(x-1)(x+1)(x-2)}{9}$$

Es erhebt sich natürlich die Frage der

Eindeutigkeit der Lösung:

Man erkennt sofort, daß man aus $p(x)$ durch Multiplikation mit einem Polynom $s(x)$, das an den gegebenen Stellen $a_1, \ldots, a_n$ den Wert 1 hat, eine weitere Lösung mit (für $s(x)$ ungleich dem Polynom 1) größerem Grad erhält. Ist jedoch $t(x)$ eine Lösung mit $[t] \leq [p] = n-1$, so hat das Polynom $t(x) - p(x)$ mindestens die n Nullstellen $a_1, \ldots, a_n$, woraus wegen $[t-p] \leq n-1$ folgt, daß gelten muß $t(x) = p(x)$. *Die durch die Lagrange-Formel gegebene Lösung ist also die einzige deren Grad* n-1 *nicht übersteigt.*

Die vom theoretischen Hintergrund her einfache Lagrange-Formel hat für die Praxis einen großen Nachteil: bei jeder Hinzunahme einer weiteren Stelle a_{n+1} muß die gesamte Rechnung neu ausgeführt werden. Unser Ziel ist es daher, eine andere Berechnungsmethode von $p(x)$ zu finden, die diesen Nachteil nicht hat. Dazu ist es nützlich, die den Körper $\langle K,+,\cdot \rangle$ enthaltenden Ringe $K[x]$ und $P_1(K)$ als Vektorräume über K aufzufassen und die

Dimension der Vektorräume $\langle K[x],+,K \rangle$ und $\langle P_1(K),+,K \rangle$

zu berechnen. Aufgrund der Additionsregel für Polynome kann die Summe von Polynomen verschiedener Grade niemals 0 sein; es sind also je endlich viele Polynome verschiedener Grade linear unabhängig in $K[x]$ und es ist z.B. $\{1,x,x^2,\ldots\}$ eine Basis des Vektorraums $\langle K[x],+,K \rangle$, woraus sofort folgt:

$$\dim_K K[x] = \infty .$$

Stellen zwei Polynome $p(x)$ und $q(x)$ dieselbe Polynomfunktion über K dar, so hat ihre Differenz $p(x)-q(x)$ an jeder Stelle von K den Wert 0 und es folgt

$[p-q] \geq |K|$ oder $p(x)-q(x)$ ist das Nullpolynom. Da für unendliche Körper K nur der zweite Fall eintreten kann, stellen für solche Körper je zwei verschiedene Polynome verschiedene Polynomfunktionen dar. Somit ist in diesem Fall $<P_1(K),+,K>$ isomorph zu $<K[x],+,K>$ und es gilt

$$\dim_K P_1(K) = \infty \quad \text{für } |K| = \infty .$$

Ist $K = \{a_1=0, a_2=1, a_3, \ldots, a_k\}$ ein endlicher Körper, so ist $<K \setminus \{0\},.>$ eine Gruppe der Ordnung k-1 ; die Ordnungen $o(a_i)$ sind also für $i = 2,\ldots,k$ Teiler von k-1 und es folgt:

$$a_i^{k-1} = 1 \text{ für } i = 2,\ldots,k ;$$

also gilt:

$$a^k = a \quad \forall\, a \in K$$

und die Polynome x^k und x stellen dieselbe Polynomfunktion dar. Man kann daher in jedem Polynom jede Potenz x^m mit $m \geq k$ durch (eventuell wiederholtes) Ersetzen von x^k durch x zu einer Potenz $x^{\ell(m)}$ mit $\ell(m) < k$ reduzieren, ohne etwas an der dargestellten Polynomfunktion zu ändern. Es gibt also zu jedem p(x) aus K[x] ein q(x) aus K[x] mit $[q] < k$, das dieselbe Polynomfunktion wie p(x) darstellt. Verschiedene Polynome vom Grad $< k$ stellen verschiedene Funktionen dar. Für $|K| = k$ ist also $<P_1(K),+,K>$ isomorph zum Unterraum $K_k[x]$ von $<K[x],+,K>$, der aus allen Polynomen vom Grad $< k$ besteht. Dieser Vektorraum hat $\{1,x,x^2,\ldots,x^{k-1}\}$ als Basis und daher die Dimension k. Also gilt:

$$\dim_K P_1(K) = \dim_K K_k[x] = k \quad \text{für } |K| = k .$$

Wie bereits festgestellt, gibt es für jede Interpolationsaufgabe an n Stellen über einem Körper genau eine Polynom-Lösung p(x) mit $[p] < n$, also mit $p(x) \in K_n[x]$. Berücksichtigt man, daß je n Polynome verschiedener Grade (also mit den Graden 0,1,...,n-1) aus $K_n[x]$ eine Basis dieses Vektorraums darstellen, so gelangt man zur

<u>Interpolationsformel von Newton:</u>

Man wählt bei gegebenen Stellen $a_1,\ldots,a_n$ und Werten $b_1,\ldots,b_n$ für $K_n[x]$ die Basis $\{1,\varphi_1(x),\ldots,\varphi_n(x)\}$ mit

$$\varphi_1(x) = 1$$

$$\varphi_i(x) = (x-a_1)\ldots(x-a_{i-1}) \quad i = 2,\ldots,n .$$

Das Lösungspolynom p(x) ist dann in der Gestalt

$$\sum_{i=1}^{n} \lambda_i \varphi_i(x)$$

darstellbar; die Koeffizienten $\lambda_1,\ldots,\lambda_n$ sind durch sukzessives Einsetzen von $a_1,\ldots,a_n$ zu ermitteln:

$$b_1 = p(a_1) = \lambda_1$$

$$b_2 = p(a_2) = \lambda_1 + \lambda_2(a_2-a_1)$$

$$b_3 = p(a_3) = \lambda_1 + \lambda_2(a_3-a_1) + \lambda_3(a_3-a_1)(a_3-a_2)$$

usw....

Der Vorteil dieser Interpolationsformel gegenüber jener von Lagrange liegt darin, daß bei Hinzunahme einer weiteren Stelle a_{n+1} mit Wert b_{n+1} zum bereits erhaltenen Polynom $p(x)$ nur ein weiterer Summand $\lambda_{n+1}\varphi_{n+1}(x) = \lambda_{n+1}(x-a_1)\ldots(x-a_n)$ hinzuzufügen ist, während sich die bereits berechneten Koeffizienten $\lambda_1,\ldots,\lambda_n$ nicht mehr ändern, da der Wert des neuen Summanden an allen früheren Stellen $(a_1,\ldots,a_n)$ gleich 0 ist. Jede Reihenfolge der Stellen $a_1,\ldots,a_n$ liefert eine andere Darstellung des eindeutig bestimmten Lösungspolynoms $p(x) \in K_n[x]$; im allgemeinen wird man in $\mathbb{R}$ die Stellen $a_1,\ldots,a_n$ in aufsteigender Reihenfolge ordnen - die Faktoren der λ_j in den Gleichungen sind dann alle nichtnegativ und man vermeidet Vorzeichenfehler. Das recht umständliche Erstellen und Lösen des obigen Gleichungssystems kann man umgehen durch Verwendung eines Schemas, dessen Konstruktion auf dem Vergleich der Darstellungen

$$p(x) = \lambda_1 + \lambda_2(x-a_1) + \ldots + \lambda_n(x-a_1)\ldots(x-a_{n-1}) = \sum_{i=1}^{n} \lambda_i\varphi_i(x)$$

und

$$p(x) = \mu_i + \mu_2(x-a_2) + \ldots + \mu_n(x-a_2)\ldots(x-a_n) = \sum_{i=1}^{n}\mu_i\psi_i(x)$$

(entsprechend den Reihenfolgen $a_1,\ldots,a_n$ und $a_2,\ldots,a_n,a_1$ der Stellen) beruht. Es gilt:

$$b_1 = p(a_1) = \lambda_1,$$

$$b_2 = p(a_2) = \lambda_1 + \lambda_2(a_2-a_1) = \mu_1 \quad \text{d.h. } \lambda_2 = \frac{\mu_1-\lambda_1}{a_2-a_1},$$

$$b_3 = p(a_3) = \lambda_1 + \lambda_2(a_3-a_1) + \lambda_3(a_3-a_1)(a_3-a_2) = \mu_1 + \mu_2(a_3-a_2),$$

d.h.: $\lambda_3(a_3-a_1)(a_3-a_2) = \mu_1 - \lambda_1 + \mu_2(a_3-a_2) - \lambda_2(a_3-a_1)$,

woraus wegen $\mu_1 - \lambda_1 = \lambda_2(a_2-a_1)$ folgt:

$$\lambda_3 = \frac{\mu_2-\lambda_2}{a_3-a_1}.$$

Allgemein ergibt sich:

$$\lambda_i = \frac{\mu_{i-1}-\lambda_{i-1}}{a_i - a_1}.$$

Die zur Verwendung dieser Formeln nötigen Zahlen $\mu_1,\ldots,\mu_{n-1}$ berechnet man analog durch Vergleich von

$$p(x) = \sum_{i=1}^{n} \mu_i \psi_i(x)$$

und

$$p(x) = \nu_1 + \nu_2(x-a_3) + \ldots + \nu_n(x-a_3)\ldots(x-a_n)(x-a_1)$$

usw...

Als Berechnungsschema ergibt sich also der sogenannte

Steigungsspiegel:

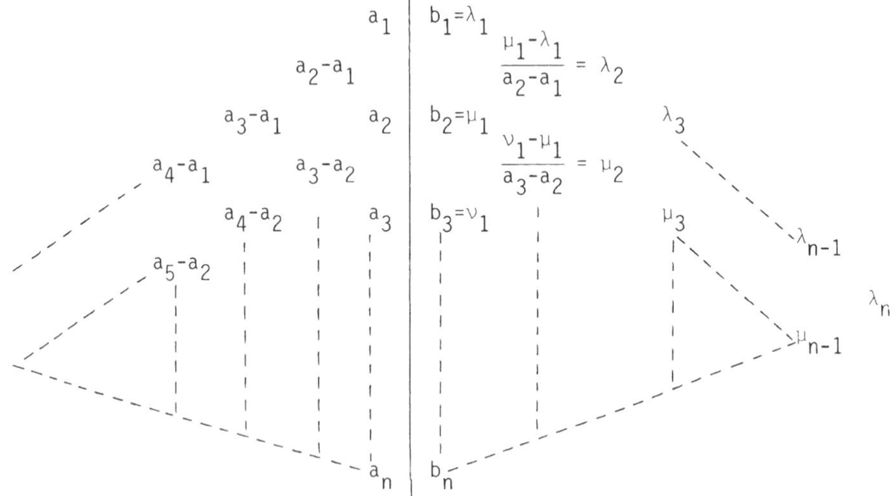

Aus der Konstruktion des Verfahrens ist ersichtlich, daß $\lambda_n = 0$ genau dann gilt, wenn b_n der Wert des Polynoms

$$\sum_{i=1}^{n-1} \lambda_i \varphi_i(x)$$

an der Stelle a_n ist. Diese Tatsache kann man ausnützen, um den Wert von $p(x)$ an einer von $a_1,\ldots,a_n$ verschiedenen Stelle α zu bestimmen ohne $p(x)$ explizit auszurechnen. Man ergänzt den Steigungsspiegel durch Hinzunahme von α und dem unbekannten Wert $\beta = p(\alpha)$, für den jetzt $\lambda_{n+1} = 0$ gelten muß. Von diesem Wert ausgehend kann man nun bis β rückrechnen. Da diese Methode für jedes α anwendbar ist, kann man sie allgemein mit der Unbestimmten x anstelle von α durchführen und erhält dann (anstelle von β) das Lösungspolynom $p(x)$ in der Gestalt

$$p(x) = \sum_{i=0}^{n-1} p_i x^i .$$

Beispiel:

Wie bei der Lagrange-Formel wählen wir $K = \mathbb{R}$ und

$a_1 = 1,\ a_2 = -1,\ a_3 = 2,\ a_4 = 5$

$b_1 = 2,\ b_2 = 0,\ b_3 = 2,\ b_4 = -40.$

Nach Umordnen von $a_1,\dots,a_4$ in aufsteigende Reihenfolge ergibt sich als Steigungsspiegel:

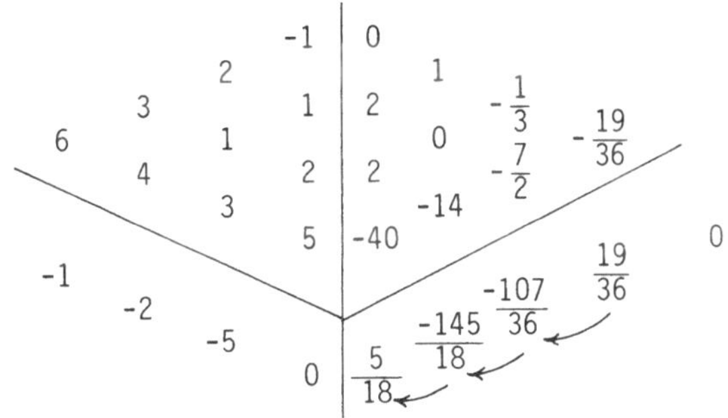

$p(x) = 0 + 1(x+1) - \frac{1}{3}(x+1)(x-1) - \frac{19}{36}(x+1)(x-1)(x-2)$.

Rückrechnung: $p(0) = \frac{5}{18}$.

6. Teilbarkeit - der Euklidische Algorithmus

Wie wir bereits beim Rechnen mit Polynomen gesehen haben, ist es oft nützlich, Ringelemente als Produkte gewisser Faktoren darzustellen. In diesem Zusammenhang treten als Hauptprobleme auf: die Suche nach Darstellungen durch Produkte "unzerlegbarer" Faktoren (wie sie etwa die Zerlegung der nichtkonstanten" Polynome aus $\mathbb{C}[x]$ in Linearfaktoren darstellt) und die Suche nach gemeinsamen Faktoren zweier Elemente.

Zugrundegelegt sei im Folgenden stets ein Integritätsbereich $\langle I,+,.\rangle$.

Teilbarkeit in Integritätsbereichen:

Man nennt ein Element a *eines Integritätsbereichs* $\langle I,+,.\rangle$ *durch* $t \in I$ ***teilbar,*** *wenn* a *darstellbar ist in der Gestalt* $a = tu$ *mit* $u \in I$; t *heißt dann* (*ebenso wie* u) *ein* ***Teiler*** *von* a (*symbolisch*: $t|a$). Eine besondere Rolle bezüglich der Teilbarkeit spielen das Element 0 und alle Teiler von 1 (das sind jene Elemente b aus I, zu denen in I ein multiplikativ-Inverses b^{-1} existiert): 0 ist nur Teiler von sich selbst; die Teiler von 1 sind stets nur durch Teiler von 1 teilbar, da aus $tu = b$ folgt: $tub^{-1} = 1$. Jedes Element a hat trivialerweise die Elemente a,1 und alle Teiler von 1 als Teiler. *Ist in jeder Darstellung* $a = tu$ *von* a *entweder* t *oder* u *ein Teiler von* 1, *so nennt* man a <u>*unzerlegbar*</u> (*wobei man den trivialen Fall* a|1 *ausschließt*). Beispiele unzerlegbarer Elemente sind in $\mathbb{R}[x]$ etwa alle Polynome vom Grad 1, da jedes solche Polynom ax+b nur darstellbar ist in der Form $ax+b = c(\frac{a}{c}x + \frac{b}{c})$ und jedes von 0 verschiedene c Teiler von 1 in $\mathbb{R}$ und daher auch in $\mathbb{R}[x]$ ist. *Als* <u>*prim*</u> *bezeichnet man jedes Element* p *aus* $I \setminus \{0\}$, *das nicht Teiler von* 1 *ist, und für das gilt:*

$$p|ab \Rightarrow p|a \text{ oder } p|b .$$

Jedes Primelement ist unzerlegbar, da aus p = ab und p|a folgt: p = pcb, also, da I Integritätsbereich ist: cb = 1. *Schließlich bezeichnet man als einen* <u>*größten gemeinsamen Teiler*</u> (*Abkürzung*: ggT) *zweier Elemente* a *und* b *aus* I *ein Element* t *aus* I, *welches Teiler von* a *und* b *ist und selbst durch jeden anderen gemeinsamen Teiler dieser Elemente teilbar ist. Haben* a *und* b *nur die Teiler von* 1 *als gemeinsame Teiler, so nennt man* a *und* b <u>*relativ prim*</u> *und schreibt* ggT(a,b) = 1 .

Die Darstellung eines Elementes als Produkt unzerlegbarer Elemente kann nur bis auf Teiler von 1 eindeutig sein; das bedeutet z.B. in $<\mathbb{Z},+,.>$ eindeutig bis auf Faktoren ±1 bzw. in $\mathbb{R}[x]$ eindeutig bis auf konstante Faktoren (ungleich 0): es sind etwa

$$x^2-1 = (x+1)(x-1) \quad \text{und} \quad x^2-1 = (\tfrac{1}{2}x + \tfrac{1}{2})(2x-2)$$

zwei solche Darstellungen, die sich nur durch die Faktoren $\frac{1}{2}$ und 2 unterscheiden. Es kann aber sogar der Fall eintreten, daß es verschiedene Darstellungen eines Ringelementes als Produkt unzerlegbarer Elemente gibt, die sich voneinander nicht nur durch Teiler von 1 unterscheiden.

<u>Beispiel:</u>

Sei I der aus den Elementen der Gestalt $\alpha + \beta.i\sqrt{3}$ ($\alpha,\beta \in \mathbb{Z}$) bestehende Unterring des Körpers der komplexen Zahlen. I ist ein Integritätsbereich, in dem 1 nur sich selbst und -1 als Teiler hat.

$$4 = 2.2 \quad \text{und} \quad 4 = (1 + i\sqrt{3})(1 - i\sqrt{3})$$

sind also zwei solche Darstellungen von 4, die sich nicht nur durch Teiler von 1 unterscheiden. Die unzerlegbaren Elemente 2, $1+i\sqrt{3}$ und $1-i\sqrt{3}$ sind also nicht prim in I. Ferner sind 2 und $1+i\sqrt{3}$ gemeinsame Teiler von 4 und $2+2.i\sqrt{3}$; ihr Produkt teilt jedoch 4 nicht, sodaß $ggT(4,2+2.i\sqrt{3})$ in I nicht existiert.

Es besteht nun ein enger

<u>Zusammenhang zwischen der eindeutigen Zerlegung in unzerlegbare Faktoren und der Existenz eines größten gemeinsamen Teilers zweier Elemente:</u>

Hat jedes Element von I *eine Darstellung als Produkt unzerlegbarer Elemente, die eindeutig bis auf Teiler von 1 ist, so ist jedes unzerlegbare Element prim* (da es, falls es ab teilt, in der Darstellung von a oder b auftreten muß) *und je zwei Elemente haben einen* (bis auf Teiler von 1 eindeutigen) ggT, den man erhält, indem man die gemeinsamen unzerlegbaren Faktoren, die keine Teiler von 1 sind, miteinander multipliziert. Als Beispiel seien in $\mathbb{R}[x]$ die Polynome

$$p(x) = x^6+x^5-29x^4+x^3-32x^2-2x+60 = (x+1)(x-1)(x^2+2)(x-5)(x+6),$$

$$q(x) = x^4-10x^2+9 = (x+1)(x-1)(x-3)(x+3)$$

gegeben. Es gilt:

$$ggT(p(x),q(x)) = x^2-1$$

und dieser ggT ist eindeutig bis auf Teiler von 1, d.h. jeder ggT von p(x) und q(x) hat die Gestalt $\tau(x^2-1)$ $(\tau \in \mathbb{R} \setminus \{0\})$.

Umgekehrt kann man zeigen, daß aus der Existenz eines ggT *von je zwei Elementen* (der dann eindeutig ist bis auf Teiler von 1) *folgt, daß jedes unzerlegbare Element prim ist und jedes Element eine bis auf Teiler von 1 eindeutige Darstellung als Produkt unzerlegbarer Elemente (=Primfaktoren) hat.* (s. [7]. II.8,II.9) .

Damit ist die zentrale Rolle der Existenz des ggT zweier Elemente dargelegt und es verbleibt nur die Aufgabe, ohne Kenntnis einer Primfaktorzerlegung die Existenz des ggT nachzuweisen bzw. diesen auszurechnen. Eine Methode dafür ist

der Euklidische Algorithmus:

Gegeben seien a und $b \neq 0$ im Integritätsbereich $\langle I,+,. \rangle$, gesucht ggT(a,b).
Vorgangsweise: sukzessive "Division mit Rest":

$$a = bs_1 + r_1$$

$$b = r_1 s_2 + r_2$$

$$r_1 = r_2 s_3 + r_3$$

....

Allgemein also $r_{i-1} = r_i s_{i+1} + r_{i+1}$. Tritt einmal der Fall $r_{n-1} = r_n s_{n+1}$ (also $r_{n+1} = 0$) ein, so folgt: $r_n | r_{n-1}$, also auch $r_n | r_{n-2}$ usw....

speziell $r_n | b$ und $r_n | a$.

Ist umgekehrt t ein beliebiger gemeinsamer Teiler von a und b, so folgt:

$$t|a,\ t|b \Rightarrow t|r_1 \Rightarrow t|r_2 \quad \text{usw.... } t|r_n ;$$

r_n ist also der gesuchte ggT von a und b, falls $r_{n+1} = 0$ ist.

Es verbleibt nur mehr die Aufgabe, zu sichern, daß im angegebenen Algorithmus nach endlich vielen Schritten der Rest 0 auftritt. In den für die Praxis relevanten Fällen ist dies erreichbar durch

Bewertungen

des zugrundeliegenden Integritätsbereichs. *Unter einer Bewertung von* $<I,+,.>$ *versteht man eine Abbildung* $\beta : I \setminus \{0\} \to \mathbb{N}_0$ *mit der Eigenschaft, daß zu allen* a,b *aus* I $(b \neq 0)$ *Elemente* s *und* r *in* I *existieren mit*

1. $a = bs + r$ *und*
2. $\beta(r) < \beta(b)$ *oder* $r = 0$.

Ist auf $<I,+,.>$ so eine Bewertung gegeben, so folgt für die sukzessive Division:

$\beta(r_1) < \beta(b)$ oder $r_1 = 0$

$\beta(r_2) < \beta(r_1)$ oder $r_2 = 0$

usw....

Es folgt für alle $j \in N$: $0 \leqslant \beta(r_j) \leqslant \beta(b) - j$ oder $r_j = 0$; der gewünschte Fall $r_j = 0$ tritt also spätestens für $j = \beta(b) + 1$ ein.

Zusammenfassend ist also zu sagen, daß in jedem bewerteten Integritätsbereich der Euklidische Algorithmus den ggT zweier Elemente liefert; man nennt die Integritätsbereiche, zu denen eine Bewertung existiert, euklidische Ringe.

Die wichtigsten Spezialfälle:

1. Für $<\mathbb{Z},+,.>$ ist $\beta : z \to |z|$ eine Bewertung (in $a = bs+r$ ist s so wählbar, daß $|r| < |b|$ oder $r = 0$ gilt) .
2. Für jeden Polynomring über einem Körper $<K,+,.>$ ist

   $$\beta : p(x) \to [p]$$

   eine Bewertung (s. Division mit Rest, I.4) .

Der euklidische Algorithmus ist also in jedem Polynomring über einem Körper anwendbar, und jedes Polynom über einem Körper hat eine (bis auf Teiler von 1 - das sind Konstante $\neq 0$) eindeutige Darstellung als Produkt von unzerlegbaren Polynomen. Diese Tatsache wird im Späteren für die zyklischen Codes von Bedeutung sein (s.Kapitel III) .

Praktische Durchführung des euklidischen Algorithmus' :

In der Praxis ist es wertvoll, zu beachten, daß bei jeder Division das Dividieren des Divisors durch einen Teiler von 1 keinen Einfluß auf den Rest hat:

$p = qs + r \quad \Rightarrow \quad p = (\frac{1}{5}q)(5s) + r.$

Man kann also in jedem Schritt des euklidischen Algorithmus' den erhaltenen Rest - der ja im nächsten Schritt als Divisor auftritt - durch Weglassen von Faktoren τ, die Teiler von 1 sind, vereinfachen.

Beispiel:

Zu bestimmen sei wieder der ggT der Polynome $p(x) = x^6+x^5-29x^4+x^3-32x^2-2x+60$ und $q(x) = x^4-10x^2+9$ aus R[x].

$$x^6+x^5-29x^4+x^3-32x^2-2x+60 = (x^4-10x^2+9)(x^2+x-19) + 11(x^3-21x^2-x+21).$$

11 ist Teiler von 1, kann also gestrichen werden.

$$x^4-10x^2+9 = (x^3-21x^2-x+21)(x+21) + 432(x^2-1).$$

Man streicht 432 (als Teiler von 1).

$$x^3-21x^2-x+21 = (x^2-1)(x-21), \qquad \text{Rest:}0.$$

Also: $ggT(p(x),q(x)) = x^2 - 1$ (eindeutig bis auf einen Faktor $\tau \in \mathbb{R} \setminus \{0\}$).

7. Endliche Körper

In der algebraischen Codierungstheorie (s. Kap. III.) treten häufig endliche Körper als Grundstrukturen auf. Wir wollen uns in diesem Abschnitt mit dem Rechnen in solchen Körpern befassen, die man zu Ehren des Mathematikers Evariste Galois (1811 - 1832), der wesentliche Beiträge zur Körpertheorie beisteuerte, auch Galoisfelder nennt. Von dieser Bezeichnung stammt auch die oft verwendete Abkürzung GF(q) für Körper mit q Elementen. Die Rechenregeln in solchen Galoisfeldern sind zum Teil wesentlich verschieden von denen, die wir von den "klassisschen" Körpern $\langle \mathbb{Q},+,\cdot \rangle$, $\langle \mathbb{R},+,\cdot \rangle$ und $\langle \mathbb{C},+,\cdot \rangle$ her kennen. Das wichtigste Merkmal der Addition ist stets die

Charakteristik eines Körpers:

Unter dieser versteht man die Ordnung des Elementes "1" in der additiven Gruppe des Körpers $\langle K,+,\cdot \rangle$:

$$\text{char } K = o(1) \text{ in } \langle K,+ \rangle.$$

Im Fall $o(1) = \infty$ ist es üblich, anstelle von char $K = \infty$ zu schreiben: char $K = 0$, da in diesem Fall die ganze Zahl "0" die einzige mit $0 \cdot 1 = 0 \in K$ ist, während allgemein gilt: $(\text{char } K) \cdot 1 = 0$. Da die Charakteristik eines Körpers nur vom additiven Verhalten des Elementes "1" abhängt, hat jeder Unterkörper und jeder Erweiterungskörper von $\langle K,+,\cdot \rangle$ dieselbe Charakteristik wie $\langle K,+,\cdot \rangle$ selbst.

Aufgrund des Distributivgesetzes erhält man unter der Notation $r + \ldots + r$ (k-mal) $= k \cdot r$ aus $k \cdot 1 = 0$ sofort $k \cdot r = k \cdot (1r) = (k \cdot 1)r = 0r = 0$

und umgekehrt aus $k\cdot r = 0$ stets $k\cdot 1 = k\cdot(rr^{-1}) = (k\cdot r)r^{-1} = 0r^{-1} = 0$.

Für char $K = 0$ *hat also jedes Element von* $K\setminus\{0\}$ *unendliche Ordnung in* $\langle K,+\rangle$ *d.h. es gilt:* $k\cdot r \neq 0$ *für alle* $k\in\mathbb{N}$ *und alle* $r\in K\setminus\{0\}$. Beispiele solcher Körper sind $\langle\mathbb{Q},+,\cdot\rangle$, $\langle\mathbb{R},+,\cdot\rangle$ und $\langle\mathbb{C},+,\cdot\rangle$. *Im Fall* char $K = n\in\mathbb{N}$, *hat jedes Element aus* $K\setminus\{0\}$ *die Ordnung* n *in* $\langle K,+\rangle$, *d.h. es ist für jedes* $r\in K\setminus\{0\}$ *die Zahl* n *die kleinste natürliche Zahl mit* $n\cdot r = 0$. Für endliche Körper kommt natürlich nur dieser Fall in Frage.

Durch die hier angegebene Eigenschaft der Charakteristik erkennt man sofort, daß diese nur 0 *oder eine Primzahl sein kann:* aus char $K = n = k\cdot m$ (mit $k,m \neq 1$) würde folgen $(km)\cdot r = 0$, also $k\cdot(m\cdot r) = 0$ und damit (s. oben) $k\cdot 1 = 0$.

Außer auf die additive Struktur hat die Charakteristik eines Körpers noch Auswirkungen auf die

Struktur des Primkörpers:

Dieser ist der von $\{1\}$ erzeugte Unterkörper des betrachteten Körpers (s. Abschnitt 3). Aufgrund des Assoziativ- und des Distributivgesetzes ergibt sich für das Rechnen im Primkörper $P(K)$ eines Körpers $\langle K,+,\cdot\rangle$ für "$*$" = "$+$" und für "$*$" = "$\cdot$" bei beliebigen k,m aus $\mathbb{Z}$ ("1" bezeichnet das Einselement von K):

$$(k\cdot 1) * (m.1) = \overline{k * m} \cdot 1 = (\overline{k} * \overline{m}) \cdot 1 \qquad \text{für char } K = p;$$

(dabei wird mit $\overline{x}$ die Restklasse von x modulo p bezeichnet) und

$$(k.1) * (m\cdot 1) = (k * m) .1 \qquad \text{für char } K = 0.$$

Die Abbildung $\overline{k} \to k\cdot 1$ ($\overline{k}\in\mathbb{Z}_p$) ist also im Fall char $K = p$ ein Homomorphismus von $\langle\mathbb{Z}_p,+,\cdot\rangle$ auf $P(K)$, der, da $\mathbb{Z}_p$ nur die trivialen Ideale $\{0\}$ und $\mathbb{Z}_p$ enthält, bijektiv ist. Im Fall char $K = 0$ ist die Abbildung $\frac{p}{q} \to \frac{p.1}{q\cdot 1}$ ein Isomorphismus von $\langle\mathbb{Q},+,\cdot\rangle$ auf $P(K)$. Somit gilt allgemein:

char $K=p \Leftrightarrow P(K)$ *ist isomorph zu* $\langle\mathbb{Z}_p,+\cdot\rangle$. char $K=0 \Leftrightarrow P(K)$ *ist isomorph zu* $\langle\mathbb{Q},+,\cdot\rangle$.

Damit ist das Rechnen in Primkörpern vollständig auf die elementaren Fälle $\mathbb{Z}_p$ und $\mathbb{Q}$ zurückgeführt. Um die Artithmetik in jedem endlichen Körper zu beherrschen untersuchen wir die

Struktur der Gruppe $\langle K\setminus\{0\},\cdot\rangle$:

Diese Gruppe ist sicher kommutativ. Wir wollen zunächst die maximale Ordnung ihrer Elemente bestimmen. Ist a ein Element mit der maximalen Ordnung r aus dieser Gruppe und b ein beliebiges Element (Ordnung s), so sondern wir in der Primfaktorzerlegung von s alle Faktoren aus, die Teiler von r sind. Das Produkt t der verbleibenden Primfaktoren (mit Vielfachheiten entsprechend ihrem Auftreten in s) ist dann zu r relativ prim. Das Element $c=b^{s/t}$ hat nun offensichtlich die Ordnung t. Klarerweise gilt $(ac)^{rt} = a^{rt}c^{rt} = 1$; ist umgekehrt $a^u c^u = (ac)^u = 1$, so folgt $a^u = c^{-u}$ und daher $1 = a^{ur} = c^{-ur}$; t muß also Teiler von ur sein, woraus wegen ggT(r,t) = 1 folgt, daß t Teiler von u sein muß. Analog erhält man, daß r Teiler von u sein muß, also insgesamt, daß rt Teiler von u ist. Somit hat ac die Ordnung rt. Da r die maximale Ordnung der Elemente von $K\setminus\{0\}$ ist, folgt t = 1 und damit ggT(r,s) = s, also $s \mid r$, d.h. r = sv. Es gilt also sicher $b^r = b^{sv} = 1$ für das beliebig gewählte Element b von $K\setminus\{0\}$. Sämtliche Elemente von $K\setminus\{0\}$ sind daher Nullstellen des Polynoms $x^r - 1$. Da dieses höchstens r Nullstellen in K haben kann, folgt: $r \geq |K| - 1$. Anderseits ist r sicher Teiler der Ordnung der Gruppe $\langle K\setminus\{0\},\cdot\rangle$, sodaß folgt: $r = |K| - 1$. Unsere Überlegungen haben also gezeigt, daß es in der Gruppe $\langle K\setminus\{0\},\cdot\rangle$ ein Element a der Ordnung $|K| - 1$ gibt, das somit die gesamte Gruppe erzeugt:

Die Gruppe $\langle K\setminus\{0\},\cdot\rangle$ ist für jeden endlichen Körper $\langle K,+,\cdot\rangle$ zyklisch; man nennt jedes erzeugende Element dieser Gruppe ein primitives Element des Körpers $\langle K,+,\cdot\rangle$.

Bei Kenntnis eines primitiven Elements eines Körpers ist seine multiplikative Struktur eindeutig beschrieben: der Körper besteht dann aus 0 und den Potenzen a^i $(0 \leq i \leq |K| - 2)$ des primitiven Elementes a. Weitere Auskunft über die additive Struktur liefert der

Vektorraum $\langle K,+,P(K)\rangle$:

Wie bereits in Abschnitt 3 festgestellt wurde, ist jeder Körper ein Vektorraum über jedem seiner Unterkörper, also speziell über seinem Primkörper, dessen Struktur ja bekannt ist. Im Fall eines endlichen Körpers der Charakteristik p ist der Primkörper isomorph zu $\langle \mathbb{Z}_p,+,\cdot\rangle$. Für $\dim_{P(K)} K = n$ besteht K aus allen Linearkombinationen von n Basiselementen; als Koeffizienten in diesen Linearkombinationen sind die p Elemente von P(K) möglich, sodaß es insgesamt p^n solche Linearkombinationen gibt. *Jeder endliche Körper besteht also aus p^n Elementen. Dabei ist die Primzahl p die Charakteristik des Körpers und die natürliche Zahl n seine Dimension als Vektorraum über seinem (zu $\langle \mathbb{Z}_p,+,\cdot\rangle$ isomorphen) Primkörper.*

Da alle von 0 verschiedenen Elemente eines endlichen Körpers $\langle K,+,\cdot\rangle$ Potenzen eines primitiven Elementes sind, muß der Vektorraum $\langle K,+,P(K)\rangle$ eine nur aus solchen Potenzen bestehende Basis haben. Ist nun a^k eine Linearkombination der Elemente $a^0,\ldots,a^{k-1}$, also ein Element von $L(a^0,\ldots,a^{k-1})$, so ist a^{k+1} ein Element von $L(a,\ldots,a^k) \subseteq L(a^0,\ldots,a^{k-1})$. Ebenso liegen dann a^{k+2}, a^{k+3}, usw. in $L(a^0,\ldots,a^{k-1})$ und es gilt $\dim_{P(K)} K \leqslant k$.

Im Fall $|K| = p^n$ müssen also für jedes primitive Element a die Elemente $1 = a^0$, $a^1 = a$, ... , a^{n-1} linear unabhängig in $\langle K,+,P(K)\rangle$ sein und daher eine Basis dieses Vektorraumes bilden, der (s. Abschnitt 3) isomorph zu

$P(K)^n$ *ist*. Um das zu verdeutlichen, setzt man oft

$$1 = a^0 = \mathfrak{e}_n = (0,\ldots,0,1),$$
$$a = a^1 = \mathfrak{e}_{n-1} = (0,\ldots,1,0),$$
$$\ldots\ldots\ldots\ldots\ldots\ldots$$
$$a^{n-1} = \mathfrak{e}_1 = (1,0,\ldots,0).$$

Alle übrigen Potenzen von a (und damit alle Elemente von K) sind dann als Linearkombinationen dieser Elemente darstellbar. Ist die Darstellung der ersten in der Basis nicht aufscheinenden Potenz a^n bekannt, so kann man sofort alle übrigen berechnen:

$$a^n = \sum_{i=0}^{n-1} \lambda_i a^i \Rightarrow a^{n+1} = \sum_{i=0}^{n-1} \lambda_i a^{i+1} = \sum_{i=0}^{n-2} \lambda_i a^{i+1} + \lambda_{n-1} \sum_{i=0}^{n-1} \lambda_i a^i, \text{ usw.}$$

Beispiel:

Einen Körper mit $9 = 3^2$ Elementen und primitivem Element a kann man durch folgende Tabelle beschreiben (man beachte: char K = 3!):

Potenzen von a	Vektordarstellung	
$0 = 0$	(0,0)	Nullvektor
$a^0 = 1$ $a^1 = a$	(0,1) (1,0)	Basis
$a^2 = 1 + a$	(1,1)	bekannte Darstellung
$a^3 = a + a^2 = 1 + 2a$ $a^4 = a + 2a^2 = 2$ $a^5 = 2a$ $a^6 = 2a^2 = 2 + 2a$ $a^7 = 2a + 2a^2 = 2 + a$ $(a^8 = 2a + a^2 = 1)$	(2,1) (0,2) (2,0) (2,2) (1,2)	berechnete Darstellung

In diesem Fall ist $a^2 = a + 1 = (1,1)$. Der Versuch, unter denselben Grundbedingungen ($|K| = 9$) einen Körper durch die Festsetzung $a^2 = a + 2$ zu konstruieren, würde hingegen scheitern, da man aus diesem Ansatz im weiteren $a^6 = 1$ erhielte. Es kommt also offensichtlich auf das beim Ansatz $a^n = \sum_{i=0}^{n-1} \lambda_i a^i$ verwendete Polynom $g(x) = x^n - \sum_{i=0}^{n-1} \lambda_i x^i$ an. Wir studieren im folgenden die möglichen Polynome $g(x)$.

Das Minimalpolynom eines primitiven Elementes:

Ist a primitives Element eines endlichen Körpers $\langle K,+,.\rangle = GF(p^n)$ und gilt $g(a) = a^n - \sum_{i=0}^{n-1} \lambda_i a^i = 0$, so erfüllt das Polynom $g(x) \in P(K)[x]$ notwendigerweise folgende Bedingungen:

1. $[g] = n$; der Koeffizient von x^n ist 1.

2. a ist Nullstelle von $g(x)$, jedoch wegen der linearen Unabhängigkeit von $a^o,\ldots,a^{n-1}$ über $P(K)$ nicht Nullstelle eines Polynoms von kleinerem Grad über $P(K) = GF(p)$.

3. $g(x)$ ist in $P(K)[x]$ unzerlegbar, da aus $g(x) = s(x)\cdot t(x)$ mit $[s],[t] < [g]$ folgen würde: $0 = g(a) = s(a)\cdot t(a)$, also $s(a) = 0$ oder $t(a) = 0$ im Widerspruch zu 2.

4. $g(x)$ teilt jedes Polynom aus $P(K)[x]$, für das a Nullstelle ist, da für jedes solche Polynom $Q(x)$ gilt:

$Q(x) = g(x)\cdot s(x) + r(x)$ mit $[r] < [g]$ oder $r(x) = 0$; also

$r(a) = Q(a) - g(a)\cdot s(a) = 0$, was im Fall $r(x) \neq 0$ wieder im Widerspruch zu 2. stünde.

Da a als Element von $K\setminus\{0\}$ sicher Nullstelle von $x^{p^n-1} - 1$ ist, teilt $g(x)$ dieses Polynom. Anderseits folgt aus $g(x) \mid Q(x)$, daß $Q(a) = 0$ gelten muß. Unter Berücksichtigung von $o(a) = p^n-1$ in $\langle K\setminus\{0\},\cdot\rangle$ folgt also: $g(x)$ ist Teiler des Polynoms $x^{p^n-1} - 1$ in $P(K)[x]$, nicht aber Teiler der Polynome $x^k - 1$ für $1 \leq k < p^n - 1$.

Das Polynom $g(x)$ ist wegen 1., 2. und 4. das Polynom kleinsten Grades in $GF(p)[x]$ mit Anfangskoeffizient 1, das a als Nullstelle hat. *Man nennt dieses Polynom das* *Minimalpolynom des Elementes* a *über* GF(p).

Unter Berücksichtigung der oben angeführten Eigenschaften der Minimalpolynome primitiver Elemente sind wir nun in der Lage, die

Konstruktion endlicher Körper bei vorgegebenem Primkörper

durchzuführen. Ist der Primkörper $\langle \mathbb{Z}_p,+,\cdot\rangle$ vorgegeben, so wählt man in $\mathbb{Z}_p[x]$ ein Polynom $g(x)$ vom Grad n mit Anfangskoeffizient 1, welches

a) in $\mathbb{Z}_p[x]$ unzerlegbar ist, und

b) in $\mathbb{Z}_p[x]$ zwar Teiler von $x^{p^n-1} - 1$, jedoch nicht Teiler der Polynome $x^k - 1$ $(1 \leq k < p^n-1)$ ist.

Man nennt so ein Polynom $g(x)$ ein primitives Polynom über $\mathbb{Z}_p$. Ist nun a eine (notwendigerweise in einem Erweiterungskörper von $\langle \mathbb{Z}_p,+,\cdot\rangle$ gelegene) Nullstelle von $g(x)$, so erfüllt $g(x)$ in Bezug auf a die oben angeführten Bedingungen 1. - 4.; aus 4. folgt speziell, daß a die multiplikative Ordnung p^n-1 hat. Wählt man $a^o,\ldots,a^{n-1}$ als Basis eines Vektorraumes über $\langle \mathbb{Z}_p,+,\cdot\rangle$, so erhält man wegen $g(a) = a^n - \sum_{i=0}^{n-1} \lambda_i a^i = 0$ für a^n die Darstellung

$a^n = \sum_{i=0}^{n-1} \lambda_i a^i$ und kann unschwer die weiteren Potenzen von a als Linearkombinationen dieser Basis bestimmen. Der erhaltene Vektorraum der Dimension n über $<\mathbb{Z}_p,+,\cdot>$ enthält genau die Elemente 0, a^0, ... , a^{p^n-2}; man überprüft leicht, daß er auch ein Körper ist.

Man kann auch zeigen, daß es in jedem Polynomring $\mathbb{Z}_p[x]$ primitive Polynome beliebigen Grades (größer 1) gibt, sodaß es laut obiger Konstruktion zu jeder Zahl p^n (p prim, $n\in\mathbb{N}$) Körper mit p^n Elementen gibt.

Beispiel:

Konstruktion eines Körpers mit $16 = 2^4$ Elementen:
Es gilt char K = 2, also P(K) = {0,1} und
$x^{15} - 1 = (x - 1)(x^2 + x + 1)(x^4 + x^3 + x^2 + x + 1)(x^4 + x + 1)(x^4 + x^3 + 1)$
ist die Zerlegung von $x^{15} - 1$ in unzerlegbare Faktoren über GF(2). Unter diesen Faktoren sind genau $x^4 + x + 1$ und $x^4 + x^3 + 1$ primitive Polynome (das Polynom $x^4 + x^3 + x^2 + x + 1$ ist Teiler von $x^5 - 1$, also nicht primitiv). Ist also a Nullstelle von $x^4 + x + 1$, so ist a primitives Element von GF(16) und es ergibt sich für die Elemente dieses Körpers folgende Darstellung:

$0 = 0$	(0,0,0,0)
$a^0 = 1$	(0,0,0,1)
$a^1 = a$	(0,0,1,0)
a^2	(0,1,0,0)
a^3	(1,0,0,0)
$a^4 = a + 1$	(0,0,1,1)
$a^5 = a^2 + a$	(0,1,1,0)
....	....
$a^{14} = a^3 + 1$	(1,0,0,1)

Die ebenso mögliche Auswahl einer Nullstelle von $x^4 + x^3 + 1$ hätte nicht zu einem anderen Körper geführt, sondern nur die Wahl einer anderen Basis von GF(16) als Vektorraum über GF(2) bedeutet. Es ist etwa a^7 Nullstelle von $x^4 + x^3 + 1$; die entsprechende Basis von GF(16) über GF(2) ist $\{a^0,a^7,a^{14},a^{21}\} = \{1,a^3+a+1,a^3+1,a^3+a^2\} = \{(0,0,0,1),(1,0,1,1),(1,0,0,1),(1,1,0,0)\}$. Einen Überblick über die primitiven Elemente von GF(16) und deren Minimalpolynome liefert die folgende Tabelle:

primitive Elemente	Minimalpolynome
a	$x^4 + x + 1$
a^2	$x^4 + x + 1$
a^4	$x^4 + x + 1$
a^7	$x^4 + x^3 + 1$

primitive Elemente	Minimalpolynome
a^8	$x^4 + x + 1$
a^{11}	$x^4 + x^3 + 1$
a^{13}	$x^4 + x^3 + 1$
a^{14}	$x^4 + x^3 + 1$

Zur späteren Verwendung in der Codierungstheorie behandeln wir noch

Minimalpolynome beliebiger Körperelemente:

Wie für primitive Elemente von $GF(p^n)$ *überlegt man, daß es zu jedem Element* b *aus* $GF(q^m)$ $(q = p^n!)$ *in* $GF(q)[x]$ *ein Minimalpolynom* $g(x)$ *gibt, d.h. ein Polynom kleinsten Grades mit Anfangskoeffizient* 1, *welches* b *als Nullstelle hat.* Dieses Polynom $g(x)$ erfüllt die Bedingungen 3. und 4. der Minimalpolynome primitiver Elemente sinngemäß: es ist in $GF(q)[x]$ unzerlegbar und teilt genau alle jene Polynome aus $GF(q)[x]$, die b als Nullstelle haben. Ist r die Ordnung von b in $\langle GF(q^m),\cdot\rangle$, so ist also $g(x)$ Teiler von $x^r - 1$, teilt aber keines der Polynome $x^k - 1$ $(1 \le k < r)$.

Sucht man ein Polynom minimalen Grades in $GF(q)[x]$, welches die Elemente $b_1,\dots,b_{d-1}$ unter seinen Nullstellen hat, so ist offensichtlich das kleinste gemeinsame Vielfache der Minimalpolynome von $b_1,\dots,b_{d-1}$ die Lösung. Man nennt dieses Polynom aus $GF(q)[x]$ das gemeinsame Minimalpolynom der Elemente $b_1,\dots,b_{d-1}$; da es zumindest d-1 Nullstellen hat, ist sein Grad wenigstens d-1. Aufgrund der Eigenschaften der Minimalpolynome von $b_1,\dots,b_{d-1}$ über $GF(q)$ ist das gemeinsame Minimalpolynom dieser Elemente das kgV von unzerlegbaren Faktoren von $x^r - 1$, wobei wir mit r das kgV der multiplikativen Ordnungen von $b_1,\dots,b_{d-1}$ bezeichnen. Da jedoch mehrere der Elemente $b_1,\dots,b_{d-1}$ dasselbe Minimalpolynom haben können, ist eine allgemeine Formel für den Grad des gemeinsamen Minimalpolynoms dieser Elemente nicht ohne Schwierigkeiten anzugeben. (kgV = kleinstes gemeinsames Vielfaches).

Beispiel:

Das gemeinsame Minimalpolynom der Elemente a, a^2, a^3 von GF(16) in der oben angeführten Darstellung ist

$$g(x) = \text{kgV}(x^4 + x + 1,\ x^4 + x + 1,\ x^4 + x^3 + x^2 + x + 1) = (x^4 + x + 1)(x^4 + x^3 + x^2 + x + 1) = x^8 + x^7 + x^6 + x^4 + 1.$$

Aufgaben

Aufgaben 1.-4. Untersuchen Sie, ob die durch die Menge M und die binäre Operation "*" angegebene Struktur eine Halbgruppe bzw. ein Monoid bzw. eine Gruppe ist.

1. $M = \{1,2,4,8\}$; $a*b = \frac{kgV(a,b)}{ggT(a,b)}$;
   kgV ... kleinstes gemeinsames Vielfaches;
   ggT ... größter gemeinsamer Teiler.

2. $M = \mathbb{R}\setminus\{-1\}$, $a*b = a+b+ab$

3. $M = \mathbb{Q}^+ \cup \{0\}$; $a*b = \frac{a+b}{1+ab}$ ($\mathbb{Q}^+$ ... positive rationale Zahlen)

4. $M = \mathbb{N}$; $a*b = ggT(a,b)$

5. Zeigen Sie: Eine Halbgruppe $\langle H,\cdot\rangle$ ist genau dann eine Gruppe, wenn sie ein linksneutrales Element e_1 mit $e_1\cdot a=a$ für alle $a\in H$ und zu jedem $a\in H$ ein linksinverses Element a_1 mit $a_1\cdot a = e_1$ enthält.

6. Zeigen Sie: Eine Halbgruppe $\langle H,\cdot\rangle$ ist genau dann eine Gruppe, wenn für alle $a,b\in H$ die Gleichungen $ax=b$ und $ya=b$ in H lösbar sind. Man zeige, daß die Lösungen dann eindeutig sind.

7. Eine Halbgruppe $\langle H,\cdot\rangle$ heißt "regulär", wenn in Gleichungen gekürzt werden darf, dh. wenn für alle $a,b,c\in H$ gilt: $a.b = a.c \Rightarrow b = c$ und $b.a = c.a \Rightarrow b = c$. Zeigen Sie: Jede endliche reguläre Halbgruppe ist eine Gruppe.

8. Zeigen Sie: In einer Gruppe gerader Ordnung sind mindestens zwei Elemente zu sich selbst invers.

9. Zeigen Sie, daß jede Gruppe $\langle G,\cdot\rangle$, in der $a^2=e$ für alle $a\in G$ gilt, kommutativ ist.

10. Für endliche Halbgruppen $\langle H,\cdot\rangle$ kann man die Operation "." übersichtlich in einer Operationstafel darstellen:

$\cdot$	h_1	h_2	...	h_n
h_1	h_1^2	h_1h_2	...	h_1h_n
h_2	h_2h_1	h_2h_2	...	h_2h_n
.	.	.	...	. .
.	.	.	...	. .
.	.	.	...	. .
h_n	h_nh_1	h_nh_2	...	h_n^2

Wie erkennt man aus einer solchen Operationstafel

a) das Vorhandensein eines neutralen Elementes in $\langle H,\cdot\rangle$

b) das Vorhandensein eines Nullelementes in $\langle H,\cdot\rangle$

c) das Vorhandensein eines Nullteilers in $\langle H,\cdot\rangle$

d) daß $\langle H,\cdot\rangle$ eine Gruppe ist ?

11. Ermitteln Sie die Darstellung der Permutation

$$\begin{pmatrix} 1 & 2 & 3 & 4 & 5 & 6 & 7 & 8 & 9 & 10 \\ 2 & 1 & 3 & 7 & 9 & 5 & 10 & 4 & 6 & 8 \end{pmatrix}$$

durch elementfremde Zyklen.

12. Es seien ρ,π Permutationen aus S_k. Zeigen Sie:
$\mathrm{sgn}(\rho\circ\pi) = \mathrm{sgn}\rho.\mathrm{sgn}\pi$.

13. Gegeben seien die Permutationen $\pi = (12435)$ und $\rho = (14)\circ(365)$. Bestimmen Sie $\mathrm{sgn}(\pi\circ\rho)$ direkt und durch Berechnung von $\pi\circ\rho$.

14. Bestimmen Sie alle Untergruppen von S_3 und S_5.

15. Zeigen Sie, daß die Menge aller Abbildungen aus $F(M)$, die eine Teilmenge T von M punktweise bzw. global festlassen (dh. für die gilt $f(t)=t\ \forall t\in T$ bzw. $f(T)=T$), eine Unterhalbgruppe von $\langle F(M),\circ\rangle$ bilden.

16. Zeigen Sie, daß die Menge aller Abbildungen aus $S(M)$, die $T\subseteq M$ punktweise bzw. global festlassen, eine Untergruppe von $\langle S(M),\circ\rangle$ bilden.

17. Zeigen Sie, daß jede nichtkommutative Gruppe $\langle G,\cdot\rangle$ nichttriviale (dh. von G und $\{1\}$ verschiedene) Untergruppen enthält.

18. Zeigen Sie, daß jede Untergruppe einer zyklischen Gruppe zyklisch ist. Gilt die analoge Aussage auch für Halbgruppen ?

19. Zeigen Sie, daß die durch $f(2n)=\bar{0}$, $f(2n+1)=\bar{3}$ $\forall n\in N$ definierte Abbildung $f:\langle \mathbb{N},\cdot\rangle \to \langle \mathbb{Z}_6,\cdot\rangle$ ein Halbgruppenhomomorphismus ist. Steht diese Aussage im Einklang zu $f(1)\neq\bar{1}$?

20. Bestimmen Sie alle Untergruppen der additiven Restklassengruppe $\langle \mathbb{Z}_8,+\rangle$. Welche Elemente sind erzeugende Elemente von $\langle \mathbb{Z}_8,+\rangle$?

21. Bestimmen Sie in $\langle \mathbb{Z}_n,\cdot\rangle$ die Nullteiler und die Elemente, zu denen ein inverses existiert.

22. Zeigen Sie: Die Menge $T=\{\bar{0},\bar{3},\bar{4},\bar{6},\bar{9}\}$ bildet eine Unterhalbgruppe des multiplikativen Restklassenmonoids $\langle \mathbb{Z}_{12},\cdot\rangle$. Bestimmen Sie alle Unterhalbgruppen von $\langle T,\cdot\rangle$. Sind auch Monoide darunter?

23. Welche Gestalt haben die von einem Element erzeugten Unterhalbgruppen einer endlichen Halbgruppe $\langle H,\cdot\rangle$?

24. Zeigen Sie,daß für ein endliches Monoid $\langle M,\cdot\rangle$ die Abb. $f:\langle M,\cdot\rangle \to \{0,1\}$ mit

$$f(x) = \begin{cases} 1 \text{ , falls } x^{-1} \text{ in } \langle M,\cdot\rangle \text{ existiert.} \\ 0 \text{ , sonst} \end{cases}$$

ein Halbgruppenhomomorphismus bezüglich der durch die Operationstafel

·	0	1
0	0	0
1	0	1

definierten Operation "." auf $\{0,1\}$ ist.

Hinweis: Beachten Sie das Resultat von Beispiel 23.

25. Bestimmen Sie alle Kongruenzen des Monoids $\langle \mathbb{Z}_4,.\rangle$.

26. Bestimmen Sie alle Kongruenzen Θ des Monoids $\langle \mathbb{Z}_6,\cdot\rangle$ für die $\bar{1}$ und $\bar{3}$ eigene (also einelementige) Kongruenzklassen bilden. Bilden Sie die entsprechende Faktorhalbgruppe $\mathbb{Z}_6/_{\Theta}$!

27. Sei $\langle G,\circ\rangle$ die Gruppe der Permutationen $\{id, (13), (24), (12)(34), (13)(24), (14)(23), (1234), (1432)\}$. Bestimmen Sie alle Normalteiler von $\langle G,\circ\rangle$.

28. Zerlegen Sie die prime Restklassengruppe modulo 14 in Linksnebenklassen nach der vom Element $\bar{3}$ erzeugten Untergruppe.

29. Zeigen Sie, daß die Automorphismen einer Halbgruppe bzw. Gruppe bezüglich der Operation "$\circ$" für Abbildungen eine Gruppe bilden.

30. Bestimmen Sie die Automorphismengruppe von $\langle \mathbb{Z}_8,+\rangle$.

31. Sei $\langle R,+,\cdot\rangle$ ein Ring. Zeigen Sie, daß $R\times R$ bezüglich der Operation
"+": $(a,b)+(c,d) = (a+c,b+d)$
".": $(a,b).(c,d) = (ac,bd)$
wieder ein Ring ist. Ermitteln Sie, ob die folgenden Eigenschaften beim Übergang von $\langle R,+,\cdot\rangle$ zu $\langle R\times R,+,\cdot\rangle$ erhalten bleiben:
    a) Kommutativität
    b) Existenz eines Einselements
    c) Nullteilerfreiheit

32. Zeigen Sie: Sind I und J Ideale von $\langle R,+,\cdot\rangle$, so ist $I\times J$ Ideal in $\langle R\times R,+,\cdot\rangle$ (siehe Beispiel 31)).

33. Bestimmen Sie den von $\{4,6\}$ bzw. allgemein den von $\{k,m\}$ erzeugten Unterring von $\langle \mathbb{Z},+,\cdot\rangle$.

34. Bestimmen Sie den vom Element $i=\sqrt{-1}$ erzeugten Unterring U des Körpers $\langle \mathbb{C},+,\cdot\rangle$. Ist U Unterkörper von $\langle \mathbb{C},+,\cdot\rangle$?

35. Zeigen Sie: Gilt in einem Ring $\langle R,+,\cdot\rangle$ $a^2=a$ für alle $a\in R$, so folgt
    a) $\langle R,+,\cdot\rangle$ ist kommutativ
    b) $a+a = 0 \quad \forall a\in R$.

36. Bestimmen Sie in einem kommutativen Ring $\langle R,+,\cdot\rangle$ das von einem beliebigen Element a erzeugte Ideal (dh. das kleinste a enthaltende Ideal).

37. Bestimmen Sie in $\langle \mathbb{Z},+,\cdot\rangle$ das von $n\in\mathbb{N}$ erzeugte Ideal (n) und den Faktorring $\mathbb{Z}/_{(n)}$.

38. Bestimmen Sie alle Ideale eines beliebigen Körpers $\langle K,+,\cdot\rangle$. Was folgt aus dem Ergebnis für die homorphen Bilder eines Körpers?

39. Bestimmen Sie für einen kommutativen Ring $\langle R,+,\cdot\rangle$ mit Einselement den von den konstanten Funktionen $f_c (c\in R)$ und der identischen Abbildung id_R erzeugten Untermodul von $\langle P_1(R),+,R\rangle$. Vergleichen Sie ihn mit dem von denselben Elementen erzeugten Unterring von $\langle P_1(R),+,.\rangle$.

40. Bestimmen Sie $L((0,2,1,2), (1,1,2,2), (1,2,2,1), (2,1,1,2))$ und eine Basis dieses Unterraumes
    a) in $\mathbb{R}^4$
    b) in $\mathbb{Z}_3^4$

41. Ermitteln Sie die Darstellung des Vektors $(1,3,5)$ als Linearkombination der Basis $\{(1,2,2), (3,1,0), (2,0,1)\}$ von $\mathbb{R}^3$.

42. Zeigen Sie: Die Vektoren $(1,2,3,4)$, $(2,0,3,4)$, $(2,0,0,1)$ und $(3,1,3,1)$ bilden eine Basis von $\mathbb{R}^4$. Bilden Sie daraus eine die Vektoren $(1,1,0,0)$ und $(0,1,1,0)$ enthaltende Basis von $\mathbb{R}^4$ (Austauschsatz von Steinitz).

43. Ergänzen Sie $\{(1,0,3,0),(2,1,2,0)\}$ zu einer Basis von $\mathbb{R}^4$. Geben Sie einen Komplementärraum zu $L((1,0,3,0), (2,1,2,0))$ in $\mathbb{R}^4$ an.

44. Zeigen Sie, daß die Abbildung $D:p(x) \to p'(x)$ eine lineare Abbildung von $R[x]$ auf $R[x]$ ist. ($\langle R,+,\cdot\rangle$ kommutativer Ring mit Einselement). Bestimmen Sie den Untermodul ker D von $\langle R[x],+,R\rangle$

45. Ebenso für die Abbildung $\varphi:R[x] \to R[x]$

$$p(x) \to p(x^2).$$

    In welcher Beziehung stehen $R[x]$ und $\varphi(R[x])$ zueinander?

46. Bestimmen Sie die in K gelegenen Nullstellen des Polynoms

$$x^3+2x^2+4x+3 \in K[x]$$

    a) für $k=\mathbb{R}$
    b) für $K=\mathbb{Z}_5$.

47. Ermitteln Sie mit Hilfe des Horner-Schemas den Wert des Polynoms x^3-x^2-x+1 an der Stelle 2 und seine Darstellung als Linearkombination der Polynome $1,(x-2),(x-2)^2,(x-2)^3$
    a) über $\mathbb{R}$
    b) über $\mathbb{Z}_3$.

48. Berechnen Sie mit Hilfe des verallgemeinerten Horner-Schemas den Rest von $x^5+x^4+2x^2+x+1$ bei Division durch x^2+x+1 über $\mathbb{R}$.

49. Bestimmen Sie ein Polynom $p(x) \in \mathbb{R}[x]$ mit $[p]=4$ und den Werten
$p(-3)=91$, $p(-2)=21$, $p(-1)=p(1)=3$, $p(0)=1$
a) mit Hilfe der Formel von Lagrange
b) mit Hilfe der Newton-Formel (Steigungsspiegel).

50. Ermitteln Sie mit Hilfe des Euklidischen Algorithmus
a) ggT(52.003, 29.716) in $\mathbb{Z}$
b) ggT $(x^5-2x^3-7x^2+14,\ x^5-2x^3+x^2-2)$ in $\mathbb{R}[x]$.

51. Ermitteln Sie eine Darstellung des Polynoms x^6-1 als Produkt unzerlegbarer Polynome
a) in $\mathbb{R}[x]$
b) in $\mathbb{Z}_2[x]$
c) in $\mathbb{Z}_3[x]$

52. Ermitteln Sie die primitiven Faktoren des Polynoms $x^{26}-1$ über GF(
konstruieren Sie GF(27).

Literatur

[1] G.Birkhoff - S.McLane : A survey of modern algebra.
Macmillan, New York - London 1965

[2] P.Deussen : Halbgruppen und Automaten .
(Heidelberger Taschenbücher,Band 99.) Springer-Verlag,
Berlin-Heidelberg-New York 1971

[3] G.Fischer - R.Sacher : Einführung in die Algebra.
Teubner, Stuttgart 1974

[4] J.B.Fraleigh : A first course in abstract algebra.
Addison-Wesley Publishing Company, Reading,Mass. 1971

[5] N.Jacobson : Lectures in abstract algebra I - Basic concepts.
van Nostrand , Princeton 1951

[6] R. Kochendörffer : Einführung in die Algebra.
DVW , Berlin 1974

[7] A.G.Kurosch: Vorlesungen über allgemeine Algebra.
B.G.Teubner, Leipzig 1964

[8] G.Lallement: Semigroups and combinatorial applications.
John Wiley & Sons, New York-Chichester-Brisbane-Toronto 1979

[9] E.Lamprecht: Einführung in die Algebra. (Uni-Taschenbücher Bd.739)
Birkhäuser-Verlag, Basel-Stuttgart 1978

[1o] R.Lingenberg: Lineare Algebra.
Bibliographisches Institut, Mannheim 1969

[11] W.W.Sawyer: Eine konkrete Einführung in die abstrakte Algebra.
(Hochschultaschenbücher Bd. 492/492a)
Bibliographisches Institut, Mannheim 197o

[12] H.Vieregge: Einführung in die klassische Algebra.
DVW, Berlin 1972

II. Lineare Algebra

Das folgende Kapitel ist endlichdimensionalen Vektorräumen $<V,+,K>$ und ihren linearen Abbildungen, insbesondere der Bestimmung von Urbildern, gewidmet.

1. Lineare Abbildungen und Matrizen

Isomorphie von $<V,+,K>$ mit $\dim_K V = n$ und K^n:

Die Elemente eines Vektorraums $<V,+,K>$ mit $\dim_K V = n$ lassen eine besonders einfache Beschreibung zu. Ist $B = \{\mathfrak{b}_1,\dots,\mathfrak{b}_n\}$ eine Basis von $<V,+,K>$, so definieren wir durch $\varphi(\mathfrak{b}_i) = \mathfrak{e}_i$, $i = 1,\dots,n$, eine lineare Abbildung φ von V in K^n; φ ist surjektiv, denn $\varphi(B) = \{\mathfrak{e}_1,\dots,\mathfrak{e}_n\}$ ist ein Erzeugendensystem von K^n. φ ist injektiv, denn es ist $\ker\varphi = \{\mathfrak{o}\}$: Für ein beliebiges $\mathfrak{x} \in \ker\varphi \subseteq V$ gilt nämlich

$$\mathfrak{x} = \sum_{i=1}^{n} \lambda_i \mathfrak{b}_i \quad \text{mit } \lambda_i \in K,$$

und

$$\varphi(\mathfrak{x}) = \varphi(\sum_{i=1}^{n} \lambda_i \mathfrak{b}_i) = \sum_{i=1}^{n} \lambda_i \varphi(\mathfrak{b}_i) = \sum_{i=1}^{n} \lambda_i \mathfrak{e}_i = \mathfrak{o};$$

da die $\mathfrak{e}_i$, $i = 1,\dots,n$, linear unabhängig sind, folgt daraus $\lambda_i = 0$, $i = 1,\dots,n$, also $\mathfrak{x} = \mathfrak{o}$. *Also ist* $<V,+,K>$ *isomorph zu* $<K^n,+,K>$, *jedes* $\mathfrak{x} \in V$ *mit einer Darstellung*

$$\mathfrak{x} = \sum_{i=1}^{n} x_i \mathfrak{b}_i$$

kann fortan mit dem n-*Tupel* $(x_1,\dots,x_n)$ *identifiziert werden.*

Matrizen als Beschreibung linearer Abbildungen:

Wir wollen nun zeigen, wie man eine beliebige lineare Abbildung φ von K^n in K^m mit Hilfe eines rechteckigen Schemas aus m.n Elementen aus K vollständig und eindeutig beschreiben kann. Wir betrachten K^n (Basis $\{\mathfrak{b}_1,\dots,\mathfrak{b}_n\}$) und K^m (Basis $\{\mathfrak{c}_1,\dots,\mathfrak{c}_m\}$) sowie eine lineare Abbildung φ von K^n in K^m. Die Bilder

$\varphi(\mathfrak{b}_1),\dots,\varphi(\mathfrak{b}_n)$ sind Elemente aus K^m und als solche als Linearkombinationen von $\mathfrak{c}_1,\dots,\mathfrak{c}_m$ mit eindeutig bestimmten Koeffizienten a_{ij} aus K darstellbar:

$$\varphi(\mathfrak{b}_j) = \sum_{i=1}^{m} a_{ij}\mathfrak{c}_i = a_{1j}\mathfrak{c}_1 + a_{2j}\mathfrak{c}_2 + \dots + a_{mj}\mathfrak{c}_m,\ j = 1,\dots,n$$

Das Bild eines Vektors $\mathfrak{x} = x_1\mathfrak{b}_1 + \dots + x_n\mathfrak{b}_n \in K^n$ ergibt sich daraus folgendermaßen:

$$\varphi(\mathfrak{x}) = \varphi(x_1\mathfrak{b}_1+\dots+x_n\mathfrak{b}_n) = x_1\varphi(\mathfrak{b}_1)+\dots+x_n\varphi(\mathfrak{b}_n) =$$
$$= x_1\sum_{i=1}^{m} a_{i1}\mathfrak{c}_i+\dots+x_n\sum_{i=1}^{m} a_{in}\mathfrak{c}_i = (\sum_{j=1}^{n} x_ja_{1j})\mathfrak{c}_1+\dots+(\sum_{j=1}^{n} x_ja_{mj})\mathfrak{c}_m\ .$$

$\varphi(\mathfrak{x})$ ist somit das m-Tupel

$$\begin{pmatrix} a_{11}x_1 + a_{12}x_2 + \dots + a_{1n}x_n \\ a_{21}x_1 + a_{22}x_2 + \dots + a_{2n}x_n \\ \dots\dots\dots\dots\dots\dots \\ a_{m1}x_1 + a_{m2}x_2 + \dots + a_{mn}x_n \end{pmatrix}$$

Die Elemente $a_{ij} \in K$, $i = 1,\dots,m$, $j = 1,\dots,n$, fassen wir zu einem rechteckigen Schema zusammen, das wir die der linearen Abbildung zugeordnete (m,n)-Matrix A nennen:

$$A = \begin{pmatrix} a_{11} & a_{12} & \dots & a_{1n} \\ a_{21} & a_{22} & \dots & a_{2n} \\ \dots & \dots & \dots & \dots \\ a_{m1} & a_{m2} & \dots & a_{mn} \end{pmatrix} = (a_{ij})_{\substack{i=1,\dots,m \\ j=1,\dots,n}}$$

Die a_{ij} heißen Elemente der Matrix, sie sind, wie man aus

$$\varphi(\mathfrak{b}_j) = \sum_{i=1}^{m} a_{ij}\mathfrak{c}_i$$

ersieht, von der Wahl der Basen in K^n bzw. K^m abhängig. Bei vorgegebener linearer Abbildung führt daher ein Basiswechsel in K^n oder K^m zu einer Änderung der zugeorndeten Matrix (diesen Umstand werden wir uns später zunutze machen). Bei festgewählten Basen $\{\mathfrak{b}_1,\dots,\mathfrak{b}_n\}$ bzw. $\{\mathfrak{c}_1,\dots,\mathfrak{c}_m\}$ ist umgekehrt jeder (m,n)-Matrix $A = (a_{ij})$ durch

$$\varphi(\mathfrak{b}_j) = \sum_{i=1}^{m} a_{ij}\mathfrak{c}_i$$

eindeutig eine lineare Abbildung $\varphi : K^n \to K^m$ zugeordnet, *es besteht also eine bijektive Zuordnung zwischen der Menge der linearen Abbildungen von* K^n *in* K^m

(*symbolisch* $L(K^n,K^m)$), *und der Menge der* (m,n)-*Matrizen* $\mathcal{M}_{m,n}(K)$.
$(a_{i1},a_{i2},\ldots,a_{in})$ *heißt* i-*ter* *Zeilenvektor* (i-*te Zeile*) *von* A,

$$\begin{pmatrix} a_{1j} \\ a_{2j} \\ \vdots \\ a_{mj} \end{pmatrix}$$ *heißt* j-*ter* *Spaltenvektor* (j-*te Spalte*) *von* A.

Die j-*te Spalte von* A *enthält die Komponenten von* $\varphi(\mathfrak{b}_j)$ *bezüglich der Basis* $\{\mathfrak{r}_1,\ldots,\mathfrak{r}_m\}$. *Die Anzahl der Spalten ist* $\dim_K K^n$, *die Anzahl der Zeilen* $\dim_K K^m$.
Die Matrix $0 = (a_{ij})$ mit $a_{ij} = 0$ für alle $i=1,\ldots,m$, $j=1,\ldots,n$,

$$\begin{pmatrix} 0 & 0 & \ldots & 0 \\ \ldots & \ldots & \ldots & \ldots \\ 0 & 0 & \ldots & 0 \end{pmatrix} = (0)_{m,n}$$

bezeichnen wir als Nullmatrix.

Beispiel:

Es sei $K^n = \mathbb{R}^2$ mit der Basis $\{\mathfrak{b}_1,\mathfrak{b}_2\} = \{(1,2),(0,1)\}$ und $K^m = \mathbb{R}^3$ mit der Basis $\{\mathfrak{r}_1,\mathfrak{r}_2,\mathfrak{r}_3\} = \{(0,2,-1),(1,1,1),(2,0,-3)\}$. Die lineare Abbildung φ ist gegeben durch $\varphi(1,2) = (1,1,0)$, $\varphi(0,1) = (-2,2,3)$. Man bestimme A.

Man berechnet :

$$\varphi(1,2) = (1,1,0) = a_{11}(0,2,-1) + a_{21}(1,1,1) + a_{31}(2,0,-3)$$

$$\varphi(0,1) = (-2,2,3) = a_{12}(0,2,-1) + a_{22}(1,1,1) + a_{32}(2,0,-3).$$

Daraus ergibt sich:

$$a_{11} = \frac{1}{6},\ a_{21} = \frac{2}{3},\ a_{31} = \frac{1}{6},\ a_{12} = \frac{5}{6},\ a_{22} = \frac{1}{3},\ a_{32} = -\frac{7}{6}$$

Somit ist

$$A = \begin{pmatrix} \frac{1}{6} & \frac{5}{6} \\ \frac{2}{3} & \frac{1}{3} \\ \frac{1}{6} & -\frac{7}{6} \end{pmatrix}$$

$L(K^n,K^m)$ als Vektorraum:

$L(K^n,K^m)$ bildet bezüglich der binären Operation +, definiert durch

$$\varphi + \psi : \mathfrak{x} \to \varphi(\mathfrak{x}) + \psi(\mathfrak{x}),$$

und einer für jedes $\lambda \in K$ durch

$$\lambda\varphi : \mathfrak{x} \to \lambda\varphi(\mathfrak{x}) \quad \forall\, \mathfrak{x} \in K^n$$

definierten Operation ω_λ einen Vektorraum über K, wie man leicht nachrechnet.

Komposition von linearen Abbildungen:

Wir betrachten nun K^n mit einer Basis $\{\mathfrak{e}_1,\dots,\mathfrak{e}_n\}$, K^m (Basis $\{\mathfrak{y}_1,\dots,\mathfrak{y}_m\}$) und K^p (Basis $\{\mathfrak{z}_1,\dots,\mathfrak{z}_p\}$) ; ferner lineare Abbildungen $\varphi : K^n \to K^m$ und $\psi : K^m \to K^p$. Die zusammengesetzte Abbildung

$$\psi \circ \varphi : K^n \longrightarrow K^p \quad \text{mit} \quad \mathfrak{x} \to \psi(\varphi(\mathfrak{x}))$$

ist dann wieder linear:

$$(\psi\circ\varphi)(\mathfrak{x}+\mathfrak{y}) = \psi(\varphi(\mathfrak{x}+\mathfrak{y})) = \psi(\varphi(\mathfrak{x})+\varphi(\mathfrak{y})) = (\psi\circ\varphi)(\mathfrak{x}) + (\psi\circ\varphi)(\mathfrak{y}).$$

Analog zeigt man

$$(\psi\circ\varphi)(\lambda\mathfrak{x}) = \lambda(\psi\circ\varphi)(\mathfrak{x}) .$$

Die Komposition $\circ$ ist assoziativ (vgl. Kapitel 0), daß die Distributivgesetze

$$\psi\circ(\varphi+\bar\varphi) = (\psi\circ\varphi) + (\psi\circ\bar\varphi) \quad \text{und} \quad (\psi+\bar\psi)\circ\varphi = (\psi\circ\varphi) + (\bar\psi\circ\varphi)$$

für $\varphi,\bar\varphi$ aus $L(K^n,K^m)$ und $\psi,\bar\psi$ aus $L(K^m,K^p)$ erfüllt sind, rechnet man leicht nach.

Für zwei beliebige Abbildungen $\varphi : K^n \to K^m$, $\psi : K^n \to K^m$ ist für $n \neq m$ die Komposition offenbar nicht möglich ; für $n = m$ können wir hingegen feststellen: *Die Menge der linearen Abbildungen* $L(K^n,K^n)$ *bildet einen Ring bezüglich* "+" *und* "$\circ$". Es existiert sogar ein neutrales Element bezüglich $\circ$, die identische Abbildung $\mathfrak{x} \to \mathfrak{x}$.

Den Operationen linearer Abbildungen entsprechend definieren wir nun Matrizenoperationen und erhalten zunächst den

Vektorraum der (m,n)-Matrizen:

Den Abbildungen $\varphi,\psi \in L(K^n,K^m)$ seien die Matrizen $A = (a_{ij})$ bzw. $B = (b_{ij})$, $i = 1,\dots,m$, $j = 1,\dots,n$, zugeordnet. Für $\mathfrak{x} = (x_1,\dots,x_n)$ ergibt sich dann das Bild $(\varphi+\psi)(\mathfrak{x})$ zu

$$\begin{aligned}\varphi(\mathfrak{x}) + \psi(\mathfrak{x}) &= \Big(\sum_{j=1}^{n} x_j a_{1j},\dots,\sum_{j=1}^{n} x_j a_{mj}\Big) + \Big(\sum_{j=1}^{n} x_j b_{1j},\dots,\sum_{j=1}^{n} x_j b_{mj}\Big) = \\ &= \Big(\sum_{j=1}^{n} x_j(a_{1j}+b_{1j}),\dots,\sum_{j=1}^{n} x_j(a_{mj}+b_{mj})\Big).\end{aligned}$$

Daraus lesen wir ab: *Die* $\varphi+\psi$ *zugeordnete Matrix* $A+B$ *ist*

$$A + B = \begin{pmatrix} a_{11} + b_{11} & a_{12} + b_{12} & \cdots & a_{1n} + b_{1n} \\ a_{21} + b_{21} & a_{22} + b_{22} & \cdots & a_{2n} + b_{2n} \\ \vdots & \vdots & & \vdots \\ a_{m1} + b_{m1} & a_{m2} + b_{m2} & \cdots & a_{mn} + b_{mn} \end{pmatrix}$$

Analog- nämlich elementweise - definiert man die Multiplikation einer Matrix A mit einem Element $\lambda \in K$, *die der Operation* ω_λ *in* $L(K^n,K^m)$ *entspricht:*

$$\lambda A = (\lambda a_{ij})_{\substack{i=1,\ldots,n \\ j=1,\ldots,m}}$$

Durch diese Definition der Matrizenoperationen wird die bijektive Zuordnung zwischen $L(K^n,K^m)$ und $\mathcal{M}_{m,n}(K)$ zu einem Isomorphismus und wir erhalten das Ergebnis: *Die Menge* $\mathcal{M}_{m,n}(K)$ *der (m,n)-Matrizen bildet bezüglich elementweiser Addition und* λ*-Multiplikation einen Vektorraum über dem Körper K, symbolisch:* $\langle \mathcal{M}_{m,n}(K),+,K \rangle$. Die Frage, welche zweistellige Operation in $\mathcal{M}_{m,n}(K)$ der Komposition von linearen Abbildungen entspricht, führt zur

Multiplikation von Matrizen:

Wie oben betrachten wir K^n, K^m und K^p mit den entsprechenden Basen, den linearen Abbildungen $\varphi : K^n \to K^m$ und $\psi : K^m \to K^p$ seien die Matrizen $A = (a_{ij})$ bzw. $B = (b_{ki})$, $i = 1,\ldots,m$, $j = 1,\ldots,n$, $k = 1,\ldots,p$, zugeordnet. Für die zusammengesetzte Abbildung gilt dann für alle $\mathfrak{e}_j \in \{\mathfrak{e}_1,\ldots,\mathfrak{e}_n\}$:

$$\psi(\varphi(\mathfrak{e}_j)) = \psi(\sum_{i=1}^{m} a_{ij}\mathfrak{y}_i) = \sum_{i=1}^{m} a_{ij}(\psi(\mathfrak{y}_i)) = \sum_{i=1}^{m} a_{ij}(\sum_{k=1}^{p} b_{ki}\mathfrak{z}_k) =$$
$$= \sum_{k=1}^{p}(\sum_{i=1}^{m} b_{ki}a_{ij})\mathfrak{z}_k .$$

Daraus folgt: *Der Komposition linearer Abbildungen entspricht die folgende Matrizenmultiplikation:*

$$C = (c_{kj}) = B.A = (\sum_{i=1}^{m} b_{ki}a_{ij})_{\substack{j=1,\ldots,n \\ k=1,\ldots,p}}$$

Man erkennt daraus, daß zwei Matrizen nur multipliziert werden können, wenn die Spaltenanzahl der ersten Matrix gleich der Zeilenanzahl der zweiten Matrix ist! (vgl.: $\psi\circ\varphi$ ist nur sinnvoll für $\varphi : K^n \to K^m$, $\psi : K^m \to K^p$).

Beispiel:

$$B = \begin{pmatrix} 1 & 2 \\ 3 & 4 \\ 5 & 6 \end{pmatrix}, \quad A = \begin{pmatrix} 7 & 8 \\ 9 & 0 \end{pmatrix}; \quad B.A = \begin{pmatrix} 1.7 + 2.9 & 1.8 + 2.0 \\ 3.7 + 4.9 & 3.8 + 4.0 \\ 5.7 + 6.9 & 5.8 + 6.0 \end{pmatrix}$$

Wie die Komposition linearer Abbildungen ist die Matrizenmultiplikation assoziativ und erfüllt die Distributivgesetze

$$(A+B).C = A.C + B.C \quad \text{und} \quad C.(A+B) = C.A + C.B \ .$$

Im speziellen Fall m = n ist das Produkt zweier Matrizen A,B aus $\mathcal{M}_{m,n}(K)$ wieder Element von $\mathcal{M}_{m,n}(K)$. Der identischen Abbildung entspricht die sogenannte Einheitsmatrix I_n als neutrales Element der Matrizenmultiplikation:

$$I_n = \begin{pmatrix} 1 & 0 & 0 & \dots & 0 \\ 0 & 1 & 0 & \dots & 0 \\ \dots & \dots & \dots & \dots & \dots \\ 0 & 0 & 0 & \dots & 1 \end{pmatrix}$$

Die Menge der (n,n)-Matrizen $\mathcal{M}_{n,n}(K)$ bildet also einen Ring mit Einselement bezüglich + und . , der laut Konstruktion isomorph ist zum Ring der linearen Abbildungen $\langle L(K^n,K^n),+,\circ \rangle$.

Im allgemeinen gilt $B.A \neq A.B$, d.h. die Matrizenmultiplikation ist nicht kommutativ.

Der Ring $\langle \mathcal{M}_{n,n}(K),+,. \rangle$ enthält Nullteiler, wie folgendes Beispiel zeigt:

Beispiel:

$$\begin{pmatrix} 1 & -2 & 4 \\ 3 & 1 & 5 \\ 2 & 4 & 0 \end{pmatrix} . \begin{pmatrix} 2 & 4 & -2 \\ -1 & -2 & 1 \\ -1 & -2 & 1 \end{pmatrix} = \begin{pmatrix} 0 & 0 & 0 \\ 0 & 0 & 0 \\ 0 & 0 & 0 \end{pmatrix}$$

2. Rang einer Matrix

Ist φ eine lineare Abbildung von K^n (Basis: $\{b_1,\dots,b_n\}$) in K^m (Basis: $\{r_1,\dots,r_m\}$), A die zu φ gehörige (m,n)-Matrix, so definiert man als Rang rg(A) der Matrix A die Dimension von $\varphi(K^n)$:

$$rg(A) = \dim_K \varphi(K^n)$$

Da die Spaltenvektoren $\mathfrak{s}_1,\dots,\mathfrak{s}_n$ von A die Bilder der Basisvektoren $b_1,\dots,b_n$ sind, folgt aus $rg(A) = \dim_K \varphi(K^n) = \dim L(\mathfrak{s}_1,\dots,\mathfrak{s}_n)$: *Der Rang von A ist gleich der Maximalzahl linear unabhängiger Spaltenvektoren von A* (rg(A) = "*Spaltenrang*").

An einer Matrix in Halbdiagonalform,
d.h. einer Matrix, in der alle Elemente unterhalb der Hauptdiagonale (die aus den Elementen a_{ii} besteht) *gleich Null sind:*

$$\begin{pmatrix} a_{11} & a_{12} & a_{13} & \dots & a_{1n} \\ 0 & a_{22} & a_{23} & \dots & a_{2n} \\ 0 & 0 & a_{33} & \dots & a_{3n} \\ \dots & \dots & \dots & \dots & \dots \\ 0 & 0 & 0 \dots & a_{mm} \dots & a_{mn} \end{pmatrix} \quad \text{bzw.} \quad \begin{pmatrix} a_{11} & a_{12} & a_{13} & \dots & & a_{1n} \\ 0 & a_{22} & a_{23} & \dots & & a_{2n} \\ 0 & 0 & a_{33} & \dots & & a_{3n} \\ \dots & \dots & \dots & \dots & \dots & \dots \\ 0 & 0 & 0 \dots & a_{kk} & \dots & a_{kn} \\ 0 & 0 & 0 & \dots & & 0 \\ \dots & \dots & \dots & \dots & \dots & \dots \\ 0 & 0 & 0 & \dots & & 0 \end{pmatrix}$$

kann man den Rang direkt ablesen, der Spaltenrang von A *ist gleich der Anzahl* k *der Elemente* $a_{ii} \neq 0$ *in der Hauptdiagonale:* Es seien $a_{ii} \neq 0$ für $i = 1,\dots,k$, $a_{ii} = 0$ für $i = k+1,\dots$; dann folgt aus $\lambda_1\mathfrak{s}_1 + \lambda_2\mathfrak{s}_2 + \dots + \lambda_k\mathfrak{s}_k = \mathfrak{o}$:

$$\begin{aligned} \lambda_1 a_{11} + \lambda_2 a_{12} + \dots + \lambda_k a_{1k} &= 0 \\ \lambda_2 a_{22} + \dots + \lambda_k a_{2k} &= 0 \\ \dots \\ \lambda_k a_{kk} &= 0 \;; \end{aligned}$$

wegen $a_{kk} \neq 0$ folgt daraus $\lambda_k = 0$ und sukzessiv $\lambda_{k-1} = 0,\dots,\lambda_1 = 0$; also sind $\mathfrak{s}_1,\dots,\mathfrak{s}_k$ linear unabhängig. Man rechnet leicht nach, daß $\mathfrak{s}_1,\dots,\mathfrak{s}_k,\mathfrak{s}_{k+1}$ und damit auch $\mathfrak{s}_1,\dots,\mathfrak{s}_k,\mathfrak{s}_{k+1},\dots,\mathfrak{s}_n$ linear abhängig sind.

Spaltenrang = Zeilenrang:

Die Maximalzahl linear unabhängiger Zeilenvektoren von A wird als Zeilenrang von A bezeichnet. Ist A eine Matrix in Halbdiagonalform mit genau $k = \text{rg}\, A$ Elementen $a_{ii} \neq 0$, $i = 1,\dots,k$, dann sind genau k Zeilenvektoren linear unabhängig (analoge Überlegung wie oben), es ist also der Spaltenrang von A gleich dem Zeilenrang von A.

Wir suchen nun nach einer Möglichkeit die Elemente einer beliebigen Matrix A so abzuändern, daß eine Matrix A' in der offenbar nützlichen Halbdiagonalform mit rg A' = rg A entsteht. Um den Rang von A nicht zu ändern, lassen wir die zu A gehörige Abbildung φ unverändert und wählen lediglich einfache Transformationen der Basisvektoren in K^n bzw. K^m, von denen A abhängt. Diese Transformationen bezeichnet man als

Elementare Umformungen:

1 *Multiplikation aller Elemente einer Spalte (Zeile) von* A *mit* $\lambda \in K$, $\lambda \neq 0$.

2 *Addition einer Spalte (Zeile) von* A *zu einer anderen Spalte (Zeile) von* A.

Also:

$$A = \begin{pmatrix} a_{11}\ldots a_{1j}\ldots a_{1n} \\ \ldots\ldots\ldots\ldots\ldots \\ a_{m1}\ldots a_{mj}\ldots a_{mn} \end{pmatrix} \overset{1}{\rightarrow} A' = \begin{pmatrix} a_{11}\ldots\lambda.a_{1j}\ldots a_{1n} \\ \ldots\ldots\ldots\ldots\ldots\ldots \\ a_{m1}\ldots\lambda.a_{mj}\ldots a_{mn} \end{pmatrix} \text{ bzw.:}$$

$$A = \begin{pmatrix} a_{11} \ldots a_{1n} \\ \ldots\ldots\ldots \\ a_{i1} \ldots a_{in} \\ \ldots\ldots\ldots \\ a_{m1} \ldots a_{mn} \end{pmatrix} \overset{1}{\rightarrow} A' = \begin{pmatrix} a_{11} \ldots a_{1n} \\ \ldots\ldots\ldots \\ \lambda.a_{i1}\ldots\lambda.a_{in} \\ \ldots\ldots\ldots \\ a_{m1} \ldots a_{mn} \end{pmatrix}$$

$$A = \begin{pmatrix} a_{11}\ldots a_{1j}\ldots a_{1n} \\ \ldots\ldots\ldots\ldots\ldots \\ a_{m1}\ldots a_{mj}\ldots a_{mn} \end{pmatrix} \overset{2}{\rightarrow} A' = \begin{pmatrix} a_{11}\ldots a_{1j} + a_{1k}\ldots a_{1n} \\ \ldots\ldots\ldots\ldots\ldots\ldots \\ a_{m1}\ldots a_{mj} + a_{mk}\ldots a_{mn} \end{pmatrix} \text{ bzw.:}$$

$$A = \begin{pmatrix} a_{11} \ldots a_{1n} \\ \ldots\ldots\ldots \\ a_{i1} \ldots a_{in} \\ \ldots\ldots\ldots \\ a_{m1} \ldots a_{mn} \end{pmatrix} \overset{2}{\rightarrow} A' = \begin{pmatrix} a_{11} \ldots a_{1n} \\ \ldots\ldots\ldots \\ a_{i1}+a_{11}\ldots a_{in}+a_{1n} \\ \ldots\ldots\ldots \\ a_{m1} \ldots a_{mn} \end{pmatrix}$$

Die elementaren Umformungen 1 bzw. 2 am j-ten Spaltenvektor von A, das ist $\varphi(\mathfrak{b}_j)$!, vorgenommen, bedeuten also einen Übergang von $\varphi(\mathfrak{b}_j)$ zu $\lambda.\varphi(\mathfrak{b}_j) = \varphi(\lambda.\mathfrak{b}_j)$ bzw. zu $\varphi(\mathfrak{b}_j) + \varphi(\mathfrak{b}_k) = \varphi(\mathfrak{b}_j + \mathfrak{b}_k)$. Die umgeformte Matrix gehört also zu den Basen $\{\mathfrak{b}_1,\ldots,\lambda.\mathfrak{b}_j,\ldots,\mathfrak{b}_n\}$ in K^n und $\{\mathfrak{v}_1,\ldots,\mathfrak{v}_m\}$ in K^m bzw. $\{\mathfrak{b}_1,\ldots,\mathfrak{b}_j + \mathfrak{b}_k,\ldots,\mathfrak{b}_n\}$ in K^n und $\{\mathfrak{v}_1,\ldots,\mathfrak{v}_m\}$ in K^m.

An der Abbildung φ selbst bzw. am Bild $\varphi(\mathfrak{x})$ eines beliebigen Vektors

$$\mathfrak{x} = \sum_{j=1}^{n} x_j\mathfrak{b}_j$$

aus K^n ändert sich nichts:

$$\varphi(\sum_{j=1}^{n} x_j\mathfrak{b}_j) = \sum_{j=1}^{n} x_j\varphi(\mathfrak{b}_j) = x_1\varphi(\mathfrak{b}_1) + \ldots + \frac{x_j}{\lambda}\varphi(\lambda\mathfrak{b}_j) + \ldots + x_n\varphi(\mathfrak{b}_n)$$

bzw.

$$\varphi(\sum_{j=1}^{n} x_j\mathfrak{b}_j) = \sum_{j=1}^{n} x_j\varphi(\mathfrak{b}_j) = x_1\varphi(\mathfrak{b}_1) + \ldots + x_j\varphi(\mathfrak{b}_j + \mathfrak{b}_k) + (x_k - x_j)\varphi(\mathfrak{b}_k) + \\ + \ldots + x_n\varphi(\mathfrak{b}_n)$$

Die elementaren Umformungen 1 bzw. 2 am i-ten Zeilenvektor von A vorgenommen, haben für $\mathfrak{y} = \varphi(\mathfrak{x})$ folgende Konsequenz: $\mathfrak{y} \in K^m$ besitzt eine

Darstellung bezüglich der Basis $\{\mathfrak{w}_1,\ldots,\mathfrak{w}_m\}$ von der Gestalt

$$\mathfrak{y} = \sum_{i=1}^{m} y_i\mathfrak{w}_i ;$$

aus

$$\mathfrak{y} = \varphi(\mathfrak{x}) = \sum_{j=1}^{n} x_j\varphi(\mathfrak{b}_j) = \sum_{j=1}^{n} x_j(\sum_{i=1}^{m} a_{ij}\mathfrak{w}_i) = \sum_{i=1}^{m} (\sum_{j=1}^{n} x_j \; a_{ij})\mathfrak{w}_i$$

folgt

$$a_{i1}x_1 + \ldots + a_{in}x_n = y_i .$$

1 bzw. 2 führen nun zu $\lambda a_{i1}x_1 + \ldots + \lambda a_{in}x_n = \lambda y_i$ bzw. $(a_{i1} + a_{11})x_1 + \ldots$ $\ldots + (a_{in} + a_{1n})x_n = y_i + y_1$, also λy_i bzw. $y_i + y_1$ als Koeffizienten von $\mathfrak{w}_i$ in der Basisdarstellung von $\mathfrak{y}$. Damit sieht die Darstellung von $\mathfrak{y}$ schließlich so aus:

$$\mathfrak{y} = y_1\mathfrak{w}_1 + y_2\mathfrak{w}_2 + \ldots + \lambda y_i \cdot (\frac{1}{\lambda}\mathfrak{w}_i) + \ldots + y_n\mathfrak{w}_n$$

bzw.

$$\mathfrak{y} = y_1\mathfrak{w}_1 + y_2\mathfrak{w}_2 + \ldots + (y_i + y_1)\cdot\mathfrak{w}_i + \ldots + y_1(\mathfrak{w}_1 - \mathfrak{w}_i) + \ldots + y_n\mathfrak{w}_n ;$$

die umgeformte Matrix gehört also zu den Basen $\{\mathfrak{b}_1,\ldots,\mathfrak{b}_n\}$ in K^n und $\{\mathfrak{w}_1,\ldots,\frac{1}{\lambda}\mathfrak{w}_i,\ldots,\mathfrak{w}_m\}$ in K^m bzw. $\{\mathfrak{b}_1,\ldots,\mathfrak{b}_n\}$ in K^n und $\{\mathfrak{w}_1,\ldots,\mathfrak{w}_1-\mathfrak{w}_i,\ldots,\mathfrak{w}_m\}$ in K^m, an der Abbildung φ bzw. am Bild $\mathfrak{y} = \varphi(\mathfrak{x})$ ändert sich nichts.

Aus den elementaren Umformungen 1 und 2 lassen sich die im folgenden wesentlichen Umformungen kombinieren ;

3 *Addition einer Linearkombination von Spalten* (*Zeilen*) *von* A *zu einer von diesen verschiedenen Spalte* (*Zeile*) *von* A (2 ist also ein Spezialfall von 3).

4 *Vertauschen zweier Spalten* (*Zeilen*) :

$$\begin{pmatrix} a_{11}\cdots a_{1j}\cdots a_{1\ell}\cdots a_{1n} \\ \cdots\cdots\cdots\cdots\cdots \\ a_{m1}\cdots a_{mj}\cdots a_{m\ell}\cdots a_{mn} \end{pmatrix} \overset{2}{\rightarrow} \begin{pmatrix} a_{11}\cdots a_{1j}\cdots a_{1\ell}+a_{1j}\cdots a_{1n} \\ \cdots\cdots\cdots\cdots\cdots \\ a_{m1}\cdots a_{mj}\cdots a_{m\ell}+a_{mj}\cdots a_{mn} \end{pmatrix} \overset{2}{\rightarrow}$$

$$\overset{2}{\rightarrow} \begin{pmatrix} a_{11}\cdots -a_{1\ell}\cdots a_{1\ell}+a_{1j}\cdots a_{1n} \\ \cdots\cdots\cdots\cdots\cdots \\ a_{m1}\cdots -a_{m\ell}\cdots a_{m\ell}+a_{mj}\cdots a_{mn} \end{pmatrix} \overset{2}{\rightarrow} \begin{pmatrix} a_{11}\cdots -a_{1\ell}\cdots a_{1j}\cdots a_{1n} \\ \cdots\cdots\cdots\cdots\cdots \\ a_{m1}\cdots -a_{m\ell}\cdots a_{mj}\cdots a_{mn} \end{pmatrix} \overset{1}{\rightarrow}$$

$$\overset{1}{\rightarrow} \begin{pmatrix} a_{11}\cdots a_{1\ell}\cdots a_{1j}\cdots a_{1n} \\ \cdots\cdots\cdots\cdots\cdots \\ a_{m1}\cdots a_{m\ell}\cdots a_{mj}\cdots a_{mn} \end{pmatrix}$$

Durch wiederholtes Anwenden der Umformungen 3 und 4 erhält man folgenden

Algorithmus zur Transformation einer Matrix auf Halbdiagonalform:

1.a) Falls $a_{11} = 0$, wählt man ein $a_{ij} \neq 0$; durch die elementare Umformung 4 bringt man a_{ij} in die Position von a_{11} (wir schreiben im folgenden a_{11} für dieses Element).

b) Es sei mit $\mathfrak{z}_k$, $k = 1,\dots,m$, der k-te Zeilenvektor von A bezeichnet ; man bildet

$$\mathfrak{z}_k - \mathfrak{z}_1 \cdot \frac{1}{a_{11}} a_{k1}, \quad k = 2,\dots,m \text{ (Umformung 3)};$$

dadurch "erzeugt man mit Hilfe der ersten Zeile Nullen in der ersten Spalte unterhalb der Hauptdiagonale" ; die so erhaltenen Matrixelemente bezeichnen wir mit $a'_{k\ell}$.

2. Schritt 1.a) und b) wird nun auf die Matrix

$$(a'_{k\ell})_{\substack{k=2,\dots,m \\ \ell=2,\dots,n}}$$

angewendet ; dadurch "erzeugt man mit Hilfe der zweiten Zeile Nullen in der zweiten Spalte unterhalb der Hauptdiagonale".

k.ter Schritt: Allgemein werden in der k-ten Spalte mit Hilfe der k-ten Zeile Nullen unterhalb der Hauptdiagonale erzeugt ; Ende des Algorithmus, wenn Halbdiagonalform erreicht ist.

Beispiel:

$$A = \begin{pmatrix} 0 & 1 & -1 & 4 \\ 1 & 2 & -2 & 2 \\ 1 & 1 & 3 & 0 \end{pmatrix} \xrightarrow{4} \begin{pmatrix} 1 & 2 & -2 & 2 \\ 0 & 1 & -1 & 4 \\ 1 & 1 & 3 & 0 \end{pmatrix} \xrightarrow{3} \begin{pmatrix} 1 & 2 & -2 & 2 \\ 0 & 1 & -1 & 4 \\ 0 & -1 & 5 & 2 \end{pmatrix} \xrightarrow{3} \begin{pmatrix} 1 & 2 & -2 & 2 \\ 0 & 1 & -1 & 4 \\ 0 & 0 & 4 & 6 \end{pmatrix}$$

Der Rang von A ist also 3.

3. Lineare Gleichungssysteme

Es sei φ eine lineare Abbildung von K^n in K^m mit der zugeordneten Matrix

$$A = (a_{ij})_{\substack{i=1,\dots,m \\ j=1,\dots,n}}$$

bezüglich der gegebenen Basen. Wir betrachten ein beliebiges festes $\mathfrak{y} = (y_1,\dots,y_m)$ aus K^m und fragen nach allen Urbildern von $\mathfrak{y}$, d.h. nach jenen $\mathfrak{x} = (x_1,\dots,x_n)$ aus K^n, für die gilt $\varphi(\mathfrak{x}) = \mathfrak{y}$:

$$(L_1)\qquad \begin{pmatrix} a_{11}x_1 + a_{12}x_2 + \dots + a_{1n}x_n = y_1 \\ a_{21}x_1 + a_{22}x_2 + \dots + a_{2n}x_n = y_2 \\ \dots\dots\dots\dots\dots\dots\dots\dots \\ a_{m1}x_1 + a_{m2}x_2 + \dots + a_{mn}x_n = y_m \end{pmatrix}$$

(L_1) *heißt lineares Gleichungssystem von* m *Gleichungen in* n *Unbekannten* $x_1,\dots,x_n$. Eine kurze Schreibweise für (L_1) in der Form

$$A.\mathfrak{x} = \mathfrak{y}$$

erhalten wir, wenn wir

$$\mathfrak{x} = \begin{pmatrix} x_1 \\ \vdots \\ x_n \end{pmatrix} \quad \text{bzw.} \quad \mathfrak{y} = \begin{pmatrix} y_1 \\ \vdots \\ y_m \end{pmatrix}$$

als (n,1)-Matrix bzw. (m,1)-Matrix auffassen und die Matrizenmultiplikation $A.\mathfrak{x}$ ausführen.

$A\mathfrak{x} = \mathfrak{y}$ *heißt für* $\mathfrak{y} \neq \mathfrak{o}$ *inhomogenes Gleichungssystem*, $A\mathfrak{x} = \mathfrak{o}$ *heißt homogenes Gleichungssystem.*

Lösbarkeit und Lösungsgesamtheit:

Das homogene Gleichungssystem $A\mathfrak{x} = \mathfrak{o}$ ist stets lösbar, es hat zumindest die triviale Lösung $\mathfrak{x} = \mathfrak{o}$. Da die Lösungsgesamtheit von $A\mathfrak{x} = \mathfrak{o}$ offenbar durch $\ker\varphi$ gegeben ist, reduziert sich die Aufgabe auf die Ermittlung einer Basis von $\ker\varphi$. Die Anzahl der Basiselemente erhält man aus

$$\dim_K(\ker\varphi) = \dim_K K^n - \dim_K \varphi(K^n) = n - \operatorname{rg} A ,$$

d.h. *die Anzahl der linear unabhängigen Lösungen von* $A\mathfrak{x} = \mathfrak{o}$ *ist gleich der Anzahl der Unbekannten minus dem Rang von* A.

Das inhomogene Gleichungssystem $A\mathfrak{x} = \mathfrak{y}$ mit $\mathfrak{y} \neq \mathfrak{o}$ ist genau dann lösbar, wenn $\mathfrak{y} \in \varphi(K^n)$ gilt. Das bedeutet (in der Notation von Abschnitt 2):

$$\mathfrak{y} \in \varphi(K^n) \Leftrightarrow \mathfrak{y} \in L(\varphi(\mathfrak{b}_1),\dots,\varphi(\mathfrak{b}_n)) \Leftrightarrow \mathfrak{y} \in L(\mathfrak{s}_1,\dots,\mathfrak{s}_n) \Leftrightarrow$$
$$\Leftrightarrow L(\mathfrak{s}_1,\dots,\mathfrak{s}_n) = L(\mathfrak{s}_1,\dots,\mathfrak{s}_n,\mathfrak{y}) ,$$

wobei $\mathfrak{s}_1,\dots,\mathfrak{s}_n$ die Spaltenvektoren der Matrix A sind. Daraus folgt

$$\operatorname{rg} A = \dim L(\mathfrak{s}_1,\dots,\mathfrak{s}_n) = \dim L(\mathfrak{s}_1,\dots,\mathfrak{s}_n,\mathfrak{y}) = \operatorname{rg}(A,\mathfrak{y}) ,$$

wobei wir mit $(A,\mathfrak{y})$ die Matrix mit den Spaltenvektoren $\mathfrak{s}_1,\dots,\mathfrak{s}_n,\mathfrak{y}$ bezeichnen:

$$(A,\mathfrak{y}) = \begin{pmatrix} a_{11} & a_{12} & \cdots & a_{1n} & y_1 \\ a_{21} & a_{22} & \cdots & a_{2n} & y_2 \\ \cdots & \cdots & \cdots & \cdots & \cdots \\ a_{m1} & a_{m2} & \cdots & a_{mn} & y_m \end{pmatrix}$$

Man nennt A die <u>Systemmatrix</u>, $(A,\mathfrak{y})$ die <u>erweiterte Systemmatrix</u> von $A\mathfrak{x} = \mathfrak{y}$. Das inhomogene Gleichungssystem $A\mathfrak{x} = \mathfrak{y}$ ist also genau dann lösbar, wenn die Systemmatrix und die erweiterte Systemmatrix denselben Rang haben.

Da φ als Homomorphismus eine Nebenklassenzerlegung von $\langle K^n,+\rangle$ nach dem Normalteiler $\ker\varphi$ induziert (vgl. Kapitel I.1, bzw. I.3) bedeutet das Aufsuchen der Lösung von $A\mathfrak{x} = \mathfrak{y}$ die Ermittlung jener Nebenklasse, deren Elemente auf $\mathfrak{y}$ abgebildet werden. *Also hat im Falle der Lösbarkeit von $A\mathfrak{x} = \mathfrak{y}$ die Lösungsgesamtheit die Gestalt $\mathfrak{x}_1 + \ker\varphi$, wobei $\mathfrak{x}_1$ eine beliebige spezielle Lösung von $A\mathfrak{x} = \mathfrak{y}$ ist.*

<u>Berechnung der Lösung mittels des Gaußschen Algorithmus'</u>:

Wir bringen die erweiterte Systemmatrix $(A,\mathfrak{y})$ mittels des oben beschriebenen Verfahrens auf Halbdiagonalform $(D,\mathfrak{z})$ mit

$$D = (d_{ij})_{\substack{i=1,\dots,m \\ j=1,\dots,n}}, \qquad \mathfrak{z} = \begin{pmatrix} z_1 \\ \vdots \\ z_m \end{pmatrix};$$

das ergibt ein neues Gleichungssystem

$$(L_2) \quad \begin{matrix} d_{11}x_1 + d_{12}x_2 + \cdots + d_{1n}x_n = z_1 \\ d_{22}x_2 + \cdots + d_{2n}x_n = z_2 \\ \cdots\cdots\cdots \\ d_{mm}x_m + \dots + d_{mn}x_n = z_n \end{matrix} \quad \text{bzw.} \quad \begin{matrix} d_{11}x_1 + d_{12}x_2 + \cdots + d_{1n}x_n = z_1 \\ d_{22}x_2 + \cdots + d_{2n}x_n = z_2 \\ \cdots\cdots\cdots \\ d_{kk}x_k + \dots + d_{kn}x_n = z_k \\ 0.x_k + \dots + 0.x_n = z_{k+1} \end{matrix}$$

alle weiteren Zeilen bis zur m-ten sind gleich Null.

(L_2) entsteht aus (L_1) durch mehrfaches Ausführen folgender Operationen:

1 Multiplikation einer Gleichung mit λ.

2 Addition zweier Gleichungen

Daher bewirkt der Übergang von (L_1) zu (L_2) keine Änderung der Lösung.

Für $k < m$ und $z_{k+1} \neq 0$ gilt $\operatorname{rg} D = k$, $\operatorname{rg}(D,\mathfrak{y}) = k+1$, also ist das Gleichungssystem unlösbar. Für $k = m$ oder $k < m$ und $z_{k+1} = 0$ ist $\operatorname{rg} D = k = \operatorname{rg}(D,\mathfrak{y})$, das Gleichungssystem ist also lösbar. Wir schreiben es dann in folgender Form an:

$$(L_3)\quad \begin{aligned} d_{11}x_1 + d_{12}x_2 + \dots + d_{1k}x_k &= z_1 - d_{1k+1}x_{k+1} - \dots - d_{1n}x_n \\ d_{22}x_2 + \dots + d_{2k}x_k &= z_2 - d_{2k+1}x_{k+1} - \dots - d_{2n}x_n \\ \dots\dots\dots&\dots\dots\dots\dots \\ d_{kk}x_k &= z_k - d_{kk+1}x_{k+1} - \dots - d_{kn}x_n \end{aligned}$$

Zu jeder Wahl von $(x_{k+1},\dots,x_n) \in K^{n-k}$ erhält man genau eine spezielle Lösung $\mathfrak{x}_1 = (x_1,x_2,\dots,x_k,x_{k+1},\dots,x_n)$ von (L_3) bzw. (L_1); dabei werden $x_k,x_{k-1},\dots,x_1$ sukzessiv von der letzten zur ersten Zeile fortschreitend berechnet.

Ebenso erhält man aus dem zugehörigen homogenen Gleichungssystem ($z_1 = z_2 = \dots = z_k = 0$ gesetzt) für jede Wahl von $(x_{k+1},\dots,x_n) \in K^{n-k}$ genau eine Lösung $(x_1,\dots,x_k,x_{k+1},\dots,x_n) \in \ker\varphi$; aus $\dim\ker\varphi = n-k$ folgt daher: *Wählt man für* $(x_{k+1},\dots,x_n)$ $n-k$ *linear unabhängige* $(n-k)$*-Tupel, so erhält man* $n-k$ *Basisvektoren* $\mathfrak{b}_1,\dots,\mathfrak{b}_{n-k}$ *(der Gestalt* $\mathfrak{b}_i = (x_1,\dots,x_k,x_{k+1},\dots,x_n)$, $i = 1,\dots,n-k$) *von* $\ker\varphi$. *Die Lösungen von* $A\mathfrak{x} = \mathfrak{y}$ *sind also genau die Vektoren* $\mathfrak{x}$ *der Gestalt*

$$\mathfrak{x} = \mathfrak{x}_1 + \lambda_1\mathfrak{b}_1 + \lambda_2\mathfrak{b}_2 + \dots + \lambda_{n-k}\mathfrak{b}_{n-k}$$

mit $\lambda_1,\lambda_2,\dots,\lambda_{n-k}$ *aus* K.

<u>Beispiel:</u>

$$(L_1)\quad \begin{aligned} 2x_1 + 3x_2 - x_3 + x_4 &= 5 \\ 4x_1 + 6x_2 - 3x_3 + 2x_4 &= 0 \\ 4x_1 + 3x_2 - x_3 - x_4 &= 4 \end{aligned} \qquad n = 4$$

$$(L_2)\quad \begin{aligned} 2x_1 + 3x_2 - x_3 + x_4 &= 5 \\ -3x_2 + x_3 - 3x_4 &= -6 \\ -x_3 &= -10 \end{aligned} \qquad \Rightarrow\ k = 3$$

$$(L_3)\quad \begin{aligned} 2x_1 + 3x_2 - x_3 &= 5 - x_4 \\ -3x_2 + x_3 &= -6 + 3x_4 \\ -x_3 &= -10 \end{aligned} \qquad \dim\ker\varphi = 1$$

Eine spezielle Lösung von (L_3) erhalten wir z.B. durch die Wahl $x_4 = 0$: $\mathfrak{x}_1 = (-\frac{1}{2}, \frac{16}{3}, 10, 0)$. Für eine Basis von $\ker\varphi$ wählen wir im zugehörigen homogenen Gleichungssystem

$$\begin{aligned} 2x_1 + 3x_2 - x_3 &= -x_4 \\ -3x_2 + x_3 &= 3x_4 \\ -x_3 &= 0 \end{aligned}$$

z.B. $x_4 = 1$ (wesentlich: $x_4 \neq 0$! Wir ermitteln ja eine Basis !). Das ergibt $\mathfrak{x} = (1,-1,0,1)$.

(L_1) hat daher als Lösung $\mathfrak{x} = (-\frac{1}{2}, \frac{16}{3}, 10, 0) + \lambda(1,-1,0,1)$.

4. Determinanten

Wir wollen uns nun mit dem Problem der eindeutigen Umkehrbarkeit linearer Abbildungen und den Eigenschaften der solchen Abbildungen zugeordneten Matrizen befassen. Offensichtlich ist eine lineare Abbildung $\varphi : K^n \to K^m$ (mit zugeordneter Matrix A) genau dann eindeutig umkehrbar, wenn die Gleichung $A\mathfrak{x} = \mathfrak{y}$ für jedes $\mathfrak{y} \in K^m$ genau eine Lösung $\mathfrak{x}$ in K^n hat. Nach Abschnitt 3. ist das genau dann der Fall, wenn gilt: $\ker\varphi = \{\mathfrak{o}\}$ und $\varphi(K^n) = K^m$, d.h.:

$$n = \dim_K(K^n) = \dim_K(\ker\varphi) + \operatorname{rg} A = \operatorname{rg} A = m.$$

Um die Umkehrbarkeit einer linearen Abbildung $\varphi : K^n \to K^n$ direkt aus der φ zugeordneten Matrix A erkennen zu können, suchen wir eine möglichst einfache (womöglich mit den Operationen des Vektorraums verträgliche) Funktion, die je n Vektoren aus K^n (im Spezialfall den n Spaltenvektoren von A) ein Element aus K zuordnet, und zwar das Element Null, falls die n Vektoren linear abhängig sind ($\operatorname{rg} A < n$, φ nicht eindeutig umkehrbar) und ein von Null verschiedenes Element, falls sie linear unabhängig sind ($\operatorname{rg} A = n$, φ eindeutig umkehrbar). Solche Funktionen nennen wir

Determinantenfunktionen $D[\mathfrak{x}_1,\dots,\mathfrak{x}_n]$ über K^n.

Sie werden (siehe oben) *charakterisiert durch*

1) $D[\mathfrak{x}_1,\dots,\mathfrak{x}_n] \neq 0$ *für jede Basis* $\mathfrak{x}_1,\dots,\mathfrak{x}_n$ *von* K^n.
2) $D[\mathfrak{x}_1,\dots,\mathfrak{x}_n] = 0$, *wenn* $\mathfrak{x}_1,\dots,\mathfrak{x}_n$ *linear abhängig sind:*
3) *Multilinearität:*

$$D[\mathfrak{x}_1,\dots,\mathfrak{x}_i+\bar{\mathfrak{x}}_i,\dots,\mathfrak{x}_n] = D[\mathfrak{x}_1,\dots,\mathfrak{x}_i,\dots,\mathfrak{x}_n] + D[\mathfrak{x}_1,\dots,\bar{\mathfrak{x}}_i,\dots,\mathfrak{x}_n]$$

$$D[\mathfrak{x}_1,\dots,\lambda\mathfrak{x}_i,\dots,\mathfrak{x}_n] = \lambda D[\mathfrak{x}_1,\dots,\mathfrak{x}_i,\dots,\mathfrak{x}_n] \quad \textit{für alle } i = 1,\dots,n.$$

(Zur Charakterisierung von $D[\mathfrak{x}_1,\dots,\mathfrak{x}_n]$ genügen an Stelle von 1) und 2) bereits die Bedingungen

1') $D[\mathfrak{x}_1,\dots,\mathfrak{x}_n] \neq 0$ für mindestens eine Basis $\mathfrak{x}_1,\dots,\mathfrak{x}_n$.
2') $D[\mathfrak{x}_1,\dots,\mathfrak{x}_n] = 0$, wenn zwei Argumente $\mathfrak{x}_i, \mathfrak{x}_j$ gleich sind.)

Wir fragen nun nach der

Darstellung der Determinantenfunktionen:

Eine lineare Abbildung ist eindeutig festgelegt durch ihre Wirkung auf eine

Basis, in ähnlicher Weise ist eine Determinantenfunktion D durch den Wert $D[\mathfrak{b}_1,\dots,\mathfrak{b}_n]$ bestimmt, wobei $\mathfrak{b}_1,\dots,\mathfrak{b}_n$ Basis ist. Sei nämlich $D[\mathfrak{e}_1,\dots,\mathfrak{e}_n]$ eine beliebige Determinantenfunktion,

$$\mathfrak{e}_1 = \sum_{\nu_1=1}^{n} x_{\nu_1 1}\mathfrak{b}_{\nu_1},\dots,\ \mathfrak{e}_n = \sum_{\nu_n=1}^{n} x_{\nu_n n}\mathfrak{b}_{\nu_n},$$

dann folgt aus der Multilinearität von D:

$$D[\mathfrak{e}_1,\dots,\mathfrak{e}_n] = D[\sum_{\nu_1=1}^{n} x_{\nu_1 1}\mathfrak{b}_{\nu_1},\dots,\sum_{\nu_n=1}^{n} x_{\nu_n n}\mathfrak{b}_{\nu_n}] =$$

$$= \sum_{\nu_1=1}^{n}\dots\sum_{\nu_n=1}^{n} x_{\nu_1 1}\cdots x_{\nu_n n}\, D[\mathfrak{b}_{\nu_1},\dots,\mathfrak{b}_{\nu_n}]$$

Sind in $D[\mathfrak{b}_{\nu_1},\dots,\mathfrak{b}_{\nu_n}]$ nicht alle $\mathfrak{b}_{\nu_i}$ verschieden, so ist

$$D[\mathfrak{b}_{\nu_1},\dots,\mathfrak{b}_{\nu_n}] = 0$$

nach 2). Es bleiben also nur die Summanden übrig, in denen $D[\mathfrak{b}_{\nu_1},\dots,\mathfrak{b}_{\nu_n}]$ für eine Permutation von $\mathfrak{b}_1,\dots,\mathfrak{b}_n$ steht, für die also eine Permutation $\pi \in S_n$ mit $\nu_i = \pi(i)$, $i = 1,\dots,n$, existiert. Wir erhalten daher

$$D[\mathfrak{e}_1,\dots,\mathfrak{e}_n] = \sum_{\pi\in S_n} x_{\pi(1)1}\cdots x_{\pi(n)n}\, D[\mathfrak{b}_{\pi(1)},\dots,\mathfrak{b}_{\pi(n)}].$$

Zu einer Umformung von $D[\mathfrak{b}_{\pi(1)},\dots,\mathfrak{b}_{\pi(n)}]$ benutzen wir die Eigenschaft der

Schiefsymmetrie der Determinantenfunktionen:

$$D[\mathfrak{e}_1,\dots,\mathfrak{e}_i,\dots,\mathfrak{e}_j,\dots,\mathfrak{e}_n] = -D[\mathfrak{e}_1,\dots,\mathfrak{e}_j,\dots,\mathfrak{e}_i,\dots,\mathfrak{e}_n]$$

(Das schließt man z.B. aus $D[\mathfrak{e}_1,\dots,\mathfrak{e}_i+\mathfrak{e}_j,\dots,\mathfrak{e}_i+\mathfrak{e}_j,\dots,\mathfrak{e}_n] = 0$ mittels 1) und 2)). Da (ij) eine Transposition ist und jede Permutation von n Ziffern als Produkt von Transpositionen darstellbar ist, erhält man schließlich

$$D[\mathfrak{e}_1,\dots,\mathfrak{e}_n] = D[\mathfrak{b}_1,\dots,\mathfrak{b}_n]\sum_{\pi\in S_n} \operatorname{sgn}\pi\cdot x_{\pi(1)1}\cdots x_{\pi(n)n}.$$

Beispiel:

$$D[\mathfrak{e}_1,\mathfrak{e}_2] = D[\sum_{i=1}^{2} x_{i1}\mathfrak{b}_i,\sum_{k=1}^{2} x_{k2}\mathfrak{b}_k] = D[x_{11}\mathfrak{b}_1+x_{21}\mathfrak{b}_2,\ x_{12}\mathfrak{b}_1+x_{22}\mathfrak{b}_2] =$$

$$= x_{11}x_{12}D[\mathfrak{b}_1,\mathfrak{b}_1] + x_{21}x_{12}D[\mathfrak{b}_2,\mathfrak{b}_1] + x_{11}x_{22}D[\mathfrak{b}_1,\mathfrak{b}_2] + x_{21}x_{22}D[\mathfrak{b}_2,\mathfrak{b}_2]$$

$$= (x_{11}x_{22} - x_{12}x_{21})D[\mathfrak{b}_1,\mathfrak{b}_2].$$

Mit Hilfe dieser Darstellung überlegt man leicht, daß durch jede Wahl einer Basis $\mathfrak{b}_1,\dots,\mathfrak{b}_n$ *aus* K^n *und eines dazugehörigen Wertes* $\lambda = D[\mathfrak{b}_1,\dots,\mathfrak{b}_n]$ *eine*

Determinantenfunktion eindeutig festgelegt ist. üblicherweise wählt man die kanonische Basis $\mathfrak{e}_1,\ldots,\mathfrak{e}_n$ *und* $D[\mathfrak{e}_1,\ldots,\mathfrak{e}_n] = 1$.

Betrachtet man nun als Argumente $\mathfrak{c}_1,\ldots,\mathfrak{c}_n$ von D insbesondere die Spaltenvektoren der Matrix A, (die zur Abbildung $\varphi : K^n \to K^n$ gehört), so kommt man zum Begriff der

<u>Determinante det A einer Matrix</u> $A = (a_{ij})_{\substack{i=1,\ldots,n\\ j=1,\ldots,n}}$

Ist $\mathfrak{b}_1,\ldots,\mathfrak{b}_n$ eine Basis von K^n, sind ferner

$$A\mathfrak{b}_j = \sum_{i=1}^{n} a_{ij}\mathfrak{b}_i\ ,\quad j = 1,\ldots,n,$$

die Bilder der Basis unter der zur Matrix A gehörigen Abbildung φ, so ist

$$D[A\mathfrak{b}_1,\ldots,A\mathfrak{b}_n] = D[\mathfrak{b}_1,\ldots,\mathfrak{b}_n]\sum_{\pi\in S_n} \operatorname{sgn}\pi\, a_{\pi(1)1}\cdots a_{\pi(n)n}\ .$$

Unter der Determinante von A, symbolisch det A, versteht man dann

$$\det A = \begin{vmatrix} a_{11} & \cdots & a_{1n}\\ \cdots & \cdots & \cdots \\ a_{n1} & \cdots & a_{nn}\end{vmatrix} = \frac{D[A\mathfrak{b}_1,\ldots,A\mathfrak{b}_n]}{D[\mathfrak{b}_1,\ldots,\mathfrak{b}_n]} = \sum_{\pi\in S_n} \operatorname{sgn}\pi\, a_{\pi(1)1}\cdots a_{\pi(n)n}$$

Offenbar ist für $\mathfrak{b}_i = \mathfrak{e}_i$, $i = 1,\ldots,n$, und $D[\mathfrak{e}_1,\ldots,\mathfrak{e}_n] = 1$ die Determinante der Matrix A gleich dem Wert der Determinantenfunktion der Spaltenvektoren von A.

<u>Beispiele:</u>

1) $\det A = \det(a_{11}) = a_{11}$.

2) $\det A = \begin{vmatrix} a_{11} & a_{12}\\ a_{21} & a_{22}\end{vmatrix}$; S_2 besteht aus zwei Permutationen, der Identität id mit sgn id = 1 und der Transposition $\pi = (1\ 2)$ mit $\operatorname{sgn}\pi = -1$. Daraus folgt:

$$\begin{vmatrix} a_{11} & a_{12}\\ a_{21} & a_{22}\end{vmatrix} = a_{11}a_{22} - a_{21}a_{12}\ .$$

Das ergibt eine einfache Merkregel für die Berechnung einer zweizeiligen Determinante: Produkt der Elemente der Hauptdiagonale minus Produkt der Elemente der "Nebendiagonale" (Diagonale von a_{1n} nach a_{n1} des quadratischen Schemas der a_{ij}) ; schematisch:

$$\overset{+}{}\begin{vmatrix} a_{11} & a_{12}\\ a_{21} & a_{22}\end{vmatrix}\overset{-}{}$$

3) $\det A = \begin{vmatrix} a_{11} & a_{12} & a_{13} \\ a_{21} & a_{22} & a_{23} \\ a_{31} & a_{32} & a_{33} \end{vmatrix}$;

S_3 besteht aus den Permutationen id, (1 3 2), (1 2 3), (1 3), (2 3),(1 2) mit Signum +1, +1, +1, -1, -1, -1 .

Damit erhält man:

$$\begin{vmatrix} a_{11} & a_{12} & a_{13} \\ a_{21} & a_{22} & a_{23} \\ a_{31} & a_{32} & a_{33} \end{vmatrix} = a_{11}a_{22}a_{33} + a_{31}a_{12}a_{23} + a_{21}a_{32}a_{13} - a_{31}a_{22}a_{13} - a_{11}a_{32}a_{23} - - a_{21}a_{12}a_{33} .$$

Das ergibt folgende

Merkregel von Sarrus

zur Berechnung dreizeiliger Determinanten, die sich, analog wie oben, schematisch so darstellen läßt:

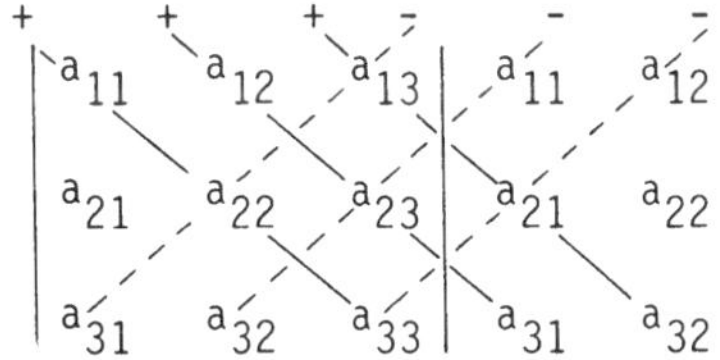

(Stark ausgezogene Linien: Produkte mit positiven Vorzeichen, strichlierte Linien: Produkte mit negativem Vorzeichen .)

Für n > 4 gibt es keine ähnlich einfachen Berechnungsmethoden für Determinanten! Wir betrachten daher im folgenden einige allgemeine

Verfahren zur Berechnung von Determinanten:

1) *Ist* $A = (a_{ij})$ *eine* (n,n)-*Matrix in Halbdiagonalform, so ist die Determinante von* A *gleich dem Produkt der Elemente in der Hauptdiagonale:*

$$\det A = \sum_{\pi \in S_n} \operatorname{sgn} \pi \ a_{\pi(1)1} \cdots a_{\pi(n)n} .$$

Ist π verschieden von der identischen Permutation id, so gibt es mindestens ein $i \in \{1,\dots,n\}$ mit $\pi(i) > i$. Für dieses i ist $a_{\pi(i)i} = 0$, somit $a_{\pi(1)1} \cdots a_{\pi(n)n} = 0$ für alle $\pi \neq$ id. Daraus folgt: $\det A = a_{11}a_{22} \cdots a_{nn}$.

2) *Transformiert man eine Matrix* A *auf Halbdiagonalform, so ändert die Determinante von* A *dabei höchstens das Vorzeichen:*

Eine Transformation auf Halbdiagonalform wird durch zwei Umformungen erreicht:

a) Addition einer Linearkombination von Spalten (Zeilen) von A zu einer von diesen verschiedenen Spalte (Zeile) von A. Da die Determinantenfunktion multilinear ist und bei Gleichheit zweier Argumente den Wert Null annimmt, ändert sich die Determinante von A bei dieser Umformung nicht.

b) k Spalten- oder Zeilenvertauschungen. Aus der Schiefsymmetrie der Determinantenfunktion folgt, daß sich die Determinante bei dieser Umformung von A um den Faktor $(-1)^k$ ändert.

Insgesamt gilt also für eine Matrix A und ihre Halbdiagonalform A':

$$\det A = (-1)^k \det A' .$$

3) *Multiplikationssatz für Determinanten*: $\det(A.B) = \det A . \det B$

Sind k Matrizen A_i, $i = 1,\ldots,k$, aus $\mathcal{M}_{n,n}(K)$ gegeben und ist die Determinante ihres Produktes,

$$\det(\prod_{i=1}^{k} A_i),$$

gesucht, so wäre es sehr mühsam, zunächst das Matrizenprodukt tatsächlich berechnen zu müssen. Im allgemeinen ist es einfacher,

$$\prod_{i=1}^{k} \det A_i$$

zu berechnen. Wir zeigen, daß

$$\det \prod_{i=1}^{2} A_i = \prod_{i=1}^{2} \det A_i$$

gilt; die Richtigkeit für $k > 2$ folgt durch vollständige Induktion.

Ist $\mathfrak{b}_1,\ldots,\mathfrak{b}_n$ eine Basis von K^n, sind weiters $A = (a_{ij})$, $B = (b_{ij})$ Matrizen, die zu den linearen Abbildungen φ bzw. ψ gehören, so gilt:

$$D[(A.B)\mathfrak{b}_1,\ldots,(A.B)\mathfrak{b}_n] = D[\varphi(\psi(\mathfrak{b}_1)),\ldots,\varphi(\psi(\mathfrak{b}_n))] =$$

$$= D[\varphi(\sum_{\nu_1=1}^{n} b_{\nu_1 1}\mathfrak{b}_{\nu_1}),\ldots,\varphi(\sum_{\nu_n=1}^{n} b_{\nu_n n}\mathfrak{b}_{\nu_n})] =$$

$$= D[\sum_{\nu_1=1}^{n} b_{\nu_1 1}\varphi(\mathfrak{b}_{\nu_1}),\ldots,\sum_{\nu_n=1}^{n} b_{\nu_n n}\varphi(\mathfrak{b}_{\nu_n})] =$$

$$= \sum_{\pi\in S_n} \operatorname{sgn}\pi \; b_{\pi(1)1}\cdots b_{\pi(n)n} \; D[\varphi(\mathfrak{b}_1),\ldots,\varphi(\mathfrak{b}_n)] =$$

$$= (\sum_{\pi\in S_n} \operatorname{sgn}\pi \; b_{\pi(1)1}\cdots b_{\pi(n)n}).(\sum_{\pi\in S_n} \operatorname{sgn}\pi \; a_{\pi(1)1}\cdots a_{\pi(n)n}) D[\mathfrak{b}_1,\ldots,\mathfrak{b}_n].$$

Daraus folgt:

$$\det(A.B) = \frac{D[(A.B)\mathfrak{b}_1,\ldots,(A.B)\mathfrak{b}_n]}{D[\mathfrak{b}_1,\ldots,\mathfrak{b}_n]} = \det A . \det B .$$

4) Ein anderes Berechnungsverfahren besteht darin, die Determinante (u.U. schrittweise) auf zwei- bzw. dreizeilige Determinanten zurückzuführen, genannt

der Entwicklungssatz von Laplace:

Wir bilden zur Matrix $A = (a_{ij})$ die Hilfsmatrix

$$A_{k\ell} = \begin{pmatrix} a_{11} & \dots & 0 & \dots & a_{1n} \\ \vdots & & & & \\ 0 & \dots & 1 & \dots & 0 \\ \vdots & & & & \\ a_{n1} & \dots & 0 & \dots & a_{nn} \end{pmatrix} \begin{matrix} \\ \\ k\text{-te Zeile,} \\ \\ \\ \end{matrix}$$

(mit 1 in der ℓ-ten Spalte)

d.h. wir ersetzen in A die ℓ-te Spalte durch

$$\begin{pmatrix} 0 \\ \vdots \\ 1 \\ \vdots \\ 0 \end{pmatrix} = \mathfrak{e}_k$$

und die k-te Zeile durch $(0,\dots,1,\dots,0)$, wobei 1 an der Stelle von $a_{k\ell}$ steht. Wir können nun die Berechnung von det A zunächst auf die Berechnung von det $A_{k\ell}$ zurückführen. Bezeichnen wir mit $\mathfrak{s}_1,\dots,\mathfrak{s}_n$ die Spalten von A, mit $\bar{\mathfrak{s}}_1,\dots,\bar{\mathfrak{s}}_n$ die Spalten von $A_{k\ell}$, so gilt

$$\begin{aligned} \det A_{k\ell} &= D[\bar{\mathfrak{s}}_1,\dots,\bar{\mathfrak{s}}_{\ell-1},\mathfrak{e}_k,\bar{\mathfrak{s}}_{\ell+1},\dots,\bar{\mathfrak{s}}_n] = \\ &= D[\bar{\mathfrak{s}}_1 + a_{k1}\mathfrak{e}_k,\dots,\bar{\mathfrak{s}}_{\ell-1} + a_{k\ell-1}\mathfrak{e}_k,\mathfrak{e}_k,\bar{\mathfrak{s}}_{\ell+1} + a_{k\ell+1}\mathfrak{e}_k,\dots,\bar{\mathfrak{s}}_n + a_{kn}\mathfrak{e}_k] = \\ &= D[\mathfrak{s}_1,\dots,\mathfrak{s}_{\ell-1},\mathfrak{e}_k,\mathfrak{s}_{\ell+1},\dots,\mathfrak{s}_n] . \end{aligned}$$

Daraus folgt:

$$\begin{aligned} \sum_{k=1}^{n} a_{ki} \det A_{k\ell} &= \sum_{k=1}^{n} a_{ki} D[\mathfrak{s}_1,\dots,\mathfrak{s}_{\ell-1},\mathfrak{e}_k,\mathfrak{s}_{\ell+1},\dots,\mathfrak{s}_n] = \\ &= D[\mathfrak{s}_1,\dots,\mathfrak{s}_{\ell-1},\sum_{k=1}^{n} a_{ki}\mathfrak{e}_k,\mathfrak{s}_{\ell+1},\dots,\mathfrak{s}_n] = \\ &= D[\mathfrak{s}_1,\dots,\mathfrak{s}_{\ell-1},\mathfrak{s}_i,\mathfrak{s}_{\ell+1},\dots,\mathfrak{s}_n] = \delta_{i\ell} \cdot \det A , \end{aligned}$$

mit $\underline{\delta_{i\ell}} = 1$ für $i = \ell$ und $\underline{\delta_{i\ell}} = 0$ sonst . Somit erhält man:

$$\det A = \sum_{k=1}^{n} a_{k\ell} \det A_{k\ell} .$$

Analog zeigt man:

$$\det A = \sum_{\ell=1}^{n} a_{k\ell} \det A_{k\ell} .$$

$\det A_{k\ell}$ wird auch algebraisches Komplement zu $a_{k\ell}$ genannt. Die Berechnung von $\det A_{k\ell}$ läßt sich nun auf die Berechnung einer $(n-1)$-zeiligen Determinante $\det S_{k\ell}$ zurückführen; dabei bezeichnet $S_{k\ell}$ jene $(n-1,n-1)$-Matrix, die aus A durch Streichung der k-ten Zeile und der ℓ-ten Spalte entsteht. Zwischen $A_{k\ell}$ und $S_{k\ell}$ besteht folgender Zusammenhang:

$$\det A_{k\ell} = (-1)^{k+\ell} . \det S_{k\ell} .$$

Dazu überlegt man zunächst, daß für $k = \ell = 1$ gilt: $\det A_{11} = \det S_{11}$.
Nun ist

$$\det A_{11} = \sum_{\pi \in S_n} \operatorname{sgn} \pi \; \delta_{\pi(1)1} a_{\pi(2)2} \cdots a_{\pi(n)n} ,$$

also treten nur Summanden auf, für die $\pi(1) = 1$ ist; daher ist

$$\det A_{11} = \sum_{\pi \in S_{n-1}} \operatorname{sgn} \pi \; a_{\pi(2)2} \cdots a_{\pi(n)n} = \det S_{11} .$$

Für $k \neq 1$ oder $\ell \neq 1$ muß man $(k-1)$-mal Zeilen und $(\ell-1)$-mal Spalten vertauschen, um auf die Gestalt "A_{11}" zu kommen; mit $(-1)^{k+\ell-2} = (-1)^{k+\ell}$ folgt also

$$\det A_{k\ell} = (-1)^{k+\ell} . \det S_{k\ell} .$$

Insgesamt erhalten wir also folgende rekursive Darstellungen von det A :

$$\det A = \sum_{k=1}^{n} a_{k\ell} \cdot (-1)^{k+\ell} . \det S_{k\ell}$$ (*Entwicklung von* det A *nach der* ℓ-*ten Spalte*).

$$\det A = \sum_{\ell=1}^{n} a_{k\ell} \cdot (-1)^{k+\ell} . \det S_{k\ell}$$ (*Entwicklung von* det A *nach der* k-*ten Zeile*).

Beispiel:

$$\det A = \begin{vmatrix} 3 & -2 & 0 & 1 \\ 1 & 4 & 0 & 5 \\ 2 & 1 & -1 & 1 \\ 3 & -4 & 0 & 2 \end{vmatrix}$$

Entwicklung von det A nach der 2. Zeile:

$$\det A = (-1) . 1 . \begin{vmatrix} -2 & 0 & 1 \\ 1 & -1 & 1 \\ -4 & 0 & 2 \end{vmatrix} + 4 . \begin{vmatrix} 3 & 0 & 1 \\ 2 & -1 & 1 \\ 3 & 0 & 2 \end{vmatrix} - 0 . \begin{vmatrix} 3 & -2 & 1 \\ 2 & 1 & 1 \\ 3 & -4 & 2 \end{vmatrix} + 5 . \begin{vmatrix} 3 & -2 & 0 \\ 2 & 1 & -1 \\ 3 & -4 & 0 \end{vmatrix}$$

Entwicklung von det A nach der 3. Spalte:

$$\det A = 0.\begin{vmatrix} 1 & 4 & 5 \\ 2 & 1 & 1 \\ 3 & -4 & 2 \end{vmatrix} - 0.\begin{vmatrix} 3 & -2 & 1 \\ 2 & 1 & 1 \\ 3 & -4 & 2 \end{vmatrix} + (-1).\begin{vmatrix} 3 & -2 & 1 \\ 1 & 4 & 5 \\ 3 & -4 & 2 \end{vmatrix} - 0.\begin{vmatrix} 3 & -2 & 1 \\ 1 & 4 & 5 \\ 2 & 1 & 1 \end{vmatrix} =$$

$$= - \begin{vmatrix} 3 & -2 & 1 \\ 1 & 4 & 5 \\ 3 & -4 & 2 \end{vmatrix} \quad !$$

Dieses Verfahren läßt sich verallgemeinern ; für $n > 4$ empfiehlt es sich, statt nach einer Spalte (Zeile) nach m Spalten (Zeilen, $m < n$) gleichzeitig zu entwickeln, um statt $(n-1)$-zeiligen gleich $(n-m)$-zeilige Determinanten zu erhalten.

Wir erläutern die dazu benötigten Begriffe am Beispiel einer 5-zeiligen Determinante:

$$\det A = \begin{vmatrix} a_{11} & a_{12} & a_{13} & a_{14} & a_{15} \\ a_{21} & a_{22} & a_{23} & a_{24} & a_{25} \\ a_{31} & a_{32} & a_{33} & a_{34} & a_{35} \\ a_{41} & a_{42} & a_{43} & a_{44} & a_{45} \\ a_{51} & a_{52} & a_{53} & a_{54} & a_{55} \end{vmatrix} ;$$

z.B.: Minor 2. Ordnung

$$\begin{vmatrix} a_{12} & a_{14} \\ a_{32} & a_{34} \end{vmatrix}$$

dazugehöriges algebraisches Komplement:

$$(-1)^{1+3+2+4} \cdot \begin{vmatrix} a_{21} & a_{23} & a_{25} \\ a_{41} & a_{43} & a_{45} \\ a_{51} & a_{53} & a_{55} \end{vmatrix}$$

Wir halten m Zeilen mit den Nummern $k_1,\dots,k_m$ fest (hier: $m = 2$, 1.u.3.Zeile) und "schneiden" sie mit je m der n Spalten mit den (nun variablen) Nummern $\ell_1,\dots,\ell_m$. Die (m,m)-Determinante, gebildet aus den Elementen a_{ij} in den "Schnittpunkten", heißt ein Minor m-ter Ordnung. Aus den verbleibenden Elementen, die weder in einer der m Zeilen, noch in einer der gerade benützten m Spalten stehen, bildet man eine $(n-m)$-zeilige Determinante und multipliziert sie mit

$$(-1)^{k_1+\dots+k_m+\ell_1+\dots+\ell_m} .$$

Man erhält so das zum jeweiligen Minor gehörige algebraische Komplement.

Bildet man nun alle möglichen Minoren a *zu den* m *festgehaltenen Zeilen, sowie ihre zugehörigen algebraischen Komplemente* α *und summiert man alle Produkte* $a.\alpha$, *so erhält man die Determinante von* A.

Beispiel:

$$\begin{vmatrix} 1 & 0 & 1 & -1 \\ 0 & 2 & 0 & 1 \\ 3 & 1 & 1 & 2 \\ 4 & 5 & 6 & -2 \end{vmatrix} \quad \text{wird entwickelt nach der 2. und 3.Zeile:}$$

$$= (-1)^{2+3+1+2} \cdot \begin{vmatrix} 0 & 2 \\ 3 & 1 \end{vmatrix} \begin{vmatrix} 1 & -1 \\ 6 & -2 \end{vmatrix} + (-1)^{2+3+1+3} \cdot \begin{vmatrix} 0 & 0 \\ 3 & 1 \end{vmatrix} \begin{vmatrix} 0 & -1 \\ 5 & -2 \end{vmatrix} + (-1)^{2+3+1+4} \begin{vmatrix} 0 & 1 \\ 3 & 2 \end{vmatrix} \begin{vmatrix} 0 & 1 \\ 5 & 6 \end{vmatrix} +$$

$$+ (-1)^{2+3+2+3} \cdot \begin{vmatrix} 2 & 0 \\ 1 & 1 \end{vmatrix} \begin{vmatrix} 1 & -1 \\ 4 & -2 \end{vmatrix} + (-1)^{2+3+2+4} \begin{vmatrix} 2 & 1 \\ 1 & 2 \end{vmatrix} \begin{vmatrix} 1 & 1 \\ 4 & 6 \end{vmatrix} + (-1)^{2+3+3+4} \cdot \begin{vmatrix} 0 & 1 \\ 1 & 2 \end{vmatrix} \begin{vmatrix} 1 & 0 \\ 4 & 5 \end{vmatrix}$$

Analog kann man auch nach m Spalten gleichzeitig entwickeln.

Wir kommen nun auf die eingangs erwähnte Fragestellung nach der eindeutigen Umkehrbarkeit einer linearen Abbildung zurück, also, wie oben festgestellt, auf die Frage, wann rg A = n ist: Das ist genau dann der Fall, wenn die Determinante von A ungleich Null ist. *Eine Matrix* A *mit* $\det A \neq 0$ *heißt reguläre Matrix. Ein Gleichungssystem* $A\cdot\mathfrak{x} = \mathfrak{y}$ *ist genau dann eindeutig lösbar, wenn* A *regulär ist.* Es existiert dann eine Matrix A^{-1} mit $\mathfrak{x} = I_n\mathfrak{x} = A^{-1}.A\mathfrak{x} = A^{-1}\mathfrak{y}$. Aus dem Multiplikationssatz für Determinanten folgt: Die regulären Matrizen aus $\mathcal{M}_{n,n}(K)$ bilden bezüglich der Matrizenmultiplikation eine Gruppe. Also ist A^{-1} die bezüglich der Matrizenmultiplikation eindeutig bestimmte inverse Matrix zu $A = (a_{ij})$ und es gilt $A^{-1}.A = A.A^{-1} = I_n$.

Die Bestimmung von A^{-1}

erfolgt mit Hilfe des Entwicklungssatzes: Bezeichnen wir die Elemente von A^{-1} zunächst mit b_{ij}, $i,j = 1,\ldots,n$, so folgt aus $A.A^{-1} = I_n$:

$$\left(\sum_{k=1}^{n} a_{ik}b_{kj}\right)_{\substack{i=1,\ldots,n \\ j=1,\ldots,n}} = (\delta_{ij})$$

Aus dem Entwicklungssatz

$$\delta_{ij}\det A = \sum_{k=1}^{n} a_{ik}\det A_{jk}$$

erhält man

$$\delta_{ij} = \sum_{k=1}^{n} a_{ik}\frac{\det A_{jk}}{\det A} \quad ;$$

nun folgt aus

$$\sum_{k=1}^{n} a_{ik}b_{kj} = \sum_{k=1}^{n} a_{ik} \frac{\det A_{jk}}{\det A}$$

wegen der Eindeutigkeit des inversen Elements:

$$b_{kj} = \frac{\det A_{jk}}{\det A}$$

Wir erhalten somit:

Zu einer (n,n)-*Matrix* $A = (a_{ij})$ *existiert dann und nur dann die zu* A *inverse Matrix* A^{-1}, *wenn* $\det A \neq 0$. A^{-1} *hat die Form*

$$A^{-1} = \left(\frac{\det A_{ji}}{\det A}\right).$$

Die Matrix mit den Elementen $\det A_{ji}$ nennt man die zu $A = (a_{ij})$ <u>adjungierte Matrix</u>.

<u>Beispiel</u>:

$$A = \begin{pmatrix} 3 & 1 & 0 \\ 2 & 1 & 1 \\ 1 & 1 & 5 \end{pmatrix}; \qquad \text{z.B. } a_{21} = 2, \det A_{21} = -\begin{vmatrix} 1 & 0 \\ 1 & 5 \end{vmatrix} = -5$$

$$\text{adjungierte Matrix: } \begin{pmatrix} 4 & -5 & 1 \\ -9 & 15 & -3 \\ 1 & -2 & 1 \end{pmatrix}; \ \det A = 3; \quad A^{-1} = \begin{pmatrix} \frac{4}{3} & -\frac{5}{3} & \frac{1}{3} \\ -3 & 5 & -1 \\ \frac{1}{3} & -\frac{2}{3} & \frac{1}{3} \end{pmatrix}$$

Achtung: Bildet man zu jedem a_{ij} das algebraische Komplement $\det A_{ij}$ und daraus die Matrix $(\det A_{ij})$, so muß man erst Zeilen und Spalten vertauschen um zur adjungierten Matrix $(\det A_{ji})$ zu kommen!

Dieser Sachverhalt ist ein Spezialfall des folgenden Begriffs:

<u>Transponierte Matrix</u>:

Schreibt man die Spalten einer (m,n)-*Matrix* A *als Zeilen einer neuen* (n,m)-*Matrix* A^T *an, so heißt* A^T *die zu* A <u>*transponierte Matrix*</u>; ist $A = (a_{ij})$, so ist $A^T = (a_{ji})$, also:

$$A = \begin{pmatrix} a_{11} & a_{12} & \cdots & a_{1n} \\ a_{21} & a_{22} & \cdots & a_{2n} \\ \cdots & \cdots & \cdots & \cdots \\ a_{m1} & a_{m2} & \cdots & a_{mn} \end{pmatrix}; \quad A^T = \begin{pmatrix} a_{11} & a_{21} & \cdots & a_{m1} \\ a_{12} & a_{22} & \cdots & a_{m2} \\ \cdots & \cdots & \cdots & \cdots \\ a_{1n} & a_{2n} & \cdots & a_{mn} \end{pmatrix}$$

Beispiel:

$$A = \begin{pmatrix} 1 & 0 \\ 2 & 3 \\ 4 & -5 \end{pmatrix} ; \quad A^T = \begin{pmatrix} 1 & 2 & 4 \\ 0 & 3 & -5 \end{pmatrix}$$

Offenbar gilt $(A^T)^T = A$.

Aus der Bemerkung "Spaltenrang = Zeilenrang" folgt weiters, daß gilt:

$$\operatorname{rg} A = \operatorname{rg} A^T .$$

Für (n,n)-Matrizen gilt $\det A^T = \det A$;

denn zu jedem $\pi \in S_n$ gibt es ein $\rho \in S_n$ mit

$$\begin{pmatrix} 1 & \ldots & n \\ \pi(1) & \ldots & \pi(n) \end{pmatrix} = \begin{pmatrix} \rho(1) & \ldots & \rho(n) \\ 1 & \ldots & n \end{pmatrix} ,$$

also folgt

$$\det A^T = \sum_{\pi \in S_n} \operatorname{sgn} \pi \; a_{1\pi(1)} \cdots a_{n\pi(n)} = \sum_{\rho \in S_n} \operatorname{sgn} \rho \; a_{\rho(1)1} \cdots a_{\rho(n)n} = \det A.$$

Die praktische Berechnung der Lösung oben erwähnten Gleichungssystems $A\mathfrak{x} = \mathfrak{y}$ mit $\det A \neq 0$ ergibt sich nun aus $\mathfrak{x} = A^{-1}\mathfrak{y}$, bekannt als

Cramersche Regel:

Schreiben wir

$$\mathfrak{x} = \begin{pmatrix} x_1 \\ \vdots \\ x_n \end{pmatrix} \quad \text{und } \mathfrak{y} = \begin{pmatrix} y_1 \\ \vdots \\ y_n \end{pmatrix} ,$$

so folgt aus $\mathfrak{x} = A^{-1}\mathfrak{y}$ für $i = 1,\ldots,n$:

$$x_i = \frac{\det A_{1i}}{\det A} y_1 + \frac{\det A_{2i}}{\det A} y_2 + \ldots + \frac{\det A_{ni}}{\det A} y_n = \frac{1}{\det A} \sum_{k=1}^{n} y_k \det A_{ki} .$$

$\sum_{k=1}^{n} y_k \det A_{ki}$ stellt die Entwicklung folgender Determinante nach der i-ten Spalte dar:

$$\begin{array}{c} \text{i-te Spalte} \\ \downarrow \\ \begin{vmatrix} a_{11} & \cdots & y_1 & \cdots & a_{1n} \\ \vdots & & & & \\ a_{n1} & \cdots & y_n & \cdots & a_{nn} \end{vmatrix} \end{array}$$

Also: *Die i-te Komponente* x_i *des Lösungsvektors* $\mathfrak{x}$ *des linearen Gleichungssystems* $A\mathfrak{x} = \mathfrak{y}$ *mit* $\det A \neq 0$ *erhält man, indem man in der Determinante von*

A *die* i-*te Spalte durch* $\mathfrak{y}$ *ersetzt und diese Determinante durch* det A *dividiert.*

Ein schematisches Verfahren zur Berechnung von A^{-1},

das besonders für (n,n)-Matrizen mit großem n effizient ist, beruht auf folgenden Überlegungen:

1) Bekanntlich wird in einem Gleichungssystem $A\mathfrak{x} = \mathfrak{y}$ bei Anwendung des Gaußschen Algorithmus' die Matrix $(A,\mathfrak{y})$ durch Transformation der Zeilen auf Halbdiagonalform $(D,\mathfrak{z})$ gebracht. Durch Fortsetzen dieser Transformationen erzeugt man in D nun auch oberhalb der Hauptdiagonale Nullen. Die i-te Zeile des Gleichungssystems hat dann die Form $d_{ii}x_i = u_i$, $i = 1,\dots,n$. Dividiert man noch durch d_{ii}, so kann man schließlich die Lösung direkt ablesen, in der i-ten Zeile steht

$$x_i = \frac{u_i}{d_{ii}} = v_i, \quad i = 1,\dots,n .$$

2) Wir verallgemeinern nun diesen Algorithmus auf die simultane Lösung von n Gleichungssystemen $A\mathfrak{x}_1 = \mathfrak{y}_1,\dots,A\mathfrak{x}_n = \mathfrak{y}_n$. Dabei wird aus dem Matrizenprodukt $A\mathfrak{x} = \mathfrak{y}$ mit den (n,1)-Matrizen $\mathfrak{x}$ und $\mathfrak{y}$ das Matrizenprodukt $AX = Y$, worin X und Y (n,n)-Matrizen mit den Spalten $\mathfrak{x}_1,\dots,\mathfrak{x}_n$ bzw. $\mathfrak{y}_1,\dots,\mathfrak{y}_n$ sind. Die Matrix $(A,\mathfrak{y})$ wird durch (A,Y), eine (n,2n)-Matrix, in der zuerst die Spalten von A, dann die von Y nebeneinanderstehen, ersetzt. Führt man nun die analogen Transformationen zu Punkt 1) durch, so erhält man direkt die Matrix X : X = V.

3) Setzen wir nun $Y = I_n$, so liefert der beschriebene Algorithmus die Lösung der Matrizengleichung $A.X = I_n$, d.h. $X = A^{-1}$.

Beispiel:

$$A = \begin{pmatrix} 1 & 2 & 0 \\ 0 & 1 & 2 \\ 2 & 0 & 2 \end{pmatrix}$$

$$\left(\begin{array}{ccc|ccc} 1 & 2 & 0 & 1 & 0 & 0 \\ 0 & 1 & 2 & 0 & 1 & 0 \\ 2 & 0 & 2 & 0 & 0 & 1 \end{array}\right) \to \left(\begin{array}{ccc|ccc} 1 & 2 & 0 & 1 & 0 & 0 \\ 0 & 1 & 2 & 0 & 1 & 0 \\ 0 & -4 & 2 & -2 & 0 & 1 \end{array}\right) \to \left(\begin{array}{ccc|ccc} 1 & 2 & 0 & 1 & 0 & 0 \\ 0 & 1 & 2 & 0 & 1 & 0 \\ 0 & 0 & 10 & -2 & 4 & 1 \end{array}\right) \to$$

$$\to \left(\begin{array}{ccc|ccc} 1 & 2 & 0 & 1 & 0 & 0 \\ 0 & 1 & 0 & \frac{2}{5} & \frac{1}{5} & -\frac{1}{5} \\ 0 & 0 & 10 & -2 & 4 & 1 \end{array}\right) \to \left(\begin{array}{ccc|ccc} 1 & 0 & 0 & \frac{1}{5} & -\frac{2}{5} & \frac{2}{5} \\ 0 & 1 & 0 & \frac{2}{5} & \frac{1}{5} & -\frac{1}{5} \\ 0 & 0 & 10 & -2 & 4 & 1 \end{array}\right) \to \left(\begin{array}{ccc|ccc} 1 & 0 & 0 & \frac{1}{5} & -\frac{2}{5} & \frac{2}{5} \\ 0 & 1 & 0 & \frac{2}{5} & \frac{1}{5} & -\frac{1}{5} \\ 0 & 0 & 1 & -\frac{1}{5} & \frac{2}{5} & \frac{1}{10} \end{array}\right)$$

Damit ist also

$$A^{-1} = \begin{pmatrix} \frac{1}{5} & -\frac{2}{5} & \frac{2}{5} \\ \frac{2}{5} & \frac{1}{5} & -\frac{1}{5} \\ -\frac{1}{5} & \frac{2}{5} & \frac{1}{10} \end{pmatrix}$$

Bemerkung:

Der "erweiterte Gaußsche Algorithmus", der in Punkt 1) beschrieben ist, kann natürlich auch zur Lösung beliebiger Gleichungssysteme $A\mathfrak{x} = \mathfrak{y}$ mit (m,n)-Matrizen A verwendet werden. Dabei werden in der Systemmatrix D von (L_3) (Abschnitt 3) oberhalb der Hauptdiagonale Nullen erzeugt und man erhält zunächst

$$\begin{aligned} d_{11}x_1 &= u_1 + e_{1k+1}x_{k+1} + \dots + e_{1n}x_n \\ d_{22}x_2 &= u_2 + e_{2k+1}x_{k+1} + \dots + e_{2n}x_n \\ &\dots\dots\dots\dots\dots\dots\dots\dots \\ d_{kk}x_k &= u_k + e_{kk+1}x_{k+1} + \dots + e_{kn}x_n, \qquad k = \text{rg } D \end{aligned}$$

und nach Division durch d_{ii} für $i = 1,\dots,k$;

$$\begin{aligned} x_1 &= v_1 + f_{1k+1}x_{k+1} + \dots + f_{1n}x_n \\ x_2 &= v_2 + f_{2k+1}x_{k+1} + \dots + f_{2n}x_n \\ &\dots\dots\dots\dots\dots\dots\dots\dots \\ x_k &= v_k + f_{kk+1}x_{k+1} + \dots + f_{kn}x_n . \end{aligned}$$

Hier ist die (n-k)-parametrige Lösung von $A\mathfrak{x} = \mathfrak{y}$ mit den Parametern $x_{k+1},\dots,x_n$ direkt abzulesen.

5. Skalarprodukt und Orthogonalität

Bekanntlich nennt man zwei Gerade des Raumes $\mathbb{R}^3$ orthogonal, wenn sie zueinander senkrecht stehen. Zur mathematischen Beschreibung der damit verbundenen Sachverhalte erklärt man den Begriff "orthogonal" nun für die Richtungsvektoren der Geraden, allgemeiner für zwei beliebige Vektoren $\mathfrak{x}, \mathfrak{y}$ des Vektorraumes $<\mathbb{R}^3,+,\mathbb{R}>$, und zwar in abstrakter Form: Man definiert ein "inneres Produkt" oder "Skalarprodukt" $<\mathfrak{x},\mathfrak{y}>$ von $\mathfrak{x}$ und $\mathfrak{y}$ durch $<\mathfrak{x},\mathfrak{y}> = x_1y_1 + x_2y_2 + x_3y_3$ und nennt $\mathfrak{x}$ und $\mathfrak{y}$ orthogonal, wenn das Skalarprodukt $<\mathfrak{x},\mathfrak{y}>$ gleich Null ist. Man kann zeigen, daß diese Definition mit der eingangs genannten geometrischen Interpretation übereinstimmt.

Die abstrakte Definition der Orthogonalität von Vektoren $\mathfrak{x}$ und $\mathfrak{y}$ kann nun für beliebige Vektorräume gegeben werden. Wir wollen damit zusammenhängende

Eigenschaften der Vektorräume im folgenden untersuchen.

Es sei $<K^n,+,K>$ ein Vektorraum mit der kanonischen Basis $\mathfrak{e}_1,\dots,\mathfrak{e}_n$.
Wir betrachten zwei Vektoren $\mathfrak{x},\mathfrak{y}$ aus K^n, die bezüglich dieser Basis die Darstellung $\mathfrak{x} = (x_1,\dots,x_n)$, $\mathfrak{y} = (y_1,\dots,y_n)$ haben.

Dann nennen wir die Abbildung $f\colon K^n \times K^n \to K$, *symbolisch* $f(\mathfrak{x},\mathfrak{y}) = <\mathfrak{x},\mathfrak{y}>$, *mit*

$$<\mathfrak{x},\mathfrak{y}> = \sum_{i=1}^{n} x_i y_i = (x_1,\dots,x_n)\cdot\begin{pmatrix} y_1 \\ \vdots \\ y_n \end{pmatrix}$$

ein "Skalarprodukt" auf dem Vektorraum K^n.

Es hat folgende Eigenschaften, wie man leicht nachrechnet.

1.a) $<\mathfrak{x}_1+\mathfrak{x}_2,\mathfrak{y}> = <\mathfrak{x}_1,\mathfrak{y}> + <\mathfrak{x}_2,\mathfrak{y}>$
b) $<\mathfrak{x},\mathfrak{y}_1+\mathfrak{y}_2> = <\mathfrak{x},\mathfrak{y}_1> + <\mathfrak{x},\mathfrak{y}_2>$
2.a) $<\lambda\mathfrak{x},\mathfrak{y}> = \lambda<\mathfrak{x},\mathfrak{y}>$
b) $<\mathfrak{x},\lambda\mathfrak{y}> = \lambda<\mathfrak{x},\mathfrak{y}>$

Bilinearität ($\mathfrak{x},\mathfrak{x}_1,\mathfrak{x}_2,\mathfrak{y},\mathfrak{y}_1,\mathfrak{y}_2 \in V$, $\lambda \in K$)

3. $<\mathfrak{x},\mathfrak{y}> = <\mathfrak{y},\mathfrak{x}>$ Symmetrie

Offenbar folgen die Eigenschaften 1.b) und 2.b) aus 1.a) und 3. bzw. 2.a) und 3.

Klarerweise gilt auch

$$<\mathfrak{o},\mathfrak{x}> = <\mathfrak{x},\mathfrak{o}> = 0 \quad \forall \mathfrak{x} \in K^n.$$

Hingegen ist die Rechenregel $<\mathfrak{x},\mathfrak{x}> = 0 \Leftrightarrow \mathfrak{x} = \mathfrak{o}$, die für $K = \mathbb{R}$ bekannt ist, für Körper der Charakteristik $p \neq 0$ nicht mehr richtig!

Wir betrachten dazu folgendes

Beispiel:

$< K^3,+,K>$ mit $K = \{0,1\}$ und kanonischer Basis. Für $\mathfrak{x} = (1,1,0)$ gilt $\mathfrak{x} \neq \mathfrak{o}$ und $<\mathfrak{x},\mathfrak{x}> = 1.1 + 1.1 + 0.0 = 0$.

Das bedeutet, daß die Eigenschaft: $<\mathfrak{x},\mathfrak{x}> > 0$ für alle $\mathfrak{x} \in V$ mit $\mathfrak{x} \neq \mathfrak{o}$, (man sagt dann, $<\mathfrak{x},\mathfrak{x}>$ ist positiv definit), die für ein Skalarprodukt im $\mathbb{R}^n$ postuliert wird, für Vektorräume über Körpern der Charakterisitik p nicht mehr verlangt werden kann.

Orthogonalität zweier Vektoren:

Zwei Vektoren $\mathfrak{x}, \mathfrak{y}$ *aus* K^n *heißen orthogonal, symbolisch* $\mathfrak{x} \perp \mathfrak{y}$, *wenn* $<\mathfrak{x},\mathfrak{y}> = 0$.

Wie man leicht nachrechnet, gilt folgendes für orthogonale Vektoren:

1. $\mathfrak{x} \perp \mathfrak{y} \Leftrightarrow \mathfrak{y} \perp \mathfrak{x}$ $(\mathfrak{x},\mathfrak{y} \in K^n)$.

2. $\mathfrak{x} \perp \mathfrak{y},\ \mathfrak{x} \perp \mathfrak{z} \Rightarrow \mathfrak{x} \perp (\lambda\mathfrak{y} + \mu\mathfrak{z})$ $\quad (\mathfrak{x},\mathfrak{y},\mathfrak{z} \in K^n;\ \lambda,\mu \in K)$.

3. $\mathfrak{x} \perp \mathfrak{y} \quad \forall \mathfrak{y} \in K^n \Leftrightarrow \mathfrak{x} = \mathfrak{o}$.

Ist K ein Körper der Charakteristik 0 , z.B. $K = \mathbb{R}$, so gilt zusätzlich:

4. $\mathfrak{x} \perp \mathfrak{x} \Leftrightarrow \mathfrak{x} = \mathfrak{o}$.

Für Körper der Charakteristik $p \neq 0$ ist 4. jedoch falsch ! (vgl. das obige Beispiel !).

Orthogonalraum:

Ist U ein Unterraum von K^n, so bezeichnet man den Unterraum $U^\perp$, der aus allen Vektoren besteht, die zu den Vektoren aus U orthogonal sind, als den Orthogonalraum von U in K^n, also:

$$U^\perp = \{\mathfrak{x} \in K^n \mid \langle \mathfrak{x},\mathfrak{u}\rangle = 0 \ \forall \mathfrak{u} \in U\}.$$

$U^\perp$ ist wirklich ein Unterraum von K^n, denn aus $\mathfrak{x}_1,\mathfrak{x}_2 \in U^\perp$ folgt $\langle \mathfrak{x}_1,\mathfrak{u}\rangle = 0$ und $\langle \mathfrak{x}_2,\mathfrak{u}\rangle = 0$ für alle $\mathfrak{u} \in U$, also $\langle \mathfrak{x}_1 + \mathfrak{x}_2,\mathfrak{u}\rangle = \langle \mathfrak{x}_1,\mathfrak{u}\rangle + \langle \mathfrak{x}_2,\mathfrak{u}\rangle = 0$. Ebenso $\langle \lambda\mathfrak{x},\mathfrak{u}\rangle = \lambda \langle \mathfrak{x},\mathfrak{u}\rangle = 0$ für $\mathfrak{x} \in U^\perp$ und für alle $\mathfrak{u} \in U$, $\lambda \in K$.

Wir untersuchen nun

die Dimension von $U^\perp$:

Es sei $\mathfrak{b}_1,\dots,\mathfrak{b}_k$ eine Basis von U. Aus der Implikation

$$\mathfrak{x} \perp \mathfrak{y},\ \mathfrak{x} \perp \mathfrak{z} \Rightarrow \mathfrak{x} \perp (\lambda\mathfrak{y} + \mu\mathfrak{z}) \text{ (s.o.)}$$

folgt, daß $\mathfrak{x} \perp \mathfrak{u}$ für alle $\mathfrak{u}$ aus U, also $\mathfrak{x} \in U^\perp$, genau dann gilt, wenn $\mathfrak{x} \perp \mathfrak{b}_i$ für $i = 1,\dots,k$ erfüllt ist. Setzen wir $\mathfrak{b}_i = (b_{i1},\dots,b_{in})$, $\mathfrak{x} = (x_1,\dots,x_n)$, so lassen sich die k Gleichungen $\langle \mathfrak{b}_i,\mathfrak{x}\rangle = 0$, $i = 1,\dots,k$, als Gleichungssystem $B\mathfrak{x} = \mathfrak{o}$ mit der (k,n)-Matrix $B = (b_{ij})$, $i = 1,\dots,k$, $j = 1,\dots,n$, schreiben. Da $\mathfrak{b}_1,\dots,\mathfrak{b}_k$ eine Basis bilden, ist $\operatorname{rg} B = k$. $U^\perp$ ist also der Kern einer zur Matrix B gehörenden Abbildung $\varphi: K^n \to K^k$. Aus der Beziehung $\dim_K \ker\varphi + \operatorname{rg} B = \dim K^n$ folgt $\dim_K U^\perp = n - k$, daher

$$\dim_K U + \dim_K U^\perp = \dim_K K^n .$$

Im Falle, daß K ein Körper der Charakteristik 0 ist, also $\mathfrak{x} \perp \mathfrak{x}$ genau für $\mathfrak{x} = \mathfrak{o}$ gilt, ist $U \cap U^\perp = \{\mathfrak{o}\}$. Ist $\mathfrak{b}_1,\dots,\mathfrak{b}_k$ eine Basis von U, $\mathfrak{v}_1,\dots,\mathfrak{v}_{n-k}$ eine Basis von $U^\perp$, dann sind daher $\mathfrak{b}_1,\dots,\mathfrak{b}_k,\mathfrak{v}_1,\dots,\mathfrak{v}_{n-k}$ linear unabhängig: andernfalls gäbe es $\lambda_1,\dots,\lambda_k,\mu_1,\dots,\mu_{n-k}$, die nicht alle gleich Null sind, mit

$$\sum_{i=1}^{k} \lambda_i \mathfrak{b}_i + \sum_{j=1}^{n-k} \mu_j \mathfrak{v}_j = \mathfrak{o};$$

also gäbe es einen Vektor $\mathfrak{y}$ mit

$$\mathfrak{y} = \sum_{i=1}^{k} \lambda_i \mathfrak{b}_i = \sum_{j=1}^{n-k} -\mu_j \mathfrak{c}_j ,$$

also $\mathfrak{y} \neq \mathfrak{o}$, $\mathfrak{y} \in U \cap U^{\perp}$. Wir erhalten somit:

Ist K ein Körper der Charakteristik 0, so ist der Orthogonalraum zu einem Unterraum U ein Komplementärraum zu U .

Beispiel:

$V = \mathbb{R}^3$, $U = L(\mathfrak{b}_1,\mathfrak{b}_2)$ mit $\mathfrak{b}_1 = (3,2,-1)$, $\mathfrak{b}_2 = (0,1,2)$. Also ist

$U = \{\mathfrak{x} \mid \mathfrak{x} = \lambda(3,2,-1) + \mu(0,1,2)\}$ oder:

$U = \{\mathfrak{x} = (x_1,x_2,x_3) \mid 5x_1 - 6x_2 + 3x_3 = 0\}$.

$U^{\perp}$ ist dann die Menge aller $\mathfrak{x} \in V$ mit $<\mathfrak{x},\mathfrak{b}_1> = 0$ und $<\mathfrak{x},\mathfrak{b}_2> = 0$, also mit $3x_1 + 2x_2 - x_3 = 0$ und $x_2 + 2x_3 = 0$. Daraus folgt:

$U^{\perp} = \{\mathfrak{x} \mid \mathfrak{x} = \nu(5,-6,3)\}$.

Geometrisch bedeutet U eine Ebene im $\mathbb{R}^3$ durch den Ursprung, $U^{\perp}$ die Gerade durch den Ursprung, die auf U senkrecht steht.

6. Lineare Abhängigkeit und Gramsche Determinante

Mit Hilfe des Skalarprodukts soll ein Kriterium zur Untersuchung von Vektoren $\mathfrak{x}_1,\ldots,\mathfrak{x}_p$ aus K^n auf lineare Abhängigkeit angegeben werden. Allerdings muß dazu Char K = 0 vorausgesetzt werden, wie wir an einem Beispiel am Ende dieses Abschnitts sehen werden. Dieses Kriterium ist insbesondere für den Fall $p < n$ nützlich, wenn die (n,p)-Matrix mit den Spalten $\mathfrak{x}_1,\ldots,\mathfrak{x}_p$ nicht quadratisch ist und daher $D[\mathfrak{x}_1,\ldots,\mathfrak{x}_p]$ nicht gebildet werden kann.

Sind die Vektoren $\mathfrak{x}_1,\ldots,\mathfrak{x}_p$ linear abhängig, so gibt es eine Linearkombination

$$\sum_{i=1}^{p} \lambda_i \mathfrak{x}_i = \mathfrak{o} \text{ mit } (\lambda_1,\ldots,\lambda_p) \neq (0,\ldots,0).$$

Diese Gleichung wird nun der Reihe nach mit $\mathfrak{x}_1,\ldots,\mathfrak{x}_p$ multipliziert (Skalarprodukt):

$$<\sum_{i=1}^{p} \lambda_i \mathfrak{x}_i,\mathfrak{x}_k> = <\mathfrak{o},\mathfrak{x}_k> , k = 1,\ldots,p$$

$$\Rightarrow \sum_{i=1}^{p} \lambda_i <\mathfrak{x}_i,\mathfrak{x}_k> = 0 ; \quad k = 1,\ldots,p.$$

Man erhält also ein homogenes Gleichungssystem von p Gleichungen für $\lambda_1,\ldots,\lambda_p$. Da die Lösung $(0,\ldots,0)$ genau dann die einzige ist, wenn die Determinante der Systemmatrix ungleich Null ist, ist für eine nichttriviale Lösung $(\lambda_1,\ldots,\lambda_p)$ notwendig, daß die Determinante $\det(<\mathfrak{x}_i, \mathfrak{x}_k>)_{\substack{i=1,\ldots,p \\ k=1,\ldots,p}}$, die Gramsche Determinante der Vektoren $\mathfrak{e}_1,\ldots,\mathfrak{e}_p$ verschwindet:

$$\begin{vmatrix} <\mathfrak{e}_1,\mathfrak{e}_1> & \cdots & <\mathfrak{e}_1,\mathfrak{e}_p> \\ \cdots & \cdots & \cdots \\ <\mathfrak{e}_p,\mathfrak{e}_1> & \cdots & <\mathfrak{e}_p,\mathfrak{e}_p> \end{vmatrix} = 0$$

Wir erhalten folgendes Teilergebnis:

Sind die Vektoren $\mathfrak{e}_1,\ldots,\mathfrak{e}_p$ *eines beliebigen Vektorraumes* $<K^n,+,K>$ *linear abhängig, so ist ihre Gramsche Determinante gleich Null.*

Für die Umkehrung dieser Aussage muß allerdings Char K = 0 vorausgesetzt werden, wie wir an einem Beispiel am Ende dieses Abschnitts sehen werden. Aus dem Verschwinden der Gramschen Determinante folgt, daß das Gleichungssystem

$$\sum_{i=1}^{p} \lambda_i <\mathfrak{e}_i,\mathfrak{e}_k> = 0, \quad k = 1,\ldots,p$$

eine nichttriviale Lösung $\lambda_1,\ldots,\lambda_p$ hat. Multipliziert man die k-te Gleichung mit λ_k und summiert alle Gleichungen:

$$\sum_{k=1}^{p} \lambda_k \cdot \sum_{i=1}^{p} \lambda_i <\mathfrak{e}_i,\mathfrak{e}_k> = 0,$$

so erhält man daraus

$$<\sum_{i=1}^{p} \lambda_i\mathfrak{e}_i, \sum_{k=1}^{p} \lambda_k\mathfrak{e}_k> = 0.$$

Setzen wir

$$\sum_{i=1}^{p} \lambda_i\mathfrak{e}_i = \mathfrak{y},$$

so folgt $<\mathfrak{y},\mathfrak{y}> = 0$ und damit $\mathfrak{y} = \mathfrak{o}$ (Char K = 0 !), also

$$\sum_{i=1}^{p} \lambda_i\mathfrak{e}_i = \mathfrak{o} \text{ mit } (\lambda_1,\ldots,\lambda_p) \neq (0,\ldots,0).$$

D.h. $\mathfrak{e}_1,\ldots,\mathfrak{e}_p$ sind linear abhängig. Damit erhalten wir das Ergebnis:

Die Vektoren $\mathfrak{e}_1,\ldots,\mathfrak{e}_p$ *eines Vektorraumes* $<K^n,+,K>$ *mit* Char K = 0 *sind genau dann linear abhängig, wenn ihre Gramsche Determinante gleich Null ist.*

Für Char K = p $\neq$ 0 folgt aus dem Verschwinden der Gramschen Determinante von $\mathfrak{e}_1,\ldots,\mathfrak{e}_p$ nicht, daß $\mathfrak{e}_1,\ldots,\mathfrak{e}_p$ linear abhängig sind! Wir zeigen das an folgendem

Beispiel:

$<K^3,+,K>$ mit $K = \{0,1\}$ und kanonischer Basis. $\mathfrak{e}_1 = (1,1,0)$ und $\mathfrak{e}_2 = (1,1,1)$ sind linear unabhängig; für ihre Gramsche Determinante gilt:

$$\begin{vmatrix} <\varphi_1,\varphi_1> & <\varphi_1,\varphi_2> \\ <\varphi_2,\varphi_1> & <\varphi_2,\varphi_2> \end{vmatrix} = \begin{vmatrix} 0 & 0 \\ 0 & 1 \end{vmatrix} = 0 .$$

7. Orthonormalsysteme

Die Vektoren $\mathfrak{n}_1,\mathfrak{n}_2,\mathfrak{n}_3$ der kanonischen Basis des Vektorraumes $<\mathbb{R}^3,+,\mathbb{R}>$ sind paarweise orthogonal. Darüber hinaus haben sie die Länge 1. Mit Hilfe des Skalarprodukts kann man auch den Begriff der Länge eines Vektors verallgemeinern. Dazu setzen wir aber für diesen Abschnitt $K = \mathbb{R}$, also den Vektorraum $<\mathbb{R}^n,+,\mathbb{R}>$ voraus, genannt euklidischer Vektorraum. *Wir verstehen dann unter der*

Länge eines Vektors φ (auch Betrag von φ, Norm von φ)

die nichtnegative reelle Zahl

$$\|\varphi\| = +\sqrt{<\varphi,\varphi>} = +\sqrt{\sum_{i=1}^{n} x_i^2} .$$

Aus der Definition wird die Voraussetzung $K = \mathbb{R}$ verständlich: Ist K ein Körper der Charakteristik p, so ist $<\varphi,\varphi> = 0$ auch für $\varphi \neq \mathfrak{o}$ möglich und damit $\|\varphi\| = 0$ für $\varphi \neq \mathfrak{o}$; das wäre nicht sinnvoll.

Die Länge eines Vektors hat folgende Eigenschaften:

1) $|<\varphi,\eta>| \leqslant \|\varphi\|\cdot\|\eta\|$ (*Cauchy-Schwarzsche Ungleichung*), konkret:

$$\left(\sum_{i=1}^{n} x_i y_i\right)^2 \leqslant \sum_{i=1}^{n} x_i^2 \cdot \sum_{i=1}^{n} y_i^2 .$$

Dazu überlegt man: Die Ungleichung $|<\varphi,\eta>| \leqslant \|\varphi\|.\|\eta\|$ ist gleichbedeutend mit $-\|\varphi\|.\|\eta\| \leqslant <\varphi,\eta> \leqslant \|\varphi\|.\|\eta\|$. Für $\varphi = \mathfrak{o}$ oder $\eta = \mathfrak{o}$ ist das erfüllt, wie man sofort nachrechnet. Sei nun $\varphi \neq \mathfrak{o}$, $\eta \neq \mathfrak{o}$, dann setzen wir

$$\frac{\varphi}{\|\varphi\|} = \bar{\varphi} , \quad \frac{\eta}{\|\eta\|} = \bar{\eta} \quad \text{mit } \|\bar{\varphi}\| = \|\bar{\eta}\| = 1$$

und erhalten die Ungleichung in der Form $-1 \leqslant <\bar{\varphi},\bar{\eta}> \leqslant 1$. Das ist nun leicht zu zeigen: Wir bilden

$$0 \leqslant <\bar{\varphi}+\bar{\eta},\bar{\varphi}+\bar{\eta}> = <\bar{\varphi},\bar{\varphi}> + <\bar{\varphi},\bar{\eta}> + <\bar{\eta},\bar{\varphi}> + <\bar{\eta},\bar{\eta}> =$$
$$= \|\bar{\varphi}\|^2 + 2<\bar{\varphi},\bar{\eta}> + \|\bar{\eta}\|^2 = 2 + 2<\bar{\varphi},\bar{\eta}>;$$

Daraus folgt: $-1 \leqslant <\bar{\varphi},\bar{\eta}>$. Analog folgt aus $0 \leqslant <\bar{\varphi}-\bar{\eta},\bar{\varphi}-\bar{\eta}>$: $<\bar{\varphi},\bar{\eta}> \leqslant 1$.

2) $\|\varphi\| = 0 \Leftrightarrow \varphi = \mathfrak{o}$.

Denn: $\|\varphi\| = 0 \Leftrightarrow +\sqrt{<\varphi,\varphi>} = 0 \Leftrightarrow <\varphi,\varphi> = 0 \Leftrightarrow \varphi = \mathfrak{o}$.

3) $\|\lambda\varphi\| = |\lambda|\cdot\|\varphi\|$

Denn: $\|\lambda\mathfrak{x}\| = +\sqrt{<\lambda\mathfrak{x},\lambda\mathfrak{x}>} = +\sqrt{\lambda^2<\mathfrak{x},\mathfrak{x}>} = +\sqrt{\lambda^2}\sqrt{<\mathfrak{x},\mathfrak{x}>} = |\lambda|\cdot\|\mathfrak{x}\|$

4) $\|\mathfrak{x}+\mathfrak{y}\| \leq \|\mathfrak{x}\| + \|\mathfrak{y}\|$ *(Dreiecksungleichung)*

Denn: $\|\mathfrak{x}+\mathfrak{y}\|^2 = <\mathfrak{x}+\mathfrak{y},\mathfrak{x}+\mathfrak{y}> = \|\mathfrak{x}\|^2 + 2<\mathfrak{x},\mathfrak{y}> + \|\mathfrak{y}\|^2 \leq$
$\leq \|\mathfrak{x}\|^2 + 2|<\mathfrak{x},\mathfrak{y}>| + \|\mathfrak{y}\|^2 \leq \|\mathfrak{x}\|^2 + 2\|\mathfrak{x}\|\|\mathfrak{y}\| + \|\mathfrak{y}\|^2 =$
$= (\|\mathfrak{x}\| + \|\mathfrak{y}\|)^2.$

Vektoren $\mathfrak{x}$ mit der Länge 1, also $\|\mathfrak{x}\| = 1$, werden als Einheitsvektoren oder normierte Vektoren bezeichnet. Jeder Vektor

$$\frac{1}{\|\mathfrak{x}\|}\cdot\mathfrak{x},\quad \mathfrak{x}\neq\mathfrak{o},$$

ist normiert.

Eine (nichtleere) Teilmenge von p *Vektoren* $\mathfrak{x}_1,\ldots,\mathfrak{x}_p$ *eines euklidischen Vektorraumes* V *heißt Orthonormalsystem* (*kurz:* ONS), *wenn* $\mathfrak{x}_i \neq \mathfrak{o}$ *und* $<\mathfrak{x}_i,\mathfrak{x}_j> = \delta_{ij}$ (*d.h.* $\mathfrak{x}_i \perp \mathfrak{x}_j$ *für* $i \neq j$, $\|\mathfrak{x}_i\| = 1$) *für* $i,j = 1,\ldots,p$.

Bilden $\mathfrak{x}_1,\ldots,\mathfrak{x}_p$ *ein* ONS, *so sind sie linear unabhängig*, denn aus

$$\sum_{i=1}^{p} \lambda_i\mathfrak{x}_i = \mathfrak{o}$$

folgt für jeden beliebigen Vektor $\mathfrak{x}_j$, $j = 1,\ldots,p$, aus dem ONS:

$$0 = <\mathfrak{o},\mathfrak{x}_j> = <\sum_{i=1}^{p}\lambda_i\mathfrak{x}_i,\mathfrak{x}_j> = \sum_{i=1}^{p}\lambda_i<\mathfrak{x}_i,\mathfrak{x}_j> = \sum_{i=1}^{p}\lambda_i\delta_{ij} = \lambda_j .$$

Nun bilden n linear unabhängige Vektoren eine Basis von $\mathbb{R}^n$, und wir definieren als

Orthonormalbasis

eine Basis $\mathfrak{b}_1,\ldots,\mathfrak{b}_n$, deren Vektoren paarweise orthogonal sind und die Länge 1 haben: $<\mathfrak{b}_i,\mathfrak{b}_j> = \delta_{ij}$.

Wir haben in diesem Kapitel häufig die kanonische Basis $\mathfrak{e}_1,\ldots,\mathfrak{e}_n$ eines Vektorraumes anderen Basen vorgezogen, weil die Ergebnisse dann eine besonders einfache Gestalt erhalten haben. So haben wir auch das Skalarprodukt

$$<\mathfrak{x},\mathfrak{y}> = \sum_{i=1}^{n} x_i y_i$$

auf die kanonische Basis, die eine Orthonormalbasis ist, bezogen:

$$<\mathfrak{e}_i,\mathfrak{e}_j> = (0,\ldots,1,\ldots,0)\cdot\begin{pmatrix}0\\ \vdots\\ 1\\ \vdots\\ 0\end{pmatrix} = \delta_{ij} .$$

Ist nun in einem Vektorraum $<\mathbb{R}^n,+,\mathbb{R}>$ eine beliebige Basis $\mathfrak{b}_1,\ldots,\mathfrak{b}_n$ gegeben, so ist es also von Vorteil eine Basistransformation zu einer Orthonormalbasis vorzunehmen. Man erhält sie durch das

Orthonormalisierungsverfahren von Gram-Schmidt:

Es wird in zwei Teilen durchgeführt.

1.Teil: Aus $\mathfrak{b}_1,\ldots,\mathfrak{b}_n$ wird auf folgende Weise eine Basis $\mathfrak{a}_1,\ldots,\mathfrak{a}_n$ mit $\mathfrak{a}_i \perp \mathfrak{a}_j$ für $i \neq j$ konstruiert:

1.Schritt: man setzt $\mathfrak{a}_1 = \mathfrak{b}_1$;

$$\mathfrak{a}_2 = \lambda_{21}\mathfrak{a}_1 + \mathfrak{b}_2;$$

da $\mathfrak{a}_2 \perp \mathfrak{a}_1$ sein soll, folgt:

$$0 = <\mathfrak{a}_2,\mathfrak{a}_1> = \lambda_{21} <\mathfrak{a}_1,\mathfrak{a}_1> + <\mathfrak{b}_2,\mathfrak{a}_1>$$

$$\Rightarrow \quad \lambda_{21} = -\frac{<\mathfrak{b}_2,\mathfrak{a}_1>}{<\mathfrak{a}_1,\mathfrak{a}_1>} \qquad (\mathfrak{a}_1 = \mathfrak{b}_1 \neq \mathfrak{o}!)$$

Die Vektoren $\mathfrak{a}_1,\mathfrak{a}_2,\mathfrak{b}_3,\ldots,\mathfrak{b}_n$ bilden eine Basis, da sie linear unabhängig sind: Aus $\mu_1\mathfrak{a}_1 + \mu_2\mathfrak{a}_2 + \mu_3\mathfrak{b}_3 + \ldots + \mu_n\mathfrak{b}_n = \mathfrak{o}$ folgt nämlich $(\mu_1 + \mu_2\lambda_{21})\mathfrak{b}_1 + \mu_2\mathfrak{b}_2 + \mu_3\mathfrak{b}_3 + \ldots + \mu_n\mathfrak{b}_n = \mathfrak{o}$. Da $\mathfrak{b}_1,\ldots,\mathfrak{b}_n$ linear unabhängig sind, folgt daraus $\mu_1 + \mu_2\lambda_{21} = 0$, $\mu_2 = 0,\ldots,\mu_n = 0$ und weiter $\mu_1 = 0$, also $\mu_i = 0$ für $i = 1,\ldots,n$.

k-ter Schritt: $\mathfrak{a}_k = \lambda_{k1}\mathfrak{a}_1 + \lambda_{k2}\mathfrak{a}_2 + \ldots + \lambda_{kk-1}\mathfrak{a}_{k-1} + \mathfrak{b}_k$;

man bildet der Reihe nach $<\mathfrak{a}_k,\mathfrak{a}_1> = 0,\ldots,<\mathfrak{a}_k,\mathfrak{a}_{k-1}> = 0$ und erhält daraus

$$\lambda_{ki} = -\frac{<\mathfrak{b}_k,\mathfrak{a}_i>}{<\mathfrak{a}_i,\mathfrak{a}_i>}, \quad i = 1,\ldots,k-1.$$

Analog dem 1.Schritt überlegt man, daß $\mathfrak{a}_1,\ldots,\mathfrak{a}_k,\mathfrak{b}_{k+1},\ldots,\mathfrak{b}_n$ linear unabhängig sind.

Das Verfahren endet, wenn $k = n$ ist.

2.Teil: Die Vektoren $\mathfrak{a}_i$, $i = 1,\ldots,n$, werden normiert:

$$\frac{1}{\|\mathfrak{a}_1\|}\mathfrak{a}_1,\ldots,\frac{1}{\|\mathfrak{a}_n\|}\mathfrak{a}_n$$ bilden die gesuchte Orthonormalbasis.

Beispiel:

$<\mathbb{R}^3,+,\mathbb{R}>$; Basis: $\mathfrak{b}_1 = (1,2,2)$, $\mathfrak{b}_2 = (3,4,5)$, $\mathfrak{b}_3 = (7,1,1)$

1.Teil: $\mathfrak{a}_1 = (1,2,2)$; $\mathfrak{a}_2 = \lambda_{21}(1,2,2) + (3,4,5)$

$$0 = <\mathfrak{a}_2,\mathfrak{a}_1> = \lambda_{21}(1+4+4) + (3+8+10) \Rightarrow \lambda_{21} = -\frac{7}{3}$$

$$\mathfrak{a}_2 = (\tfrac{2}{3},-\tfrac{2}{3},\tfrac{1}{3});\ \mathfrak{a}_3 = \lambda_{31}(1,2,2)+\lambda_{32}(\tfrac{2}{3},-\tfrac{2}{3},\tfrac{1}{3}) + (7,1,1)$$

$$0 = <\mathfrak{a}_3,\mathfrak{a}_1> = \lambda_{31}.9+11 \Rightarrow \lambda_{31} = -\frac{11}{9}$$

$$0 = <\mathfrak{a}_3,\mathfrak{a}_2> = \lambda_{32}.1+\frac{13}{3} \Rightarrow \lambda_{32} = -\frac{13}{3}$$

$$\mathfrak{a}_3 = -\frac{11}{9}(1,2,2) - \frac{13}{3}(\tfrac{2}{3},-\tfrac{2}{3},\tfrac{1}{3}) + (7,1,1) = (\tfrac{26}{9},\tfrac{13}{9},-\tfrac{26}{9})$$

2.Teil: $\frac{1}{\|\mathfrak{a}_1\|}\mathfrak{a}_1 = (\frac{1}{3},\frac{2}{3},\frac{2}{3});\ \frac{1}{\|\mathfrak{a}_2\|}\mathfrak{a}_2 = (\frac{2}{3},-\frac{2}{3},\frac{1}{3});\ \frac{1}{\|\mathfrak{a}_3\|}\mathfrak{a}_3 = (\frac{2}{3},\frac{1}{3},-\frac{2}{3})$.

8. Orthogonale Matrizen

Unter den linearen Abbildungen φ eines euklidischen Vektorraumes $<\mathbb{R}^n,+,\mathbb{R}>$ in sich sind jene von besonderem Interesse, die orthogonale (orthonormale) Vektoren wieder in orthogonale (orthonormale) überführen. Sie heißen daher

orthogonale Abbildungen:

$$<\mathfrak{x},\mathfrak{y}> = 0 = <\varphi(\mathfrak{x}),\varphi(\mathfrak{y})> .$$

Beispiel:

$<\mathbb{R}^2,+,\mathbb{R}>$; φ sei die Drehung der Vektoren um den konstanten Winkel α. Die zugeordnete Matrix ist

$$A = \begin{pmatrix} \cos\alpha & -\sin\alpha \\ \sin\alpha & \cos\alpha \end{pmatrix}$$

Die den orthogonalen Abbildungen zugeordneten Matrizen heißen orthogonale Matrizen.

Ist φ eine Abbildung $\mathbb{R}^n \to \mathbb{R}^n$ und $\mathfrak{b}_1,\dots,\mathfrak{b}_n$ eine Orthonormalbasis von $\mathbb{R}^n$, dann sind für die φ zugeordnete Matrix $A = (a_{ij}) \in \mathcal{M}_{n,n}(\mathbb{R})$ folgende Aussagen äquivalent:

1) *A ist orthogonal.*

2) *Die Spaltenvektoren $\mathfrak{s}_i$, $i = 1,\dots,n$, von A bilden ein Orthonormalsystem.*

Ist nämlich A orthogonal, dann gilt für alle $k,t = 1,\dots,n$:

$$\delta_{kt} = <\varphi(\mathfrak{b}_k),\varphi(\mathfrak{b}_t)> = <\sum_{i=1}^n a_{ik}\mathfrak{b}_i,\sum_{j=1}^n a_{jt}\mathfrak{b}_j> = \sum_{i=1}^n\sum_{j=1}^n a_{ik}a_{jt}<\mathfrak{b}_i,\mathfrak{b}_j> =$$

$$= \sum_{i=1}^n\sum_{j=1}^n a_{ik}a_{jt}\delta_{ij} = \sum_{i=1}^n a_{ik}a_{it} = <\mathfrak{s}_k,\mathfrak{s}_t> .$$

Umgekehrt folgt aus $<\mathfrak{s}_k,\mathfrak{s}_t> = \delta_{kt}$, daß $<\sum_{i=1}^n a_{ik}\mathfrak{b}_i,\sum_{j=1}^n a_{jt}\mathfrak{b}_j> = \delta_{kt}$.

3) $A^{-1} = A^t$.

Die zu A inverse Matrix ist gleich der transponierten von A.

Das überlegt man so: Der i-te Spaltenvektor $\mathfrak{s}_i = \begin{pmatrix} a_{1i} \\ \vdots \\ a_{ni} \end{pmatrix}$ von A ist der i-te Zeitenvektor $\mathfrak{s}_i^T = (a_{1i},\dots,a_{ni})$ von A^T. Daraus folgt:

A orthogonal $\Leftrightarrow \langle \mathfrak{s}_k^T, \mathfrak{s}_i \rangle = \delta_{ki}$, für $i,k=1,\dots,n \Leftrightarrow A^T.A = I_n \Leftrightarrow A^T = A^{-1}$.

4) *Die Zeilenvektoren von A bilden ein Orthonormalsystem.*
Denn die Zeilen von A sind die Spalten von A^T, und A^T ist mit A auch orthogonale Matrix: $(A^T)^T = A$, $(A^T)^T.A^T = A.A^T = I_n$.

5) *Das Skalarprodukt bleibt unter A invariant:* $\langle A\mathfrak{x}, A\mathfrak{y} \rangle = \langle \mathfrak{x}, \mathfrak{y} \rangle$. Um das einzusehen, fassen wir das Skalarprodukt wieder als Matrizenprodukt einer (1,n)-Matrix $\mathfrak{x}^T$ mit einer (n,1)-Matrix $\mathfrak{y}$ auf und erhalten:

$$\langle A\mathfrak{x}, A\mathfrak{y} \rangle = (A\mathfrak{x})^T.A\mathfrak{y} = \mathfrak{x}^T.A^T.A\mathfrak{y}.$$

Genau dann, wenn A orthogonal ist, ist $A^T = A^{-1}$ und daher

$$\mathfrak{x}^T.A^T.A.\mathfrak{y} = \mathfrak{x}^T.I_n.\mathfrak{y} = \mathfrak{x}^T.\mathfrak{y} = \langle \mathfrak{x}, \mathfrak{y} \rangle.$$

Nennenswert sind noch folgende Eigenschaften orthogonaler Matrizen: Die orthogonalen Matrizen bilden eine Untergruppe in der multiplikativen Gruppe der regulären Matrizen aus $\mathcal{M}_{n,n}(R)$.

Ist A orthogonal, so ist $\det A = 1$ *oder* $\det A = -1$.
Denn: $1 = \det I_n = \det(A^{-1}.A) = \det(A^T.A) = \det A^T.\det A = (\det A)^2 \Rightarrow \det A = \pm 1$

Achtung: Die Umkehrung gilt nicht! Aus $\det A = \pm 1$ folgt nicht, daß A orthogonal ist.

Beispiel:

$$A = \begin{pmatrix} 1 & 1 & -1 \\ -1 & 0 & 1 \\ 1 & 2 & 0 \end{pmatrix}$$

(Spalten $\mathfrak{s}_1$, $\mathfrak{s}_2$, $\mathfrak{s}_3$), $\det A = 1$; A ist aber nicht orthogonal, z.B. ist $\|\mathfrak{s}_1\| = \sqrt{3} \neq 1$, $\langle \mathfrak{s}_1, \mathfrak{s}_2 \rangle = 3 \neq 0$.

9. Eigenwerte und Eigenvektoren

Wir betrachten die zu einer linearen Abbildung von K^n in K^n gehörige Matrix $A = (a_{ij})$, $i,j = 1,\dots,n$ und fragen nun nach jenen Vektoren $\mathfrak{x} \in K^n$, für die $\mathfrak{x}$ und ihr Bild $A\mathfrak{x}$ linear abhängig sind, für die also $A\mathfrak{x} = \lambda\mathfrak{x}$ erfüllt ist. (Im $\mathbb{R}^3$ sind das jene Vektoren, die unter A "um den Faktor λ gestreckt" werden.) Da es sicher nicht zu jedem beliebigen λ aus K Vektoren $\mathfrak{x} \neq \mathfrak{o}$

gibt, die durch A auf $\lambda\mathfrak{x}$ abgebildet werden, suchen wir zur gegebenen Matrix A zunächst jene λ aus K, zu denen es solche Vektoren geben kann. *Diese* λ *aus* K, *für die nichttriviale Lösungen* $\mathfrak{x}$ *der Gleichung* $A\mathfrak{x} = \lambda\mathfrak{x}$ *existieren, heißen Eigenwerte von* A; *die Lösungen* $\mathfrak{x}$ *von* $A\mathfrak{x} = \lambda\mathfrak{x}$ *für festes* λ *heißen Eigenvektoren von* A *zum Eigenwert* λ.

Berechnung der Eigenwerte einer Matrix A:

Zunächst schreiben wir den Vektor $\lambda\mathfrak{x}$ mit Hilfe der Einheitsmatrix I_n in Matrizenschreibweise: $\lambda\mathfrak{x} = \lambda I_n \cdot \mathfrak{x}$. Dann erhält die Gleichung $A\mathfrak{x} = \lambda\mathfrak{x}$ die Gestalt $A\mathfrak{x} = \lambda I_n\mathfrak{x}$ oder $(A-\lambda I_n)\mathfrak{x} = \mathfrak{o}$, oder ausgeschrieben:

$$\begin{array}{ccccccc} (a_{11}-\lambda)x_1 & + & a_{12}x_2 & + \dots + & a_{1n}x_n & = & 0 \\ a_{21}x_1 & + & (a_{22}-\lambda)x_2 & + \dots + & a_{2n}x_n & = & 0 \\ \dots & & \dots & & \dots & & \\ a_{n1}x_1 & + & a_{n2}x_2 & + \,.\, + & (a_{nn}-\lambda)x_n & = & 0 \end{array}$$

Gesucht sind die Lösungen $\mathfrak{x}$ dieses homogenen linearen Gleichungssystems. Es hat genau dann nichttriviale Lösungen, wenn die Determinante der Systemmatrix verschwindet (vgl. Abschnitt 4):

$$\det(A-\lambda I_n) = 0.$$

Die Entwicklung von $\det(A-\lambda I_n)$ *liefert ein Polynom* n-*ten Grades in* λ, *genannt das charakteristische Polynom* $f(\lambda)$ *zur Matrix* A. *Die sich daraus ergebende Gleichung* $\det(A-\lambda I_n)=f(\lambda)=0$ *nennt man die charakteristische Gleichung der Matrix* A. Ein λ aus K ist also genau dann Eigenwert der Matrix A, wenn λ Lösung der charakteristischen Gleichung von A ist.

Die Lösungen von $(A-\lambda I_n)\mathfrak{x} = \mathfrak{o}$ für einen Eigenwert λ von A sind die zu λ gehörenden Eigenvektoren von A.

Eigenvektoren und Eigenräume:

Sind $\mathfrak{x}, \mathfrak{y}$ Eigenvektoren zum Eigenwert λ, so sind auch $\mathfrak{x}+\mathfrak{y}$ und $\alpha\mathfrak{x}$ mit $\alpha \in K$ Eigenvektoren zum Eigenwert λ. Daher bilden die Eigenvektoren zu λ einen Unterraum U_λ von $\langle K^n,+,K\rangle$; U_λ heißt der Eigenraum zum Eigenwert λ. Er besteht aus allen Vektoren, die unter A durch $A\mathfrak{x} = \lambda\mathfrak{x}$ der "Streckung" $\mathfrak{x} \to \lambda\mathfrak{x}$ unterworfen werden. Ist $\mathfrak{x} \neq \mathfrak{o}$ ein Eigenvektor zum Eigenwert λ, $\mathfrak{y} \neq \mathfrak{o}$ ein Eigenvektor zum Eigenwert μ, $\mu \neq \lambda$, so sind $\mathfrak{x}, \mathfrak{y}$ linear unabhängig:

Wäre nämlich $\mathfrak{x} = \alpha\mathfrak{y}$, so folgt $\lambda\mathfrak{x} = A\mathfrak{x} = A\alpha\mathfrak{y} = \alpha A\mathfrak{y} = \alpha\mu\mathfrak{y} = \mu\alpha\mathfrak{y} = \mu\mathfrak{x}$, also $(\lambda-\mu)\mathfrak{x} = \mathfrak{o}$ und daraus, wegen $\lambda \neq \mu$: $\mathfrak{x} = \mathfrak{o}$. Mit vollständiger Induktion zeigt man: *Sind* $\lambda_1,\dots,\lambda_n$ *paarweise verschiedene Eigenwerte von* A *und* $\mathfrak{x}_1,\dots,\mathfrak{x}_n$ *zugehörige Eigenvektoren* ($\neq\mathfrak{o}$) *von* A, *so sind* $_1,\dots,{}_n$ *linear unabhängig*. Betrachten wir nun sämtliche verschiedene Eigenwerte $\lambda_1,\dots,\lambda_r$

von A und die dazugehörigen Eigenräume U_{λ_i} ($\dim U_{\lambda_i} = s_i$) mit einer Basis $\mathfrak{b}_{i1},\ldots,\mathfrak{b}_{is_i}$, $i=1,\ldots,r$ Dann folgt aus den obigen Überlegungen, daß die Vereinigung aller dieser Basen $\bigcup_{i=1}^{r}\{\mathfrak{b}_{i1},\ldots,\mathfrak{b}_{is_i}\}$ linear unabhängig ist und somit $\sum_{i=1}^{r}\dim U_{\lambda_i} \le n$ gilt. Hat das charakteristische Polynom n einfache Nullstellen, so gibt es n eindimensionale Eigenräume, und man erhält

$$\sum_{i=1}^{n} \dim U_{\lambda_i} = n \quad \text{und} \quad \langle \bigcup_{i=1}^{n} U_{\lambda_i} \rangle = K^n .$$

Beispiel:

Man bestimme Eigenwerte und Eigenvektoren der Matrix A:

$$A = \begin{pmatrix} 0 & \frac{1}{2} & \frac{1}{2} \\ \frac{1}{2} & 0 & \frac{1}{2} \\ \frac{1}{2} & \frac{1}{2} & 0 \end{pmatrix}$$

$$\det(A-\lambda I_n) = \begin{vmatrix} -\lambda & \frac{1}{2} & \frac{1}{2} \\ \frac{1}{2} & -\lambda & \frac{1}{2} \\ \frac{1}{2} & \frac{1}{2} & -\lambda \end{vmatrix} = \lambda^3 - \frac{3}{4}\lambda - \frac{1}{4} \quad \text{(charakteristisches Polynom)}$$

$$\lambda^3 - \frac{3}{4}\lambda - \frac{1}{4} = 0 \Rightarrow \lambda_1 = 1,\ \lambda_2 = -\frac{1}{2} \text{ mit Vielfachheit 2.}$$

Die Eigenvektoren zum Eigenwert $\lambda = 1$ erhält man als Lösung des Gleichungssystems

$$\begin{aligned} -x_1 + \tfrac{1}{2}x_2 + \tfrac{1}{2}x_3 &= 0 \\ \tfrac{1}{2}x_1 - x_2 + \tfrac{1}{2}x_3 &= 0 \\ \tfrac{1}{2}x_1 + \tfrac{1}{2}x_2 - x_3 &= 0 \end{aligned}$$

Die Lösung ist $\mathfrak{x} = r\cdot(1,1,1)$. Für den Eigenraum U_1 erhält man

$U_1 = L((1,1,1))$.

Die Eigenvektoren zum Eigenwert $\lambda = -\frac{1}{2}$ erhält man als Lösung von

$$\begin{aligned} \tfrac{1}{2}x_1 + \tfrac{1}{2}x_2 + \tfrac{1}{2}x_3 &= 0 \\ \tfrac{1}{2}x_1 + \tfrac{1}{2}x_2 + \tfrac{1}{2}x_3 &= 0 \\ \tfrac{1}{2}x_1 + \tfrac{1}{2}x_2 + \tfrac{1}{2}x_3 &= 0 , \end{aligned}$$

also $\varphi = s.(-1,1,0) + t\cdot(-1,0,1)$. Für den Eigenraum $U_{-\frac{1}{2}}$ erhält man
$U_{-\frac{1}{2}} = L((-1,1,0), (-1,0,1))$.

Aufgaben

1. Zeigen Sie: Die Matrizen $E_{\ell k} = (\delta_{ij}) : \delta_{ij} = 1$ für $i=\ell$, $j=k$, sonst 0, bilden eine Basis von $<\mathcal{M}_{m,n}(K),+,K>$.

2. Bestimmen Sie $A\cdot B - B\cdot A$ für die Matrizen A,B:

$$A = \begin{pmatrix} 2 & 1 & 5 \\ 3 & 4 & 7 \\ 1 & 0 & 6 \end{pmatrix} , \quad B = \begin{pmatrix} 2 & 1 & 2 \\ 8 & 7 & 7 \\ 3 & 5 & 4 \end{pmatrix}$$

3. Durch die Zuordnung φ mit $\varphi(1,1,0) = (0,2,-1)$, $\varphi(-2,2,3) = (1,1,1)$ $\varphi(1,1,1) = (2,0,-3)$ ist eine lineare Abbildung $\varphi:\mathbb{R}^3 \to \mathbb{R}^3$(bzgl. der kanonischen Basis) eindeutig festgelegt (Begründung?). Geben Sie die zugehörige Matrix an.

4. Bestimmen Sie rgA durch Transformation von A auf Halbdiagonalform:

a) $$A = \begin{pmatrix} 1 & 2 & \ldots\ldots & n \\ 2 & 3 & \ldots\ldots & n+1 \\ \cdot & \cdot & & \\ \cdot & \cdot & & \\ \cdot & \cdot & & \\ n & n+1 & \ldots & 2n-1 \end{pmatrix}$$ b) $$A = \begin{pmatrix} 1 & 1 & 1 & 1 & 8 \\ 1 & 2 & 3 & 4 & 0 \\ 1 & 5 & -1 & 3 & -2 \\ 1 & 9 & -5 & 7 & 3 \end{pmatrix}$$

5. Welche der folgenden Matrizen A,B definiert eine injektive bzw. surjektive Abbildung?

$$A = \begin{pmatrix} 1 & 2 & 3 & 4 \\ 4 & 3 & 2 & 1 \\ 3 & 1 & -1 & -3 \end{pmatrix} \quad B = \begin{pmatrix} 1 & 2 \\ 3 & 1 \\ 2 & 0 \end{pmatrix}$$

6. Bestimmen Sie die Lösungsmenge folgender Gleichungssysteme mit Hilfe des Gaußschen Algorithmus:

a) $$\begin{aligned} 4x_2 + 2x_3 + x_4 + 3x_5 &= 0 \\ x_1 + 4x_2 + x_3 + x_5 &= 0 \\ 2x_1 + x_2 + 4x_3 + 8x_4 &= 0 \end{aligned}$$ b) $$\begin{aligned} 3x_1 + x_2 + 2x_3 + 2x_4 &= 1 \\ 4x_1 + 3x_2 + 2x_3 + x_4 &= 3 \\ x_1 + 2x_2 + x_3 + x_4 &= 2 \end{aligned}$$

7. Berechnen Sie det A mit Hilfe der Regel von Sarrus:

$$A = \begin{pmatrix} 2 & 3 & 1 \\ 7 & 6 & 3 \\ 10 & 7 & 5 \end{pmatrix}$$

8. Berechnen Sie det A
   a) durch Transformation auf Halbdiagonalform
   b) durch Entwicklung nach der ersten Spalte
   c) durch Entwicklung nach der ersten und zweiten Zeile:

$$A = \begin{pmatrix} 1 & 1 & 1 & 1 \\ 1 & 1 & 5 & 5 \\ 3 & 2 & 3 & 2 \\ 5 & 3 & 4 & 2 \end{pmatrix}$$

9. Berechnen Sie $\det A = \begin{vmatrix} 1 & 1 & \dots & 1 \\ x_0 & x_1 & \dots & x_n \\ x_0^2 & x_1^2 & \dots & x_n^2 \\ \dots & \dots & \dots & \dots \\ x_0^n & x_1^n & \dots & x_n^n \end{vmatrix}$, $x_k \in K$, $k=0,\dots,n$.

   (Vandermondesche Determinante).
   (Anleitung: Man multipliziere jede Zeile mit x_0 und subtrahiere sie von der darunterstehenden; dann subtrahiere man die 1.Spalte von allen übrigen und hebe schließlich aus der i-ten Spalte $x_i - x_0$ heraus. Induktion nach n).

10. Zeigen Sie, daß für eine n-zeilige Determinante über dem Körper K gilt:
    $\det(c.A) = c^n.\det A$, für alle $c \in K$.

11. Zeigen Sie, daß die Matrix A invertierbar ist und bestimmen Sie die Elemente b_{22} und b_{14} der inversen Matrix $A^{-1} = B = (b_{ij})$:

$$A = \begin{pmatrix} 4 & 3 & 2 & 1 \\ 3 & 2 & 1 & 4 \\ 2 & 1 & 4 & 3 \\ 1 & 4 & 3 & 2 \end{pmatrix}$$

12. Zeigen Sie, daß gilt: $(A \cdot B)^T = B^T \cdot A^T$.

13. Welche der folgenden Teilmengen der Menge aller (n,n)-Matrizen A bilden Gruppen bezüglich der angegebenen Operationen?

    a) $\langle \{A \mid \det A \neq 0\}, \cdot \rangle$

    b) $\langle \{A \mid A^T = A\}, + \rangle$

    c) $\langle \{A \mid A^T = A\}, \cdot \rangle$

    d) $\langle \{A \mid \det A = 1\}, \cdot \rangle$.

14. Lösen Sie folgendes Gleichungssystem mit Hilfe der Cramerschen Regel:

$$\begin{aligned} 2x_1 + 4x_2 + x_3 &= 3 \\ 3x_1 - x_2 + 6x_3 &= 2 \\ 6x_1 + 5x_2 + 12x_3 &= 1 \end{aligned}$$

15. Berechnen Sie A^{-1} mit Hilfe des "erweiterten Gaußschen Algorithmus"

$$A = \begin{pmatrix} 1 & 1 & 4 \\ 1 & 3 & 2 \\ 2 & -1 & 1 \end{pmatrix}$$

16. Untersuchen Sie mit Hilfe der Gramschen Determinante, ob die Vektoren

    $\mathfrak{a}_1 = (1,0,5,-4)$, $\mathfrak{a}_2 = (0,1,5,-2)$, $\mathfrak{a}_3 = (4,5,7,0)$,

    $\mathfrak{a}_4 = (-1,1,4,-1)$

    eine Basis des Vektorraumes $\mathbb{R}^4$ bilden.

17. Zeigen Sie, daß in einem euklidischen Vektorraum die Parallelogrammidentität gilt:

    $|\mathfrak{x}+\mathfrak{y}|^2 + |\mathfrak{x}-\mathfrak{y}|^2 = 2\,(|\mathfrak{x}|^2+|\mathfrak{y}|^2)$ für alle $\mathfrak{x},\mathfrak{y} \in \mathbb{R}^n$.

18. In welchem Fall gilt in der Dreiecksungleichung das Gleichheitszeichen?

19. Ermitteln Sie mit Hilfe des Schmidtschen Orthogonalisierungsverfahrens ein ONS des von den Vektoren $\mathfrak{a}_1=(3,1,0,2)$, $\mathfrak{a}_2=(-1,0,2,3)$, $\mathfrak{a}_3=(0,0,1,0)$ aufgespannten Unterraumes des Vektorraumes $\mathbb{R}^4$ (kanonische Basis).

20. Analog für $\varphi_1=(1,2,0,0)$, $\varphi_2=(0,1,2,0)$, $\varphi_3=(0,0,1,2)$.
Welche Koordinaten hat der Vektor $b=(1,3,3,2)$ (bezogen auf die kanonische Basis) bezüglich der neuen Basis in $L(\varphi_1,\varphi_2,\varphi_3)$?

21. Ergänzen Sie die Matrix A zu einer orthogonalen Matrix über $\mathbb{R}$ und berechnen Sie A^{-1}:

$$A = \begin{pmatrix} 0 & -\frac{1}{\sqrt{2}} & \cdot \\ \frac{1}{\sqrt{2}} & \cdot & \cdot \\ \cdot & \cdot & \cdot \end{pmatrix}$$

22. Zeigen Sie, daß die folgende Matrix A orthogonal ist und daß gilt $\det A^n = (-1)^n$.

$$A = \begin{pmatrix} \cos\varphi & 0 & \sin\varphi \\ 0 & -1 & 0 \\ -\sin\varphi & 0 & \cos\varphi \end{pmatrix}$$

23. Berechnen Sie die Eigenwerte und Eigenräume der Matrix A über $\mathbb{R}$:

a) $A = \begin{pmatrix} 2 & -2 & 2 \\ 2 & -3 & 4 \\ 1 & -2 & 3 \end{pmatrix}$ b) $A = \frac{1}{3}\begin{pmatrix} 7 & 0 & -2 \\ 0 & 5 & -2 \\ -2 & -2 & 6 \end{pmatrix}$

24. Berechnen Sie die Eigenwerte der Matrix A über $K=\{0,1\}$:

$$A = \begin{pmatrix} 0 & 1 & -1 \\ -1 & 0 & 1 \\ 1 & 1 & 0 \end{pmatrix}$$

25. Zeigen Sie: Eine reelle schiefsymmetrische Matrix $A=(a_{ij})$ (d.h. $a_{ij} = -a_{ji}$ für alle $i,j=1,\dots,n$) kann nur Null als reellen Eigenwert haben.
(Anleitung: Man bilde $\varphi^T \cdot A^T \cdot A \cdot \varphi$.)

Literatur

[1] G.Fischer: Lineare Algebra.
rororo Vieweg, Braunschweig-Hamburg 1975

[2] H.-J.Kowalsky: Einführung in die lineare Algebra.
Walter de Gruyter - Verlag , Berlin 1974

[3] R.Lingenberg: Einführung in die lineare Algebra. (Mathematik für Physiker/ 4.) Bibliographisches Institut, Mannheim 1976

[4] K.Manteuffel-E.Seiffart-E.Vetters: Lineare Algebra.
B.G.Teubner, Leipzig 1975

[5] H.Mitsch: Lineare Algebra und Geometrie I.
Prugg-Verlag, Wien 1978

III. Algebraische Codierungstheorie

Das zentrale Thema dieses Kapitels sind algebraische Methoden zur Senkung der Fehlerquote bei der Datenübertragung bzw. Datenspeicherung.

1. Grundprinzipien der Codierung

Beim Wort "Codierung" werden die meisten an "Verschlüsselung" (zu Geheimhaltungszwecken) denken. Eine solche Verschlüsselung stellt jedoch nur einen speziellen Fall von Codierung dar: allgemein ist jede Vorschrift, die Informationen in irgendeiner Weise darstellt (z.B. durch Symbolfolgen, wie es etwa die Wörter einer Sprache sind), eine Codierung. Codierungen werden in der Praxis zu verschiedensten Zwecken durchgeführt; als für den Informatiker besonders relevant erweisen sich folgende

Beispiele für Codierungen:

1. Codierung zur Komprimierung der Information; eine solche liegt etwa bei den folgenden Zuordnungen vor:
   a) Lehrveranstaltung → Inskriptionsnummer
   b) Österreicher → Sozialversicherungsnummer
   c) Zulassungsbezirk eines Kraftfahrzeugs → Teil der Buchstaben-Ziffern-Kombination der Autonummer
2. Codierung zur Ermöglichung der weiteren Bearbeitung (z.B. Übertragung oder Speicherung) der Information; eine solche liegt etwa vor bei Übersetzung der Information in
   a) Leuchtsignale oder akustische Signale (z.B. SOS-Signale),
   b) das Morsealphabet (zur telegrafischen Übertragung),
   c) Symbolfolgen aus Elementen 0 und 1 (zur Verarbeitung im Computer).

Zumeist wird man die hier genannte Übersetzung in geeignete Symbole gleichzeitig zur Komprimierung der Information nützen. Eine weitere Notwendigkeit der Codierung ergibt sich durch die

Probleme der Informationsübertragung:

Jede Informationsübertragung (als solche ist außer Funk-, Fernschreib-, Telefonübertragung und dergleichen auch das Speichern und Abrufen von Daten zu verstehen) läßt sich durch folgendes Schema darstellen :

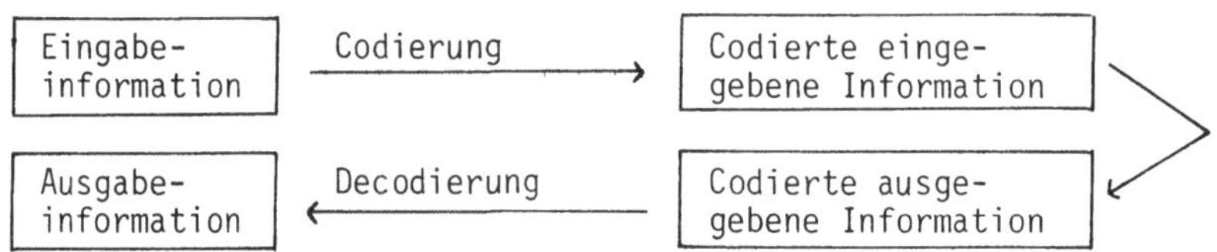

In jedem Schritt dieser Kette können Fehler auftreten (z.B. Fehler beim Ablochen (=Codierungsfehler), Funkstörungen bzw. Magnetbandfehler (=Übertragungsfehler)). Manche von ihnen werden sofort als solche erkennbar sein, wie z.B. das Auftreten eines Datums "30.Februar", einige von ihnen sogar vernünftig korrigierbar, wie etwa die meisten Tippfehler in einem maschingeschriebenen Text. *Im allgemeinen wird man jedoch die Eingabeinformation erweitern müssen, um dem Empfänger der Ausgabe durch diese Zusatzinformation eine Fehlererkennung bzw. -korrektur zu ermöglichen.* Man wird also die Eingabeinformation einer neuerlichen Codierung unterwerfen. Der gesamte Vorgang im Fall der Fehlerkorrektur ist dann durch das folgende Schema darstellbar :

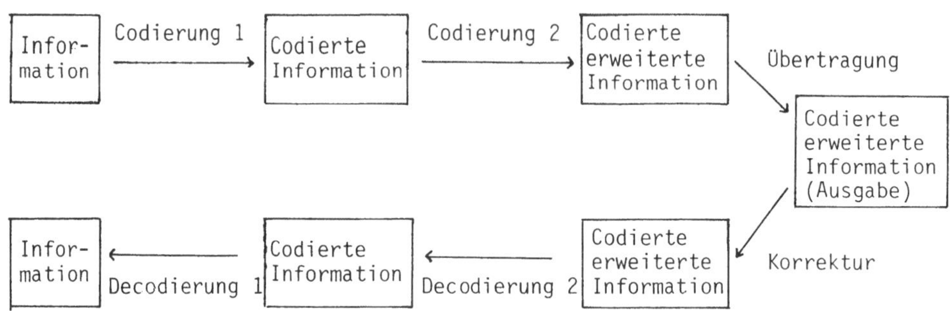

Man hat also zu unterscheiden zwischen zwei Codierungen, die verschiedenen Zwecken dienen:

Quellencodierung :

Diese (erste) Codierung dient dazu, die Information in für die Übertragung geeignete Gestalt zu bringen und zu komprimieren. Die Methoden dieser Codierung sind nicht algebraisch ; es sei daher bezüglich der Quellencodierung nur vermerkt, daß man sie so durchführen kann, daß jeder Information eine Symbolfolge zugeordnet ist und bei dieser Zuordnung jedes Symbol mit ungefähr der gleichen Wahrscheinlichkeit auftritt - im Gegensatz zu den Buchstaben unseres Alphabets in einem Text. Ferner kann man durch geeignete Quellencodierung stets erreichen, daß die Übertragungskapazität optimal ausgenützt wird (d.h. die Komprimierung der Information bestmöglich ist). Diese Eigenschaften der Quellencodierung werden im weiteren von wesentlicher Bedeutung sein für die zweite Codierung, die sogenannte

Kanalcodierung:

Der Name dieser Codierung stammt daher, daß man im allgemeinen das Übertragungsmedium als Kanal bezeichnet. Ist die Information bereits durch die Quellencodierung optimal komprimiert, so wird bei der zu Fehlerkennungs- und -korrekturzwecken durchgeführten Kanalcodierung eine Verlängerung der Symbolfolgen eintreten müssen. Wesentlich ist natürlich die Erkennung bzw. Korrektur von Fehlern am Ausgang des Kanals, da die beiden dann folgenden Decodierungen vom Empfänger stets überprüfbar sind, während ihm im allgemeinen keine Möglichkeit eingeräumt ist, die Richtigkeit der Codierungen und der Übertragung zu kontrollieren. Wir wollen uns in diesem Kapitel mit den Methoden der Kanalcodierung, von denen viele algebraischer Natur sind, beschäftigen.

Beispiele:

1. Die 26 Buchstaben des Alphabets kann man (etwa zu Zwecken elektrischer Übertragung) darstellen durch fünfstellige Folgen von Symbolen 0 und 1 (0 = kein Strom, 1 = Strom) :

A = 00000
B = 00001
C = 00010
D = 00011
....
Z = 11001

Nach dieser Quellencodierung kann man eine Kanalcodierung etwa durch Erweiterung jeder Folge durch ein sechstes Symbol durchführen und zwar z.B. durch 0, falls die Summe der fünf Symbole gerade ist und durch 1, falls diese Summe ungerade ist. Man erhält dann insgesamt:

A $\rightarrow$ 00000 $\rightarrow$ 000000
B $\rightarrow$ 00001 $\rightarrow$ 000011
C $\rightarrow$ 00010 $\rightarrow$ 000101
D $\rightarrow$ 00011 $\rightarrow$ 000110
....
Z $\rightarrow$ 11001 $\rightarrow$ 110011

In jeder kanalcodierten Symbolfolge ist nunmehr die Summe der Symbole gerade. Eine solche Kanalcodierung - die für beliebige {0,1}-Symbolfolgen analog durchführbar ist - nennt man <u>Quersummencode</u> (engl.: parity-check-code). Treten bei der Übertragung einer Symbolfolge Fehler an einer ungeraden Anzahl von Stellen auf, so hat die ausgegebene Symbolfolge eine ungerade Quersumme und der Empfänger erkennt, daß ein Fehler vorliegen muß; Fehler an einer geraden Anzahl von Stellen kann er im allgemeinen jedoch nicht erkennen. Sinnvolle Korrektur ist aus einer isolierten Ausgabefolge heraus nicht möglich, da bei erkennbarem Fehler die Fehlerstelle nicht zu ermitteln ist (es kann z.B. 000111 aus 000011 = B, 000101 = C, 000110 = D, usw. entstanden sein).

2. Eine weitere einfache Kanalcodierung ist die Wiederholung jeder Symbolfolge. Bei einmaliger Wiederholung ist jeder Fehler, der bei genau einer der beiden Übertragungen gemacht wurde, erkennbar. Bei zweimaliger Wiederholung kann man sogar alle bei nur genau einer der drei Übertragungen gemachten Fehler richtig korrigieren: erhält man z.B. als Ausgabe die Symbolfolge xyzxyyxyz, so wird man xyzxyzxyz als kanalcodierte Eingabe vermuten, also xyz als quellencodierte Information. Ist in Wirklichkeit xyy die Eingabe (ist also zweimal der Fehler $y \rightarrow z$ gemacht worden), so hat man auf diese Art falsch korrigiert.

Aufgrund des bisher Festgestellten und der angeführten Beispiele gelangt man zu folgenden

<u>Prinzipien der Kanalcodierung:</u>

1. Die Codierung soll eine möglichst große Sicherheit vor (zufälligen) Fehlern gewährleisten. Im Fall der Fehlerkorrektur soll die Wahrscheinlichkeit für eine falsche Korrektur möglichst klein sein.

2. Die Verfahren der Codierung und Decodierung sollen möglichst einfach und rasch durchführbar sein. Im Idealfall sollen diese Vorgänge nach einem effizienten, von einem Computer durchführbaren Algorithmus bewerkstelligt werden.

3. Die Übermittlung soll möglichst wirtschaftlich sein, d.h. die Anzahl der benötigten Symbole soll möglichst gering sein.

Die Güte einer Kanalcodierung hängt im allgemeinen in erster Linie von der Effizienz in Bezug auf die Fehlererkennung und -korrektur ab, sodann von der Einfachheit der Codierung und Decodierung und erst zuletzt von der Kanalbelastung.

Während der Quersummencode den Kanal kaum belastet und eine einfache Codierung erlaubt, ist er in seiner Fehlererkennungs- und Korrektureffizienz sehr schlecht; Wiederholungscodes zeichnen sich zwar durch einfache Codierung aus und gestatten eine gewisse Anzahl von Fehlerkorrekturen; sie belasten jedoch den Kanal über Gebühr.

Ein wesentlicher Nachteil beliebiger Symbolfolgen ist deren ungleiche Länge: der Empfänger ist nicht in der Lage, festzustellen, ob durch Übertragungsfehler Symbole angefügt oder weggelassen wurden. Es ist daher von Vorteil, jede Symbolfolge in gleichlange Blöcke zu zerteilen (mit eventuellem Auffüllen durch Leersymbole) und sodann diese Blöcke der Kanalcodierung zu unterwerfen.

Blockcodes:

Allgemein nennt man die Menge der durch den gegebenen Kanal übertragbaren Symbole das Eingabealphabet und jede Menge von gleichlangen Blöcken solcher Symbole einen Blockcode. Blockcodes haben außer den oben erwähnten Vorteilen noch den, daß man durch geschickte Quellencodierung und Blockzerlegung stets erreichen kann, daß nicht nur jedes Symbol sondern - im Gegensatz zu den einzelnen Informationen - auch jeder Block mit etwa der gleichen Wahrscheinlichkeit auftritt, was für die Fehlerkorrektur noch wesentlich sein wird.

2. Kanalcodierung und Fehlerkorrektur durch Blockcodes

In diesem Abschnitt sollen die grundlegenden Methoden der Fehlererkennung und -korrektur für Blockcodes dargestellt werden.

Die Informationen seien hier - und in allen späteren Abschnitten - bereits quellencodiert und in gleichlange Blöcke zerlegt. Jeden solchen Block wollen wir ein Nachrichtenwort nennen.

Kanalcodierung mittels Blockcodes:

Ist eine Menge N von Nachrichtenwörtern der Länge m über dem Eingabealphabet A gegeben (d.h. $N \subseteq A^m$), so wird die Kanalcodierung am besten durch eine Abbildung f_C von A^m in A^n (i.a. $n > m$) durchgeführt. Jedem Nachrichtenwort (Länge: m) wird dabei ein sogenanntes Codewort (Länge: n) zugeordnet. *Die Menge C dieser Codewörter (also $f_C(A^m) \subseteq A^n$) heißt dann ein Blockcode der Blocklänge n.* Sind in jedem Codewort die ersten m Symbole genau das entsprechende Nachrichtenwort, so heißt die Codierung f_C systematisch. Die restlichen n - m Symbole in jedem Codewort nennt man dann Kontrollsymbole. Ein Beispiel eines solchen Codes mit systematischer Codierung ist etwa der Quersummencode aus Abschnitt 1 (m = 5, n = 6). Blockcodes und systematische Codierung sind in der Praxis häufig: man denke etwa an die Datenspeicherung auf Magnetbändern mit m Informations- und (n-m) Kontrollspuren. Es sei aber nochmals erwähnt, daß man im allgemeinen aus dem Code C selbst keine Rückschlüsse auf die Art seines Zustandeskommens, also auf f_C ziehen kann.

Bevor wir auf Methoden der Codierung eingehen können, benötigen wir genauere Kenntnis über die Vorgangsweise zur Fehlererkennung bzw. -korrektur.

Fehlererkennung:

Diese geschieht allgemein durch Einteilung aller möglichen Empfangswörter (das sind für $C \subseteq A^n$ alle Wörter aus A^n) in drei Gruppen: richtig (R), *falsch* (F) *und ohne Entscheidung.* Alle Wörter aus R nimmt man als richtig übertragen an, alle aus F als falsch übertragen, während man für den Rest keine Entscheidung trifft. Natürlich muß $R \cap F = \emptyset$ gelten. Jede solche Einteilung $\{R,F\} = E(C)$ nennt man ein Fehlererkennungsschema für C.

Fehlerkorrektur:

Diese geschieht durch Einteilung der möglichen Empfangswörter (das sind die Elemente von A^n) in Gruppen, von denen jede einer "korrigierten" Ausgabe entspricht, mit Ausnahme einer Gruppe, für die keine Entscheidung getroffen wird. Da die "korrigierte" Ausgabe stets ein Codewort sein muß bedeutet das eine Einteilung der Elemente von A^n in Teilmengen T_c $(c \in C)$ - wobei für jedes $c \in C$ die Teilmenge T_c genau alle jene Elemente von A^n enthält, denen man die korrigierte Ausgabe c zuordnet - und eine Restmenge von unentschiedenen Fällen. Klarerweise muß dabei für $c \neq d$ aus C gelten: $T_c \cap T_d = \emptyset$. Jede solche Einteilung $\{T_c \mid c \in C\} = K(C)$ nennt man Korrekturschema für den Code C.

Um möglichst richtig zu korrigieren, wird man ein Element v *aus* A^n *in jenes* T_c *aufnehmen, für das die Wahrscheinlichkeit für das Ereignis "*c *wird eingegeben und* v *wird empfangen" maximal ist.* Tritt dieses Maximum bei einem v für mehrere $c \in C$ auf, so wird man entweder eines dieser c auswählen (und die Wahrscheinlichkeit einer falschen Korrektur erhöhen) oder v zu den unentschiedenen Fällen geben.

Sowohl Erkennungs-, als auch Korrekturschemata nennt man vollständig, wenn keine unentscheidbaren Fälle auftreten.

Wie wir gesehen haben, sind für die Konstruktion von Erkennungs- und Korrekturschemata

die Wahrscheinlichkeiten von Übertragungsfehlern

von wesentlicher Bedeutung. Für das Ereignis "Eingabe von $c \in C$ und Ausgabe von $v \in A^n$" ist die Wahrscheinlichkeit wegen der Grundregeln der Wahrscheinlichkeitsrechnung (siehe Kapitel 0) genau das Produkt der Wahrscheinlichkeiten p(c) des Auftretens des Codewortes c und der Wahrscheinlichkeit $p(v|c)$

der Fehlübertragung $c \to v$:

$$p(c \text{ und } c \to v) = p(c).p(v|c).$$

Gemäß den Prinzipien der Konstruktion von Korrekturschemata nimmt man $v \in A^n$ in jenes T_c auf, für das gilt:

$$p(c).p(v|c) = \max_{d \in C} p(d).p(v|d)$$

(zumindest soferne dieses c eindeutig bestimmt ist).

Sind die Übertragungsfehler an den einzelnen Symbolen eines Wortes voneinander unabhängig, so gilt (wenn man $c = c_1 \dots c_n$, $v = v_1 \dots v_n$ setzt) :

$$p(v|c) = p(c_1 \to v_1 \text{ und } \dots \text{ und } c_n \to v_n) = p(v_1|c_1) \dots p(v_n|c_n).$$

Da in der Praxis Fehler oft nicht voneinander unabhängig, d.h. zufällig verteilt sind, sondern in "Bündeln" auftreten, werden wir uns mit solchen Fehlerbündeln noch näher auseinandersetzen (siehe Abschnitt 5).

Es sei zunächst nur erwähnt, daß man im Fall $p(c).p(v|c) = p(d).p(v|d)$ im allgemeinen die Entscheidung $v \in T_c$ oder $v \in T_d$ unter Berücksichtigung dessen treffen wird, daß "Fehlerbündel" wahrscheinlicher sind als verstreute Fehler.

Man sieht aus der Konstruktion der Korrekturschemata, daß es von Vorteil ist, die Quellencodierung und Blockzerlegung so durchzuführen, daß alle Blöcke etwa gleichwahrscheinlich sind. In diesem Fall tritt jedes Nachrichtenwort - und damit jedes Codewort c - mit einer Wahrscheinlichkeit von etwa $p(c) = \frac{1}{|C|}$ auf und es genügt bei Empfang von $v \in A^n$ jenes $c \in C$ zu suchen, für das $p(v|c)$ maximal ist.

Eine analoge Vereinfachung ergibt sich, falls alle möglichen Übertragungsfehler $c_i \to v_i$ gleichwahrscheinlich sind. Diese Eigenschaft führt zum Begriff:

<u>Symmetrischer Kanal:</u>

Unter einem solchen versteht man einen Kanal, bei dem jeder Übertragungsfehler $a \to b$ $(a,b \in A)$ *die gleiche Wahrscheinlichkeit* p *hat.* Klarerweise soll ein Kanal mit größerer Wahrscheinlichkeit richtig übertragen, also soll gelten:

$$q = p(a|a) = 1 - \sum_{\substack{b \in A \\ b \neq a}} p(b|a) = 1 - (|A| - 1)p \geq \frac{1}{2} .$$

Für $|A| = s$ kann man natürlich die Elemente von A stets mit $0,1,\dots,s-1$ bezeichnen. In der Praxis sind <u>symmetrische Binärkanäle</u> sehr häufig. Das sind symmetrische Kanäle mit dem Eingabealphabet $A = \{0,1\}$ und einer Übertragungsfehlerwahrscheinlichkeit $p \le \frac{1}{2}$; es ist dann $q = p(a|a) = 1 - p$ für $a = 0,1$.

Die Wahrscheinlichkeit von Übertragungsfehlern bei symmetrischen Kanälen:

Ist der Kanal symmetrisch, so hängt $p(v|c)$ nur von der Anzahl der Fehlerstellen in $c \to v$ ab. *Die Anzahl der Stellen* i *aus* $\{1,\dots,n\}$, *an denen sich zwei Elemente* v *und* w *aus* A^n *unterscheiden* (*also mit* $v_i \neq w_i$), *nennt man die* <u>*Hamming-Distanz*</u> *von* v *und* w (*in Zeichen* $d(v,w)$). Diese Distanz ist nach R.W. Hamming benannt, einem der Pioniere der Codierungstheorie.

Die Abbildung $d: A^n \times A^n \to \mathbb{N}_0$, definiert durch $(v,w) \to d(v,w)$ erfüllt die Eigenschaften jeder Distanzfunktion (für alle $x,v,w \in A^n$) :

1. $d(v,w) \geq 0$ und $d(v,w) = 0 \Leftrightarrow v = w$,
2. $d(v,w) = d(w,v)$,
3. $d(v,w) \leq d(v,x) + d(x,w)$ (Dreiecksungleichung).

(siehe Aufgabe 1.).

Man erhält also für einen symmetrischen Kanal mit Übertragungsfehlerwahrscheinlichkeit p bei gleichwahrscheinlichen Nachrichtenwörtern:

$$p(c \text{ und } c \to v) = \frac{1}{|C|} \cdot p^{d(v,c)} \cdot q^{n-d(v,c)}.$$

Wegen $q \geq \frac{1}{2}$ ist diese Wahrscheinlichkeit um so größer, je kleiner $d(v,c)$ ist. Man wird daher bei gleichwahrscheinlichen Nachrichtenwörtern und symmetrischem Kanal das Element $v \in A^n$ in jenes T_c aufnehmen, für das $d(v,c)$ minimal ist.

Die Fehlererkennungs- und Korrekturkapazität eines Blockcodes bei gleichwahrscheinlichen Nachrichtenwörtern und symmetrischem Kanal:

Für jeden Blockcode C gilt:

a) *Es gibt genau dann ein Schema* E(C), *mit dem alle Fehler an höchstens* s *Stellen erkannt werden, wenn der Minimalabstand zwischen den verschiedenen Codewörtern mindestens* s+1 *ist.*

b) *Es gibt genau dann ein Schema* K(C), *mit dem alle Fehler an höchstens* s *Stellen korrigiert werden, wenn der Minimalabstand zwischen den verschiedenen Codewörtern mindestens* 2s+1 *ist* .

Die Aussage a) gilt, da für $d_{min}(C) \geq s+1$, $R = C$, $F = A^n \setminus C$ alle Fehler an höchstens s Stellen erkennen läßt, während für $d_{min}(C) \leq s$ Codewörter $c,u \in C$ mit $d(c,u) \leq s$ existieren und der Fehler $c \to u$ nicht erkannt werden kann.

b) erhält man aus folgender Überlegung: Ist $d_{min}(C) \geq 2s+1$, so ist durch die Festsetzung $T_c = \{w \in A^n \mid d(w,c) \leq s\}$ ein Korrekturschema K(C) definiert, mit dem alle Fehler an höchstens s Stellen korrigiert werden.

Ist jedoch $d_{min}(C) \leq 2s$, so gibt es Codewörter $c,u \in C$ mit $d(c,u) \leq 2s$ und daher ein "Zwischenwort" $w \in A^n$ mit $d(c,w) = s$, $d(w,u) = d(c,u) - s \leq s$. Bei der Festsetzung $w \in T_c$ würde also der Fehler $u \to w$ falsch korrigiert, bei $w \in T_u$ der Fehler $c \to w$.

Beispiel:

Über einen symmetrischen Binärkanal sollen die Nachrichtenwörter 001, 110, 011, 100, 101 mittels eines systematischen Blockcodes übermittelt werden. Da fünf Nachrichtenwörter vorliegen, ist die minimale Blocklänge gleich 3. Wir bestimmen die Abstände zwischen den Nachrichtenwörtern:

d	001	110	011	100	101
001	0	3	1	2	1
110		0	2	1	2
011			0	3	2
100				0	1
101					0

Aufgrund der auftretenden Abstände können viele Fehler nicht erkannt und fast keine korrigiert werden.

Um Einfachfehler korrigieren zu können, ist es nach obigem Satz notwendig, daß wir aus den Nachrichtenwörtern einen Code C mit $d_{min}(C) \geq 3$ konstruieren. Dies ist, wie man überlegen kann, nur bei Hinzufügen von mindestens drei Kontrollsymbolen möglich. Wählt man beispielsweise

001 → 001011
110 → 110001
011 → 011100
100 → 100110
101 → 101101,

so erhält man in unserem Blockcode folgende Abstandsverhältnisse:

d	001011	110001	011100	100110	101101
001011	0	4	4	4	3
110001		0	4	4	3
011100			0	4	3
100110				0	3
101101					0

Ein sinnvolles Korrekturschema für diesen Code wäre:

	T_{c_1}	T_{c_2}	T_{c_3}	T_{c_4}	T_{c_5}
C	001011	110001	011100	100110	101101
d(w,c) = 1 für ein $c \in C$	101011 011011 000011 001111 001001 001010	010001 100001 111001 111101 110011 110000	111100 001100 010100 011000 011110 011101	000110 110110 101110 100010 100100 100111	001101 111101 100101 101001 101111 101100
d(w,c) = 2 minimal für genau ein $c \in C$					111111 101000 000101

Die restlichen Wörter haben zu zumindest zwei Codewörtern den gleichen minimalen Abstand. Daher haben wir sie in das Schema nicht aufgenommen. Somit korrigiert der Code C mit dem Schema K(C) alle Fehler an einer Stelle und drei der möglichen Fehler an zwei Stellen.

Die Fehler an drei bzw. vier Stellen können wegen d(c,a) = 3 bzw. 4 für $c,a \in C$ nicht erkannt werden. Wählt man $E(C) = \{C,\{0,1\}^n \setminus C\}$, so erkennt der Code alle Fehler an höchstens zwei Stellen, und alle an fünf oder sechs Stellen.

Mit Hilfe der Grundregeln der Wahrscheinlichkeitstheorie (Kapitel 0.3) berechnet man die

Wahrscheinlichkeit des Nichterkennens eines Fehlers:

Ist E(C) = {R,F} ein Fehlererkennungsschema zum Code C, so gibt es bei der Eingabe eines festen Codewortes $c \in C$ folgende Möglichkeiten:

1. $c \to c \in R$, richtige Übertragung, kein unentschiedener Fall;
2. $c \to w \in R$, $w \neq c$, Nichterkennung des Fehlers (abgekürzt: nE);
3. $c \to w \in F$, Erkennen des Fehlers (abgekürzt: E);
4. $c \to w \in A^n \setminus (R \cup F)$, unentschiedener Fall (abgekürzt: U).

Die Wahrscheinlichkeiten für diese vier Fälle bei Eingabe von $c \in C$ sind:

1. $p(c|c)$,
2. $p(c,nE,E(C)) = \sum_{\substack{w \in R \\ w \neq c}} p(w|c)$,

3. $p(c,E,E(C)) = \sum_{w\in F} p(w|c)$,

4. $p(c,U,E(C)) = \sum_{w\notin R\cup F} p(w|c)$.

Daraus ergeben sich:

a) als Wahrscheinlichkeit, daß ein Fehler eintritt, der mit E(C) nicht erkannt wird:

$$p(nE,E(C)) = \sum_{c\in C} p(c).p(c,nE,E(C)) = \sum_{c\in C} p(c).\sum_{\substack{w\in R\\ w\neq c}} p(w|c).$$

b) als Gesamtwahrscheinlichkeit, auf einen durch E(C) erkennbaren Fehler zu kommen:

$$p(E,E(C)) = \sum_{c\in C} p(c).\sum_{w\in F} p(w|c).$$

c) als Gesamtwahrscheinlichkeit, auf einen in E(C) unentschiedenen Fall zu kommen:

$$p(U,E(C)) = \sum_{c\in C} p(c).\sum_{w\notin R\cup F} p(w|c).$$

Wahrscheinlichkeit der falschen Korrektur:

Für $K(C) = \{T_c \mid c\in C\}$ (mit $c\in T_c$ für alle $c\in C$) gibt es bei Eingabe eines festen $c\in C$ folgende Möglichkeiten:

1. $c \to w\in T_c$, richtige Übertragung bzw. richtige Korrektur (rK);
2. $c \to w\in T_d$, $d\neq c$, falsche Korrektur (fK);
3. $c \to w\notin \bigcup_{c\in C} T_c$, unentschiedener Fall (U).

Die Wahrscheinlichkeiten in diesen Fällen bei Eingabe von $c\in C$ sind:

1. $p(c,rK,K(C)) = \sum_{w\in T_c} p(w|c)$,
2. $p(c,fK,K(C)) = \sum_{d\in C\setminus\{c\}} \sum_{w\in T_d} p(w|c)$.
3. $p(c,U,K(C)) = \sum_{w\notin \bigcup_{d\in C} T_d} p(w|c)$.

Daraus ergeben sich folgende Gesamtwahrscheinlichkeiten, bei Verwendung von K(C) auf rK, fK bzw. U zu kommen:

1. $p(rK,K(C)) = \sum_{c\in C} p(c) . \sum_{w\in T_c} p(w|c)$.
2. $p(fK,K(C)) = \sum_{c\in C} p(c) . \sum_{d\in C\setminus\{c\}} \sum_{w\in T_d} p(w|c)$.

3. $p(U,K(C)) = \sum_{c\in C} p(c) \cdot \sum_{w\notin \bigcup_{d\in C} T_d} p(w|c).$

Sind alle Codewörter gleichwahrscheinlich und alle Übertragungsfehler $\alpha \to \beta$ ($\alpha \neq \beta, \alpha,\beta \in A$) von gleicher Wahrscheinlichkeit $p \leq \frac{1}{|A|}$, d.h. liegt ein symmetrischer Kanal vor, so vereinfachen sich die Formeln gemäß $p(c) = \frac{1}{|C|}$ für alle $c \in C$, bzw. $p(w|c) = p^{d(w,c)} \cdot q^{n-d(w,c)}$, wobei $q = 1 - (|A| -1)p$.

Man beachte, daß sich zunächst durch die Verlängerung der Wörter bei der Kanalcodierung die Wahrscheinlichkeit von Übertragungsfehlern erhöht, was aber durch geschickte Wahl der Kanalcodierung mehr als ausgeglichen wird. Für das in diesem Abschnitt behandelte Beispiel ergibt sich etwa:

1. als Wahrscheinlichkeit $p(F)$ des Auftretens von Übertragungsfehlern bei Übertragung der nicht kanalcodierten Nachrichtenwörter 001, 110, 011, 100, 101 für $p = \frac{1}{5}$ und $q = \frac{4}{5}$:

$$p(F) = 3p.q^2 + 3p^2.q + p^3 = \frac{61}{125} \approx \frac{1}{2}.$$

(Die Koeffizienten 3,3,1 sind die Anzahlen der Möglichkeiten des Auftretens von genau einem, genau zwei bzw. genau drei Fehlern in einem beliebigen Nachrichtenwort).

2. als Wahrscheinlichkeit $p(fK,K(C))$ des Auftretens falscher Korrekturen bei der Verwendung der oben angegebenen Kanalcodierung und des angeführten Korrekturschemas:

$$p(fK,K(C)) = \frac{1}{5}(12(p^4q^2 + 2p^5q + 4p^3q^3) + 8(p^3q^3 + 3p^4q^2 + 3p^2q^4) + 3p^3q^3 + \\ + 3p^3q^3 + 3p^3q^3 + 3p^3q^3) = \frac{11168}{78.125} \approx \frac{1}{7}.$$

(Die Koeffizienten 12,8,3,3,3,3 ergeben sich aus der Tabelle der Hammingdistanzen der Codewörter).

3. Gruppencodes

Wir haben in den bisherigen Beispielen die Codierung und Fehlererkennung bzw. Fehlerkorrektur stets an Hand gewisser Listen ausgeführt. Vor allem bei langen Nachrichten sind diese Verfahren umständlich und aufwendig. In der Praxis werden diese Vorgänge meist von Rechenanlagen ausgeführt, daher benötigt man bei der bisher von uns verwendeten Beschreibung von Codes (im Falle von vielen Codewörtern) sehr viel Speicherplatz. Wir wollen nun den Aufwand zur Beschreibung von Codes herabsetzen, indem wir sie mit einer algebraischen Struktur versehen. Als einfachste Struktur bietet sich dabei die Gruppe an.

Abelsche Gruppen als Codes:

Wir nehmen als Alphabet eine abelsche Gruppe $\langle A,+\rangle$. *Nun wählen wir einen Code* C *der Blocklänge* n *über* A *derart, daß* $\langle C,+\rangle$ *eine Untergruppe des* n-*fachen Produkts* $\langle A^n,+\rangle$ (+ *komponentenweise*) *von* $\langle A,+\rangle$ *ist. Man nennt dann* C *einen Gruppencode über* $\langle A,+\rangle$. Wir setzen bei den folgenden Überlegungen voraus, daß jedes Element von A mit derselben Wahrscheinlichkeit auftritt und der Kanal symmetrisch ist.

Die algebraische Struktur von C nützt man vielfach aus. So verwendet man beispielsweise als Codierungsfunktion f_C meist einen Homomorphismus, da dann f_C durch die Kenntnis der Bilder der Elemente eines Erzeugendensystems bestimmt ist.

Wird ein Wort $x \in A^n$ gesendet, das Wort y empfangen, so bezeichnet man als Fehlerwort (auch Fehlermuster genannt) jenes $e \in A^n$, das die Gleichung $x + e = y$ erfüllt. Auf Grund der Rechengesetze in $\langle A,+\rangle^n$ gelten dann natürlich auch die Gleichungen $x = y - e$ und $e = y - x$.

Unter dem Hamming-Gewicht $w(x)$ *eines Wortes* $x \in A^n$ *versteht man die Anzahl der darin auftretenden von* 0 *verschiedenen Symbole.*

Dieser Begriff steht in enger Verbindung mit dem Begriff des Hamming-Abstandes von zwei Codewörtern. Sind $x = x_1x_2\ldots x_n$, $y = y_1y_2\ldots y_n \in A^n$, *so ist das Gewicht* $w(x-y)$ *des Codewortes* $x-y$ *gleich der Anzahl der Stellen mit* $x_i \neq y_i$. *Also gilt folgende Formel:*

$$d(x,y) = w(x-y).$$

Wir haben im vorigen Abschnitt gesehen, daß der minimale Abstand zwischen den Codewörtern Auskunft über die Leistungsfähigkeit des Codes C bei der Fehlererkennung und Fehlerkorrektur gibt.

Bestimmung des minimalen Abstandes für Gruppencodes:

Ist C *ein Gruppencode, so ist der minimale Abstand zwischen den Codewörtern gleich dem minimalen Gewicht der vom Nullwort verschiedenen Codewörter.*

Seien $x,y \in A^n$ verschiedene Codewörter, für die der minimale Abstand angenommen wird, d.h. $d(x,y) = k$. Bezeichne t das minimale Gewicht der Codewörter ungleich dem Wort Null. Da $x \neq y$ ist, haben wir $x - y \neq 0\ldots0 = 0$ (=Nullwort). Somit ist $k = d(x,y) = w(x-y) \geq t$. Da $0 \in C$, gilt aber auch $t = w(c) = w(c-0) = d(c,0) \geq k$. Also ist $t = k$.

Nun wollen wir uns noch mit der

beschäftigen. Wir sagen, ein Schema $E(C)$ ($K(C)$) erkennt (korrigiert) ein Fehlerwort e, wenn $E(C)$ ($K(C)$) jeden Fehler $c \to c+e$ (für alle $c \in C$) erkennt (richtig korrigiert). Da der minimale Abstand in einem Gruppencode C durch das minimale Gewicht der von Null verschiedenen Codewörter gegeben ist, setzt man $c+e \in T_c$ nur dann, wenn $w(e) = \min_{d \in C} w(d-(c+e))$.

Ist C ein Gruppencode und sind $e^{(1)}$, $e^{(2)}$ verschiedene Fehlerwörter mit $e^{(1)} - e^{(2)} \in C$, dann gibt es kein Korrekturschema $K(C)$, welches $e^{(1)}$ und $e^{(2)}$ korrigiert. Denn $K(C)$ korrigiert $e^{(1)}$ genau dann, wenn $c+e^{(1)} \in T_c$ für alle $c \in C$. Also ist $e^{(1)} \in T_0$ (0 bezeichnet das Nullwort in C). Da laut Voraussetzung auch $e^{(2)}$ korrigiert wird, ist nun $e^{(1)} = (e^{(1)} - e^{(2)}) + e^{(2)} \in$ $\in T_{e^{(1)}-e^{(2)}}$. Das ist ein Widerspruch zu $T_c \cap T_d = \emptyset$ für $c \neq d$.

Daher gibt es zu jedem Korrekturschema $K(C)$ *eines Gruppencodes* C *in jeder Nebenklasse von* $\langle A^n,+\rangle$ *modulo* C *höchstens ein Fehlerwort, das durch* $K(C)$ *korrigiert wird.* Ist $|A| = k$ und $|C| = k^m$, so werden also höchstens k^{n-m} Fehlerwörter durch $K(C)$ korrigiert. Da zur Fehlerkorrektur jedes $x \in A^n$ in ein T_c aufgenommen wird, für das $w(e) = w(x-c)$ minimal ist, wird man für das in einer Nebenklasse enthaltene korrigierbare Fehlerwort e nur ein Wort wählen, das unter den Elementen der Nebenklasse minimales Gewicht hat. Besitzt eine Nebenklasse mehrere Elemente mit minimalem Gewicht w_0, so sind sicher nicht alle Fehler vom Gewicht w_0 richtig korrigierbar.

Konstruktion eines Korrekturschemas mittels der Nebenklassenzerlegung einer Gruppe:

Schritt 1: Man zerlegt die Gruppe $\langle A^n,+\rangle$ nach $\langle C,+\rangle$ in Nebenklassen.

Schritt 2: In jeder Nebenklasse bestimmt man alle Elemente mit minimalem Gewicht.

Schritt 3: Ist in einer Nebenklasse $v+C$ das Element $e^{(v)}$ von minimalem Gewicht eindeutig bestimmt, so nimmt man es als Repräsentanten der Nebenklasse und setzt $e^{(v)} + c \in T_c$ ($\forall\, c \in C$). Man nennt $e^{(v)}$ den Anführer der Nebenklasse $v+C$. Da für $x \in T_c$ das Codewort $c = x - e^{(v)}$ jenes ist, das zu x den geringsten Hamming-Abstand hat, ist die Fehlerkorrektur in diesem Fall eindeutig.

Ist in einer Nebenklasse $u+C$ das Element mit minimalem Gewicht nicht eindeutig bestimmt, so wählt man unter den Elementen mit minimalem Gewicht einen Anführer $e^{(u)}$ dieser Nebenklasse aus und setzt $e^{(u)} + c \in T_c \;\; \forall\, c \in C$. Da für jedes $x \in T_c$ die Korrektur von x zu c nicht die einzige mit maximaler Wahrscheinlichkeit $p(x|c)$ ist, erhält man in diesem Fall kein eindeutig bestimmtes Verfahren zur Fehlerkorrektur.

Ist die Auswahl des Anführers einer Nebenklasse nicht eindeutig bestimmt, d.h. gibt es in einer Nebenklasse mehrere Wörter mit minimalem Gewicht, so wählt man meist jenes Wort aus, in dem die Elemente ungleich 0 benachbart sind, da diese Fehlerbündel darstellen (siehe Abschnitt 5).

Beispiel:

Sei C ein Gruppencode der Blocklänge 6. Wir schreiben alle Wörter von C in eine Reihe, beginnend mit dem Wort Null:

000000 100110 010101 001011 110011 101101 011110 111000

Nun bestimmen wir ein Wort x von minimalem Gewicht unter den Elementen von $\{0,1\}^n \setminus C$ und bilden die Nebenklasse $x + C$ und schreiben jeweils $x + c$ unter das Wort c:

000000 100110 010101 001011 110011 101101 011110 111000
100000 000110 110101 101011 010011 001101 111110 011000

Diesen Vorgang wiederholen wir solange, bis die gesamte Nebenklassenzerlegung von $<\{0,1\}^n,+>$ nach $<C,+>$ vorliegt. *Das so erhaltene Korrekturschema nennt man Standardschema:*

000000	100110	010101	001011	110011	101101	011110	111000
100000	000110	110101	101011	010011	001101	111110	011000
010000	110110	000101	011011	100011	111101	001110	101000
001000	101110	011101	000011	111011	100101	010110	110000
000100	100010	010001	001111	110111	101001	011010	111100
000010	100100	010111	001001	110001	101111	011100	111010
000001	100111	010100	001010	110010	101100	011111	111001
001100	101010	011001	000111	111111	100001	010010	110100

Man korrigiert nun jedes empfangene Wort zu dem Wort an der Spitze jener Spalte, in der es im Standardschema steht.

Wie man sofort aus der ersten Zeile des Standardschemas erkennt, hat C die Minimaldistanz 3. C kann also Einfachfehler korrigieren.

Da bei diesem Verfahren die Anführer der Nebenklassen genau jene Fehlerwörter sind, die korrigiert werden, nennt man das Verfahren auch Korrektur durch Anführer der Nebenklassen.

In der letzten Zeile des Schemas ist die Auswahl des Anführers aus der dort angeschriebenen Nebenklasse nicht eindeutig.

4. Lineare Codes

Wie wir im vorigen Abschnitt gesehen haben, kann man Blockcodes leistungsfähiger zur Fehlererkennung und Fehlerkorrektur machen, wenn man sie mit einer algebraischen Struktur versieht. Wir versuchen nun, einen Blockcode C so zu wählen, daß C einen Vektorraum über einem geeigneten endlichen Körper bildet. Daraus werden sich sowohl für die Kanalcodierung, als auch die Fehlerkorrektur Vorteile ergeben.

Definition eines linearen Codes:

Sei $<A,+,.>$ *ein Körper. Ein Blockcode* C *der Blocklänge* n *über* A *heißt linearer Code über* A, *wenn* C *ein Unterraum des Vektorraumes* $<A^n,+,A>$ *ist. Ist die Dimension von* C *gleich* k, *so bezeichnet man* C *als* (n,k)-*Linearcode über* A.

Wir setzen im folgenden voraus, daß der Übertragungskanal als Eingabealphabet die Elemente eines endlichen Körpers besitzt, und symmetrisch ist.

Vorteile von Linearcodes bei der Kanalcodierung:

Linearcodes sind vor allem dann von Interesse, wenn man die gegebene Nachricht so quellencodiert, daß $<N,+,A>$ einen Teilraum von A^s bildet (s geeignet gewählt). Dann kann man nämlich als Codierungsfunktion f_C eine lineare Abbildung verwenden. Um diese zu berechnen, braucht man nur die Bilder einer Basis zu kennen. Zur Gewährleistung der Bijektivität von $f_C : N \to C$ wählt man $\dim C = \dim N =: k$. Dann ist $<N,+,A>$ isomorph zu $<A^k,+,A>$.

Um Linearcodes rasch und effizient beschreiben zu können (dies ist bei Durchführung von Codierung und Decodierung mittels Rechenanlagen besonders wichtig, da in diesem Fall nur beschränkt Speicherplätze zur Verfügung stehen), bedient man sich des Begriffs der

Basismatrix:

Ist C *ein* (n,k)-*Linearcode über* A *und* $\{g^{(1)},\dots,g^{(k)}\}$ *eine Basis von* C, *dann heißt die aus den Zeilenvektoren* $g^{(1)},\dots,g^{(k)}$ *gebildete* (k,n)-*Matrix* G *die zu* $\{g^{(1)},\dots,g^{(k)}\}$ *gehörende Basismatrix (auch Generatormatrix) für* C.

Ein linearer Code C besitzt im allgemeinen verschiedene Basen und daher verschiedene Basismatrizen.

Jede lineare Codierungsfunktion $f_C : A^k \to C$ hat (wie wir aus Kapitel II. wissen) die Gestalt

$$v \mapsto \sum_{i=1}^{k} v_i g^{(i)} = v.G$$

für eine geeignete Basismatrix G von C mit den Zeilenvektoren $g^{(1)},\dots,g^{(k)}$.

Lineare Codierung:

Ist ein (n,k)-Linearcode C mit linearer Codierungsfunktion $f_C : A^k \to C$, definiert durch $v \to v.G$, gegeben, so kann die Berechnung von $f_C^{-1} : C \to A^k$, also

$$c = \sum_{i=1}^{k} v_i g^{(i)} \mapsto v,$$

durch Multiplikation von c mit einer $(n \times k)$-Matrix $\overline{G}$ erfolgen. Man kann eine solche Matrix aus der Matrizengleichung $G.\overline{G} = I_k$ berechnen. Bei dieser Matrizengleichung treten k^2 Gleichungen mit kn Unbekannten auf, also gibt es stets eine Lösung.

Matrizengleichung treten k Gleichungssysteme mit k Gleichungen und n Unbekannten und gemeinsamer Systemmatrix G(vom Rang k) auf; also gibt es stets eine Lösung.

Im allgemeinen kann man einen (n,k)-Linearcode C durch mehrere lineare Codierungsfunktionen f_C erhalten. Der Übergang von einer Codierungsfunktion $f_C : A^k \to C$, definiert durch $v \to vG$, zu einer anderen $f_C' : A^k \to C$, definiert durch $v \to vG'$, kann durch Multiplikation mit der Matrix $\overline{G}G'$ erfolgen: $vG \to vG\overline{G}G' = vG'$. Die Matrix $\overline{G}G'$ ist eine $(n \times n)$-Matrix .

Systematische lineare Codierung:

Wir haben einen Blockcode systematisch genannt, wenn jeweils die ersten k Stellen des Codewortes das quellencodierte Nachrichtenwort aus N darstellen. *Offensichtlich ist ein* (n,k)-*Linearcode* C *mit linearer Codierungsfunktion* f_C *, definiert durch* $v \to vG$, *genau dann systematisch, wenn gilt:*

$$G = \begin{pmatrix} 1 & 0 \dots 0 & g_{k+1}^{(1)} & g_{k+2}^{(1)} & \dots & g_n^{(1)} \\ \dots & \dots & \dots & \dots & \dots & \dots \\ 0 & 0 \dots 1 & g_{k+1}^{(k)} & g_{k+2}^{(k)} & \dots & g_n^{(k)} \end{pmatrix}$$

Denn genau in diesem Fall sind die ersten k Komponenten von vG gegeben durch $v_1,\dots,v_k$.

Mit dem erweiterten Gaußschen Algorithmus (siehe Kapitel II.4.) kann man jede Basismatrix G eines linearen Codes zu einer Matrix G' der Gestalt

$$\begin{pmatrix} 1 & 0 & \dots & 0 & c_{1(k+1)} & \dots & c_{1n} \\ 0 & 1 & \dots & 0 & c_{2(k+1)} & \dots & c_{2n} \\ \dots & & & & & & \dots \\ 0 & 0 & \dots & 1 & c_{k(k+1)} & \dots & c_{kn} \end{pmatrix}$$

umformen.

Die erhaltene Matrix G' ist dann eine Basismatrix für einen Linearcode C', der sich von C nur durch die Reihenfolge der Komponenten unterscheidet. Er leistet damit für die Fehlererkennung und Fehlerkorrektur dasselbe, da das minimale Gewicht der Codewörter $\neq 0$ dabei unverändert bleibt. Man nennt den Code C' daher zu C äquivalent.

Also gibt es zu jedem (n,k)-*Linearcode* C *einen* (n,k)-*Linearcode* C' *mit folgenden Eigenschaften:*

a) C *und* C' *unterscheiden sich nur durch die Reihenfolge der Komponenten.*
b) C' *kann durch systematische Codierung gewonnen werden.*
c) C *und* C' *leisten dasselbe bei Fehlererkennung und Fehlerkorrektur.*

Somit gilt:

Zu jedem (n,k)-Linearcode existiert ein äquivalenter systematischer (n,k)-Linearcode.

Vorteile von Linearcodes bei der Fehlerkorrektur:

Zunächst stellen wir fest, daß jeder Linearcode ein Gruppencode ist und daher die Methoden und Resultate von Abschnitt 3 auch für Linearcodes gelten.

Ist C *ein* (n,k)-*Linearcode, so ist* $C^{\perp} = \{v \in A^n \mid v \perp c \quad \forall c \in C\}$ *ein Teilraum von* A^n, *also ebenfalls ein linearer Code über* A. *Man nennt* $C^{\perp}$ *den zu* C *dualen Code.*

Ist G eine (k,n)-Basismatrix für C, so ist $C^{\perp} = \{v \in A^n \mid G.v = (0)\}$. (Wir weisen noch einmal darauf hin, daß im Fall eines endlichen Körpers A von σ verschiedene Vektoren zu sich selbst orthogonal sein können (siehe Kapitel II. 5.)). Beachtet man, daß bei der linearen Abbildung $v \to G.v \in A^k$ genau die Elemente aus $C^{\perp}$ auf σ abgebildet werden, d.h. daß gilt: $C^{\perp} = \ker(v \to G.v)$, so folgt aus der Beziehung: Dimension des Raumes ist Summe aus Dimension des Kerns und Dimension des Bildes, die Gleichung $n = \dim C^{\perp} + k$, also $\dim C^{\perp} = n - k$.

Mit Hilfe des dualen Codes gelangen wir zum Begriff der

Kontrollmatrix:

Ist C *ein* (n,k)-*Linearcode über* A, *so heißt jede* (n,(n-k))-*Basismatrix* H *von* $C^{\perp}$ *eine Kontrollmatrix von* C. *Ist* H *Kontrollmatrix von* C *und* $v \in A^n$, *so heißt* $S_H(v) = Hv \in A^{n-k}$ *das Syndrom von* v *bezüglich* H. Mit Hilfe dieser Begriffe ist es nun möglich, auf einfache Weise festzustellen, ob ein empfangenes Wort in C liegt, bzw. in welcher Nebenklasse von $\langle A^n,+\rangle$ nach C es liegt.

Für jede Kontrollmatrix H *von* C *gilt:*

(i) $c \in C \Leftrightarrow S_H(c) = \mathfrak{o} \in A^{n-k}$

(ii) $v + C = w + C \Leftrightarrow S_H(v) = S_H(w)$.

Die erste Behauptung folgt aus $C = (C^{\perp})^{\perp} = \{v \in A^n \mid H.v = \mathfrak{o}\}$. (ii) erhält man aus:

$$v + C = w + C \Leftrightarrow v - w \in C \Leftrightarrow H(v - w) = \mathfrak{o} \Leftrightarrow Hv = Hw \Leftrightarrow S_H(v) = S_H(w).$$

Die Überprüfung von $c \in C$ bzw. $v + C = w + C$ mittels des Syndroms S_H ist vor allem dann günstig, wenn n-k wesentlich kleiner als k ist, da dann H wesentlich weniger Zeilen als eine Basismatrix G von C enthält. Außerdem ist zur Überprüfung von $c \in C$ bzw. $v + C = w + C$ anstelle der Lösung eines Gleichungssystems nur die Kontrolle, ob $Hc = \mathfrak{o}$ bzw. $H(v - w) = \mathfrak{o}$ gilt, durchzuführen.

Da nach dem obigen Resultat jeder Nebenklasse $v + C$ bezüglich einer Kontrollmatrix H von C genau ein Syndrom aus A^{n-k} entspricht, erhält man alle Nebenklassen durch Bildung der Mengen $\{w \in A^n \mid S_H(w) = u \in A^{n-k}\}$ für alle $u \in A^{n-k}$.

Diese Resultate verwendet man zur

Konstruktion von Korrekturschemata für Linearcodes:

Die Konstruktion verläuft im Prinzip wie bei Gruppencodes. Nur wird die Bestimmung der Anführer der Nebenklassen durch die Verwendung des Syndrombegriffs (wie oben beschrieben) wesentlich erleichtert. Da die Nebenklassenanführer minimales Gewicht in ihrer Nebenklasse haben sollen, geht man nach aufsteigendem Gewicht vor:

1.Schritt: Berechnung der Syndrome aller Wörter vom Gewicht 1. Sind alle Syndrome auf diese Art erschöpft, so hat man alle Nebenklassen erfaßt, und kann die Anführer - soweit sie nicht ohnehin eindeutig bestimmt sind - auswählen. Sind nicht alle Syndrome erschöpft, so

2.Schritt: Berechnung der Syndrome aller Wörter vom Gewicht 2. Sind alle Syndrome erschöpft, so wählt man die Anführer der Nebenklassen aus. Andernfalls analoges Fortsetzen des Verfahrens.

Beispiel:

Sei $A = \{0,1\}$; C der (5,2)-Code über A mit Basismatrix

$$G = \begin{pmatrix} 0 & 1 & 1 & 1 & 1 \\ 1 & 0 & 0 & 1 & 0 \end{pmatrix}$$

Berechnung einer Kontrollmatrix durch Ermittlung von 3 l. u. Lösungen von $G \cdot \mathfrak{y} = \mathfrak{o}$. Eine solche Kontrollmatrix ist etwa

$$H = \begin{pmatrix} 0 & 1 & 0 & 0 & 1 \\ 0 & 0 & 1 & 0 & 1 \\ 1 & 0 & 0 & 1 & 1 \end{pmatrix}$$

1.Schritt:

Wort		Syndrom
00000	→	000
10000	→	001
01000	→	100
00100	→	010
00010	→	001
00001	→	111

2.Schritt:

11000	→	101
10100	→	011
10010	→	000
10001	→	110
01100	→	110
01010	→	101
01001	→	011
00110	→	011
00101	→	101
00011	→	110

Alle möglichen Syndrome sind bereits erschöpft.

Zu jedem Syndrom wählt man einen Anführer der zugehörigen Nebenklasse. Eine mögliche Auswahl ergibt das folgende Korrekturschema K(C):

Anführer	T_1	T_2	T_3	T_4	
00000	00000	10010	01111	11101	Codewörter
01000	01000	11010	00111	10101	
00100	00100	10110	01011	11001	beste Auswahl
00001	00001	10011	01110	11100	
10000	10000	00010	11111	01101	auch andere
11000	11000	01010	10111	00101	gleichwertige
10100	10100	00110	11011	01001	Auswahl
10001	10001	00011	11110	01100	möglich

Für die Korrektur ist nur die Kenntnis einer Kontrollmatrix,nicht aber einer Basismatrix nötig.

.ische Codes

.r haben bisher Codierungs- und Korrekturverfahren durch Verwendung algebraischer Strukturen vereinfacht. Eine andere Möglichkeit der Arbeitserleichterung ergibt sich durch Verwendung von Blockcodes, die gewisse Symmetrie- oder Permutationseigenschaften aufweisen, wie etwa die, daß mit $c_1c_2\ldots c_n$ auch gewisse Permutationen $c_{i_1}c_{i_2}\ldots c_{i_n}$ dieses Buchstabenblocks zum Code gehören.

Besonders effiziente Verfahren ergeben sich bei gleichzeitiger Verwendung dieser Gesetzmäßigkeiten und der algebraischen Struktur. Als für die Praxis brauchbar erweisen sich

Zyklische Codes:

Ein Code C heißt ***zyklisch,*** *wenn mit* $c = c_1c_2\ldots c_n \in C$ *auch alle jene Wörter in C liegen, die durch zyklische Vertauschung der Symbole von c entstehen (also* $c_2c_3\ldots c_nc_1$, $c_3c_4\ldots c_nc_1c_2$, $\ldots$, $c_nc_1c_2\ldots c_{n-1}$).

Bezeichnen wir die zyklische Vertauschung mit z, also $z(c_1c_2\ldots c_n) = $ $= c_2\ldots c_nc_1$, so ist C genau dann zyklisch, wenn gilt:

$$c_1c_2\ldots c_n \in C \Rightarrow z^i(c_1c_2\ldots c_n) \in C \text{ für } i = 1,\ldots,n-1,$$

wobei z^i die i-fache Anwendung der zyklischen Vertauschung bezeichnet.

Da bei zyklischer Vertauschung der Komponenten einer Basis $\{g^{(1)},\ldots,g^{(k)}\}$ eines Linearcodes C automatisch die Komponenten jeder Linearkombination

$$\sum_{i=1}^{k} \lambda_i g^{(i)}$$

zyklisch vertauscht werden, folgt:

Ein (n,k)-Linearcode C ist genau dann zyklisch, wenn für eine Basis $\{g^{(1)},\ldots,g^{(k)}\}$ *alle durch zyklische Vertauschung entstehenden Elemente* $z^i(g^{(j)})$, $i = 1,\ldots,n-1$; $j = 1,\ldots,k$, *in C liegen.*

Im zyklischen Fall besonders effizient ist die

Polynomdarstellung von Linearcodes:

Die Abbildung $\varphi : A^n \to A_n[x]$, definiert durch

$$v = v_1\ldots v_n \to \sum_{i=1}^{n} v_i x^{n-i}$$

ist ein Vektorraumhomomorphismus, der A^n bijektiv auf den Vektorraum $A_n[x]$ aller Polynome über A, deren Grad n-1 nicht übersteigt, abbildet. *Daher kann man jedes Wort* $v = v_1\ldots v_n \in A^n$ *mit dem Polynom*

$$v(x) = \sum_{i=1}^{n} v_i x^{n-i}$$

identifizieren.

Zur Darstellung der zyklischen Permutation $z(v)$ eines Wortes $v = v_1 \ldots v_n$ (d.h. $v(x) = v_n + v_{n-1}x + \ldots + v_1 x^{n-1}$) berechnet man:

$$z(v(x)) = \sum_{i=2}^{n} v_i x^{n-i+1} + v_1 = \sum_{i=1}^{n} v_i x^{n-i+1} - v_1(x^n - 1) = xv(x) - v_1(x^n - 1).$$

Es gilt also: $xv(x) = v_1(x^n - 1) + z(v(x))$ und wegen $[z(v(x))] < n$ ist $z(v(x))$ genau der Rest $r_{(x^n-1)}(xv(x))$ von $xv(x)$ bei Division durch x^n-1.

Analoge Überlegungen zeigen allgemein:

$$z^i(v(x)) = r_{(x^n-1)}(x^i v(x)).$$

Ein Linearcode C *ist also genau dann zyklisch, wenn mit* $c(x)$ *auch* $r_{(x^n-1)}(x^i c(x))$ *für* $i = 1,\ldots,n-1$ *zu* C *gehören.*

<u>Das Rechnen mit den Resten modulo x^n-1:</u>

Wie im Fall der Restklassenringe (siehe Kapitel I.2.) überlegt man leicht, daß die Abbildung $p(x) \to r_{(x^n-1)}(p(x))$ ein Ringhomomorphismus von $\langle A[x],+,.\rangle$ auf $A_n[x]$ mit den Operationen:

"+" aus $\langle A[x],+,\cdot\rangle$ und

$$v(x) * w(x) = r_{(x^n-1)}(v(x)w(x))$$

ist. Als Anwendung erhalten wir, daß bei einem zyklischen (n,k)-Linearcode C mit $c(x)$ alle Wörter

$$r_{(x^n-1)}(p(x).c(x)) = r_{(x^n-1)}\Big(\sum_{i=0}^{[p]} p_i x^i.c(x)\Big) = \sum_{i=0}^{[p]} p_i r_{(x^n-1)}(x^i(c(x))$$

zu C gehören.

<u>Erzeugende Polynome zyklischer Linearcodes:</u>

Ist C *ein zyklischer* (n,k)-*Linearcode über* A, *so gibt es ein eindeutig bestimmtes Polynom* $g(x) \in C$ *mit:*

1. $[g] = n-k$, *also minimal unter den Graden der* $c(x) \in C \setminus \{0\}$. *Es ist der Anfangskoeffizient* g_{n-k} *von* $g(x)$ *gleich* 1.
2. $g(x) \mid x^n - 1$.
3. $v(x) \in C \Leftrightarrow g(x) \mid v(x)$.

Das hier beschriebene Polynom $g(x)$ *nennt man das <u>erzeugende Polynom</u> des zyklischen* (n,k)-*Linearcodes* C.

Zu diesem Resultat gelangt man durch folgende Überlegungen:

In C existiert ein Polynom $\neq 0$ von minimalem Grad. Bezeichnet man es mit $p(x)$ so hat

$$g(x) = \frac{1}{p_{[p]}} p(x)$$

den gewünschten Anfangskoeffizient 1. Würden $g(x)$ und $h(x)$ beide von minimalen Grad mit Anfangskoeffizienten 1 sein, so wäre $g(x) - h(x) \in C$ mit $[g-h] < [g]$, nach der Minimalitätsbedingung für die Grade also $g(x) = h(x)$. Somit ist $g(x)$ eindeutig bestimmt.

Nun zeigen wir Aussage 3). Für $v(x) = p(x).g(x) \in A_n[x]$ gilt

$$v(x) = r_{(x^n-1)}(v(x)) = r_{(x^n-1)}(p(x).g(x)) \in C.$$

Ist umgekehrt $v(x) \in C$, so ist $[v] \geq [g]$, d.h. $v(x) = g(x).q(x) + r(x)$ mit $[r] < [g]$. Da $g(x).q(x) \in C$, ist auch $r(x) \in C$. Da $[g]$ minimal ist, gilt $r(x) = 0$ und damit $g(x) \mid v(x)$.

ad 2): Da $[g] < n$, hat $x^{n-[g]}g(x)$ den Grad n und den Anfangskoeffizienten 1, also ist $x^{n-[g]}g(x) = x^n - 1 + \bar{r}(x)$ mit $[\bar{r}] < n$. Daraus folgt

$$\bar{r}(x) = r_{(x^n-1)}x^{n-[g]}g(x)$$

ist ein Element von C. Daher haben wir $g(x) \mid \bar{r}(x)$ und damit $g(x) \mid x^n - 1$. Nun zeigen wir noch: $[g] = n-k$. Die Polynome $g(x), xg(x), \ldots, x^{n-[g]-1}g(x)$ haben alle voneinander verschiedene Grade kleiner als n, sind also linear unabhängige Elemente von C. Anderseits gilt für jedes Polynom $v(x) \in C$:

$$[v] < n \text{ und } v(x) = g(x).q(x) = \sum_{i=0}^{n-[g]-1} \lambda_i x^i g(x).$$

Somit ist $\{g(x), \ldots, x^{n-[g]-1}g(x)\}$ eine Basis von C, also $k = \dim C = n - [g]$.

Somit haben wir zusätzlich gezeigt, daß für

$$g(x) = \sum_{i=0}^{n-k} g_i x^i$$

der zugehörige zyklische (n,k)*-Linearcode* C *folgende Basismatrix* G *besitzt:*

$$\begin{pmatrix} 1 & g_{n-k-1} \cdots\cdots g_0 & 0 \cdots\cdots\cdots\cdots 0 \\ 0 & 1 \quad g_{n-k-1} \cdots\cdots g_0 \cdots\cdots\cdots & 0 \\ \cdots & \cdots\cdots\cdots\cdots\cdots\cdots\cdots\cdots & \cdots \\ 0 & 0 \cdots\cdots\cdots 0 \quad 1 \quad g_{n-k-1} \cdots & g_0 \end{pmatrix}$$

Jedes Polynom $p(x) \in A_n[x]$ *mit* $p_{[p]} = 1$ *und* $p(x) \mid x^n-1$ *ist erzeugendes Polynom eines zyklischen Linearcodes* C *über* A *und es gilt:*

$$\dim C = n - [p].$$

Denn nimmt man für C den Code mit Basismatrix

$$\begin{pmatrix} 1 & p_{[p]-1} & \cdots & p_0 & 0 & \ldots\ldots & 0 \\ 0 & 1 & p_{[p]-1} & \cdots & p_0 & 0\ldots & 0 \\ \ldots & \ldots & \ldots & \ldots & \ldots & \ldots & \ldots \\ 0 & \ldots\ldots & 0 & 1 & p_{[p]-1} & \cdots & p_0 \end{pmatrix}$$

so überprüft man unmittelbar, daß er zyklisch ist und die Bedingung:

$$v(x) \in C \Leftrightarrow p(x) \mid v(x)$$

erfüllt.

Codierung mit Hilfe des erzeugenden Polynoms:

Ist C ein zyklischer (n,k)-Linearcode über A und A^k die zu codierende Nachrichtenmenge, so kann man die Codierung durch: $v \rightarrow vG = c$ erhalten, wobei G die aus dem erzeugenden Polynom gewonnene Basismatrix von C ist. *In der Polynomdarstellung lautet diese Codierung:* $v(x) \rightarrow v(x).g(x) = c(x)$. *Sie ist nicht systematisch. Die Decodierung* $c(x) \rightarrow v(x)$ *erfolgt durch Division von* $c(x)$ *durch* $g(x)$. *Tritt bei Division eines empfangenen Wortes* $w(x)$ *durch* $g(x)$ *ein Rest auf, so ist* $w(x) \notin C$. Somit kann man auf diese Art Fehler erkennen. Für jedes $v(x) \in A_k[x]$ gilt:

$$x^{n-k}v(x) - r_{g(x)}(x^{n-k}v(x)) = g(x).q(x) \in C.$$

Es ist $[r] < n-k$ und $[x^{n-k}v(x)] \geqslant n-k$, und daher

$$(v_1 \ldots v_k(-r_1)\ldots(-r_{n-k})) = \sum_{i=1}^{k} v_i x^{n-i} - \sum_{i=1}^{n-k} r_i x^{n-k-i} = x^{n-k}v(x) - r(x) \in C.$$

Somit ist die Codierung $v(x) \rightarrow x^{n-k}v(x) - r(x)$ *stets systematisch.*

Das Kontrollpolynom eines zyklischen Linearcodes:

Ist $g(x)$ *erzeugendes Polynom eines zyklischen* (n,k)*-Linearcodes* C, *so heißt*

$$h(x) = \frac{x^n - 1}{g(x)}$$

das ***Kontrollpolynom*** *von* C.

Offensichtlich ist $[h] = k$. *Ist* $h(x)$ *das Kontrollpolynom eines zyklischen* (n,k)*-Linearcodes* C, *so gilt:*

1. $v(x) \in C \Leftrightarrow x^n - 1 \mid v(x)h(x) \qquad (v(x) \in A_n[x])$.
2. *Zwei Elemente* $v(x), w(x) \in A_n[x]$ *gehören genau dann zur selben Nebenklasse* $v(x) + C = w(x) + C$ *von* $A_n[x]$ *nach* C, *wenn die Reste von* $v(x)h(x)$ *und* $w(x)h(x)$ *bei Division durch* $x^n - 1$ *gleich sind.*
3. *Jeder der in 2. verwendeten Reste modulo* $x^n - 1$ *ist durch* $h(x)$ *teilbar.*

Daraus folgt, daß die durch $h(x)$ teilbaren Reste bei Division von Polynomen aus A[x] durch $x^n - 1$ in bijektiver Weise den Nebenklassen von A^n bezüglich C entsprechen.

Die Gültigkeit von 1. - 3. sieht man so ein:

ad 1) $v(x) \in C \Leftrightarrow g(x) \mid v(x) \Leftrightarrow x^n - 1 = g(x)h(x) \mid v(x)h(x)$.
ad 2) $v(x) + C = w(x) + C \Leftrightarrow v(x) - w(x) \in C \Leftrightarrow x^n - 1 \mid v(x)h(x) - w(x)h(x)$.
ad 3) $v(x)h(x) = (x^n - 1)p(x) + r(x)$, also $v(x) = g(x)p(x) + \frac{r(x)}{h(x)}$.

Beispiel:

Sei $A = \mathbb{Z}_2$ der zweielementige Körper und n = 7. Es ist

$$x^7 - 1 = x^7 + 1 = (x+1)(x^3 + x^2 + 1)(x^3 + x + 1).$$

Somit ist $x^3 + x^2 + 1$ erzeugendes Polynom eines zyklischen (7,4)-Linearcodes. Die Basismatrix G von C ist gegeben durch:

$$G = \begin{pmatrix} 1 & 1 & 0 & 1 & 0 & 0 & 0 \\ 0 & 1 & 1 & 0 & 1 & 0 & 0 \\ 0 & 0 & 1 & 1 & 0 & 1 & 0 \\ 0 & 0 & 0 & 1 & 1 & 0 & 1 \end{pmatrix}$$

Die Codewörter sind alle durch $x^3 + x^2 + 1$ teilbaren Polynome aus $A_7[x]$,also alle Polynome der Gestalt:

$$\sum_{i=0}^{3} \lambda_i x^i (x^3 + x^2 + 1), \quad \lambda_i \in \mathbb{Z}_2.$$

Somit ist bei Ausgabe von 1100101 = $x^6 + x^5 + x^2 + 1 = (x^3 + x^2 + 1)(x^3 + 1)$ ein Wort aus C empfangen worden, aber 0000101 $\notin$ C, denn 0000101 = $x^2 + 1$ ist nicht durch $x^3 + x^2 + 1$ teilbar.

Das Kontrollpolynom ist gegeben durch $h(x) = (x+1)(x^3 + x \ + 1) = x^4 + x^3 + x^2 + 1$. (Beachte: h(x) ist nicht erzeugendes Polynom von C).
Die Nebenklassen von A^n bezüglich C entsprechen genau den durch h(x) teilbaren Polynomen aus $A_7[x]$, d.h. den Polynomen

$$\sum_{i=0}^{2} \mu_i x^i (x^4 + x^3 + x^2 + 1), \quad \mu_i \in \mathbb{Z}_2,$$

wobei zum Nullpolynom die Nebenklasse der Codewörter gehört.

Die Bestimmung der Nebenklassenanführer erfolgt wie im Fall der allgemeinen Linearcodes nach aufsteigendem Gewicht:

Gewicht 1 : Die Fehlerwörter sind von der Gestalt x^i, i = 0,...,6. Wir bilden $h(x)x^i$ und die zugehörigen Reste modulo $x^n - 1$:

	Reste
$x^4 + x^3 + x^2 + 1$,	$x^4 + x^3 + x^2 + 1$
$x^5 + x^4 + x^3 + x$,	$x^5 + x^4 + x^3 + x$

$x^6+x^5+x^4+x^2$,	$x^6+x^5+x^4+x^2$
$x^7+x^6+x^5+x^3 = (x^7-1)+x^6+x^5+x^3+1$,	$x^6+x^5+x^3+1$
$x^8+x^7+x^6+x^4 = (x^7-1)(x+1)+x^6+x^4+x+1$,	x^6+x^4+x+1
$x^9+x^8+x^7+x^5 = (x^7-1)(x^2+x+1)+x^5+x^2+x+1$,	x^5+x^2+x+1
$x^{10}+x^9+x^8+x^6 = (x^7-1)(x^3+x^2+x)+x^6+x^3+x^2+x$.	$x^6+x^3+x^2+x$

Alle $h(x)x^i$ haben also verschiedene Reste modulo x^7-1. Somit liegen alle Fehlerwörter vom Gewicht 1 in verschiedenen Nebenklassen und sind dort daher Anführer. Da die Gesamtzahl der Nebenklassen durch $|A^n : C| = 8$ gegeben ist, sind alle Nebenklassen bereits erschöpft, d.h. C korrigiert genau alle Fehler an einer Stelle, wenn man das aus den obigen Anführern konstruierte Korrekturschema K(C) verwendet.

1. Eine Möglichkeit der Codierung:

$$(v_1 \dots v_4) \to (v_1,\dots,v_4)G = (v_1, v_1+v_2, v_2+v_3, v_1+v_3+v_4, v_2+v_4, v_3, v_4),$$

d.h.

$$v(x) = \sum_{i=1}^{4} v_i x^{4-i} \to v(x)g(x) = \sum_{t=1}^{7} \Big(\sum_{4-i+j\,=\,7-t} v_i g_j\Big)x^{7-t}$$

mit $g(x) = \sum_{j=0}^{n-k} g_j x^j$.

Z.B. $1100 = x^3+x^2 \to (x^3+x^2)(x^3+x^2+1) = x^6+x^4+x^3+x^2 = 1011100$.

2. Systematische Codierung:

$v(x) \to x^{n-k}v(x) - r_{g(x)}(x^{n-k}v(x))$, $n = 7$, $k = 4$.

$v(x)$	$x^{7-4}v(x)$	$r_{g(x)}(x^3v(x))$	Bild von $v(x)$ in C
$0000 = 0$	0	0	$0 = 0000000$
$0001 = 1$	x^3	x^2+1	$x^3+x^2+1 = 0001101$
$0010 = x$	x^4	x^2+x+1	$x^4+x^2+x+1 = 0010111$
$0100 = x^2$	x^5	$x+1$	$x^5+x+1 = 0100011$
$1000 = x^3$	x^6	x^2+x	$x^6+x^2+x = 1000110$
$x+1$	x^4+x^3	Summe der	Entsprechende Linear-
x^2+1	x^5+x^3	Reste =	kombinationen der
x^3+1	x^6+x^3	Rest der	Basiselemente berechnen
x^2+x	x^5+x^4	Summe	oder - wie oben -
x^3+x	x^6+x^4		$x^3v(x)$ - Rest bilden.
x^3+x^2	x^6+x^5		
x^2+x+1	$x^5+x^4+x^3$		
x^3+x+1	$x^6+x^4+x^3$		
x^3+x^2+1	$x^6+x^5+x^3$		

6. Fehlerbündel

In vielen Anwendungssituationen sind die auftretenden Fehler nicht - wie wir bisher stets angenommen haben - zufällig über die gesamte Nachricht verteilt, sondern treten gehäuft auf. Man spricht dabei von Fehlerbündeln, die also eine längere Kanalstörung beschreiben. Diese entstehen beispielsweise durch atmospharische Störungen des Kanals. Auch die Fehler auf Magnetbändern bei der Datenspeicherung treten üblicherweise in Bündeln auf. Im folgenden wollen wir untersuchen, inwieweit lineare bzw. zyklische Codes zum Erkennen bzw. zur Korrektur von Fehlerbündeln geeignet sind.

Sei C *ein* (n,k)-*Linearcode über* A. *Dann heißt ein Fehlerwort* $e = e_1 \dots e_n$ *ein* <u>*Fehlerbündel der Länge* t</u>, *wenn* $\max\{i-j \mid 1 \leq j < i \leq n,\ e_i \neq 0,\ e_j \neq 0\} = t-1$ *ist, d.h. wenn* e *von der Gestalt* $e = 0 \dots 0 e_j \dots e_i 0 \dots 0$ *ist, mit* $e_i \neq 0$ *und* $e_j \neq 0$.

So ist zum Beispiel 00010110000 ein Fehlerbündel der Länge 4, 11111 eines der Länge 5.

Damit $E(C) = \{R,F\}$ ein Fehlerbündel e erkennen kann, muß e zu F gehören. Das Schema $E(C) = \{C, A^n \setminus C\}$ erkennt daher alle Fehlerbündel der Länge $t \leq s$ genau dann, wenn C kein Wort, welches ein Bündel der Länge $t \leq s$ ist, enthält. C enthält also speziell kein Wort der Gestalt $c_1 \dots c_t 0 \dots 0$ mit $c_1 \neq 0$, $c_t \neq 0$ und $t \leq s$. Daher liegen alle Wörter dieser Gestalt in verschiedenen Nebenklassen von A^n nach C (sonst würde ja ihre Differenz in C liegen), woraus folgt:

$$|A^n : C| \geq |A|^s, \text{ d.h. } |A|^{n-k} \geq |A|^s.$$

Wir erhalten also:

Gibt es ein Schema E(C), *mit dem alle Fehlerbündel* $t \leq s$ *erkannt werden, so ist* $s \leq n-k$.

Ein Korrekturschema K(C) korrigiert alle Fehlerbündel der Länge $t \leq s$, wenn $s < \frac{n}{2}$ und alle diese Fehlerbündel in verschiedenen Nebenklassen von A^n nach C liegen. Die Differenzen solcher Fehlerbündel dürfen also nicht in C liegen. Da unter diesen Differenzen alle Bündel der Länge $m \leq 2s$ aus A^n vorkommen, muß also gelten: C enthält kein Bündel der Länge $m \leq 2s$. Daraus folgert man ähnlich wie oben: $n-k \geq 2s$; es gilt also:

Gibt es ein Schema K(C), *mit dem alle Fehlerbündel der Länge* $t \leq s$ *richtig korrigiert werden, so ist* $2s \leq n-k$.

Die Güte eines zyklischen (n,k)-Linearcodes zur Korrektur von Fehlerbündeln erkennt man unmittelbar aus:

Ist C *ein zyklischer* (n,k)-*Linearcode, so kann man mit Hilfe des Erkennungsschemas* $E(C) = \{C, A^n \setminus C\}$ *alle Fehlerbündel der Länge* $t \le n-k$ *erkennen:*
Jedes Fehlerbündel der Gestalt $e = 0 \ldots 0 e_{n-t+1} \ldots e_n$ mit $e_{n-t+1} \neq 0$, $e_n \neq 0$, lautet in Polynomdarstellung:

$$e(x) = e_{n-t+1} x^{t-1} + \ldots + e_n.$$

Da das erzeugende Polynom g(x) von C den Grad $n-k \ge t$ hat, ist e(x) nicht durch g(x) teilbar und gehört daher nicht zum Code. Die übrigen Fehlerbündel der Länge $t \le n-k$ sind zyklische Permutationen von Bündeln der obigen Gestalt und daher ebenfalls nicht in C.

Wir weisen darauf hin, daß $n-k \ge 2s$ nicht hinreichend dafür ist, daß ein zyklischer (n,k)-Linearcode alle Fehlerbündel der Länge $t \le s$ korrigieren kann, da zur Konstruktion eines entsprechenden Schemas K(C) nicht nur alle diese Fehlerbündel in verschiedenen Nebenklassen liegen müssen, sondern dort auch Anführer sein müssen.

Zur Korrektur von Fehlerbündeln wurden eigene Codes konstruiert. Es sind dies die sogenannten Reed-Solomon-Codes, die wir zu Ende des folgenden Abschnittes behandeln werden.

7. Einige spezielle Linearcodes

In diesem Abschnitt stellen wir einige Klassen von Linearcodes kurz vor, die in der Praxis häufig Verwendung finden. Für weitere Detailinformationen über diese Codes und ihre Verwendungsmöglichkeiten und weitere, für spezielle Anwendungssituationen konstruierte Codes verweisen wir auf die am Ende dieses Kapitels zitierte weiterführende Literatur.

Hamming-Codes:

Ein Linearcode C über dem zweielementigen Körper $A = \langle \{0,1\}, +, \cdot \rangle$ heißt ein binärer Hamming-Code, wenn er eine Kontrollmatrix H hat, deren Spaltenvektoren genau alle von $\mathfrak{o}$ verschiedenen Vektoren aus A^m (m feste vorgegebene natürliche Zahl) sind.

Da die Vektoren $\mathfrak{n}_1, \ldots, \mathfrak{n}_m \in A^m$ als Spaltenvektoren von H auftreten, besitzt die m-zeilige Matrix H den Rang m. Weiters ist die Anzahl der Spalten gegeben durch: $|\{0,1\}^m| - 1$, ist also gleich $2^m - 1$. *Somit ist jeder Hamming-Code ein* $(2^m - 1, 2^m - 1 - m)$ - *Linearcode. Verschiedene Reihenfolgen der Spalten in* H *liefern verschiedene, jedoch äquivalente Codes.*
Beispiel:
Ein (7,4)-Hamming-Code besitzt folgende Kontrollmatrix:

$$H = \begin{pmatrix} 0 & 0 & 0 & 1 & 1 & 1 & 1 \\ 0 & 1 & 1 & 0 & 0 & 1 & 1 \\ 1 & 0 & 1 & 0 & 1 & 0 & 1 \end{pmatrix}$$

Das Syndrom von $v \in C$ berechnet man durch $S_H(v) = Hv = \sum_{i=1}^{2^m-1} v_i \check{\mathfrak{u}}_i$. Dabei sind die v_i die Komponenten von v und die $\check{\mathfrak{u}}_i$ die Spaltenvektoren von H. Da $A = \{0,1\}$ ist, kann $\check{\mathfrak{u}}_i + \check{\mathfrak{u}}_j = \mathfrak{o}$ für $i \neq j$ nicht auftreten. Daher kann $S_H(v) = \mathfrak{o}$ nur für $w(v) \geq 3$ gelten.

Setzen wir $\check{\mathfrak{u}}_i = (110\ldots0)$, $\check{\mathfrak{u}}_j = \mathfrak{n}_1$, $\check{\mathfrak{u}}_k = \mathfrak{n}_2$, so gilt $\check{\mathfrak{u}}_i + \check{\mathfrak{u}}_j + \check{\mathfrak{u}}_k = \mathfrak{o}$. Daraus folgt, daß das Wort $v = v_1 \ldots v_n$, mit $v_i = v_j = v_k = 1$, $v_t = 0$ sonst, zu C gehört. *Daher ist* $w_{min}(C) = 3$ *und damit können alle Einfachfehler korrigiert werden.*

Man beachte die weitaus bessere Effizienz der Hamming-Codes gegenüber den Dreifachwiederholungscodes, die ebenfalls Einfachfehler korrigieren können.

Da Hamming-Codes alle Einfachfehler korrigieren können, sind im Korrekturschema K(C) alle Wörter vom Gewicht 1 Anführer von Nebenklassen. Es gibt $2^m - 1$ Codewörter vom Gewicht 1. Insgesamt gibt es 2^m Nebenklassen von A^{2^m-1} nach C. *Also sind die Wörter vom Gewicht* 1 *und das Nullwort genau alle Anführer der Nebenklassen. Aus diesem Grund hat jedes Nachrichtenwort eine Distanz kleiner gleich* 1 *von einem Codewort des Hamming-Codes* C. *Also kann man mit einem binären Hamming-Code genau alle Fehlerwörter vom Gewicht* 1 *korrigieren.*

Allgemein nennt man einen (n,m)*-Blockcode einen perfekten t-fachfehlerkorrigierenden Code, wenn man mit Hilfe dieses Codes alle Fehlerwörter vom Gewicht kleiner gleich* t *korrigieren kann, aber keine anderen.*

Man kennt sämtliche perfekten Codes über GF(2). Es gibt nur einen, der mehr als Einfachfehler korrigiert, nämlich ein Dreifachfehler korrigierender Code, der aus 4096 Blöcken der Länge 23 besteht. Er wird Golay-Code genannt.

Für manche praktische Probleme versucht man Hamming-Codes zu verbessern, indem man jedem Codewort ein weiteres Symbol anfügt, das die Summe der übrigen Symbole ist. Dadurch erhält man eine Kontrollmatrix der folgenden Gestalt (H bezeichnet die Kontrollmatrix eines Hamming-Codes).

$$\overline{H} = \begin{pmatrix} & & 0 \\ & & \cdot \\ & H & \cdot \\ & & \cdot \\ & & 0 \\ 1 & 1 \ \ldots \ 1 & 1 \end{pmatrix}.$$

Die Kontrollmatrix $\overline{H}$ definiert die sogenannten erweiterten Hamming-Codes. *Das minimale Gewicht der vom Nullwort verschiedenen Codewörter dieses Codes ist offensichtlich 4. Daher lassen die erweiterten Hamming-Codes das Erkennen aller Fehlerwörter vom Gewicht 2 zu.*

Auch für endliche Körper A, die verschieden von GF(2) sind, kann man Hamming-Codes konstruieren. Allerdings dürfen in diesem Fall nicht mehr alle Vektoren aus $A^m \setminus \{\sigma\}$ als Spalten von H genommen werden, da diese nicht linear unabhängig sind. Man nimmt etwa nur jene auf, deren erste von 0 verschiedene Komponente gleich 1 ist. In diesem Fall gilt:

Der Rang von H ist m, und $n = \frac{q^m - 1}{q - 1}$, wobei $q = |A|$ gesetzt ist.

Reed-Muller-Codes:

Diese Klasse von Codes enthält als Spezialfall die erweiterten Hamming-Codes. Wir gehen aus von einem Hamming-Code über A=GF(2) mit der Kontrollmatrix H. Aus den Zeilenvektoren $h^{(i)}$ von H bilden wir eine neue Matrix H' mit den Zeile $h^{(i)}$ und $h^{(i_1)}h^{(i_2)}\dots h^{(i_j)} = (h_1^{(i_1)}\dots h_1^{(i_j)},\dots,h_{2^m}^{(i_1)}\dots h_{2^m}^{(i_j)})$ (komponentenweise Multiplikation) für $2 \leq j \leq m-r-1$. Dabei ist r ($\leq m-3$) eine vorgegebene Zahl. Die erhaltenen Zeilenvektoren sind - wie man leicht überprüfen kann - linear unabhängig. Man erweitert H' wie oben zu $\overline{H'}$ und erhält die Kontrollmatrix eines Linearcodes.
Diesen nennt man Reed-Muller-Code. Es ist ein $(2^m,k)$-*Linearcode mit* $k = \sum_{i=0}^{r} \binom{m}{i}$. *Die gewählte Zahl* r *heißt Ordnung des Reed-Muller-Codes.*

Ohne Beweis geben wir folgendes Resultat an:

Das Minimalgewicht eines $(2^m,k)$-*Reed-Muller-Codes der Ordnung* r *ist* 2^{m-r}

Neben diesen guten Abstandseigenschaften liegt der Vorteil der Reed-Muller-Codes in der verhältnismäßig leicht durchführbaren Decodierung, die sich aus dem systematischen Aufbau von H' ergibt.

Minimalpolynom-Codes:

Für jedes Element $b \in GF(q^m)$ ist das Minimalpolynom g(x) von b über GF(q) auf Grund seiner Eigenschaften (siehe Kap. I.7) erzeugendes Polynom eines zyklischen Linearcodes C über GF(q). Ist die multiplikative Ordnung von b gleich r, so ist C ein (r,r-[g])-Linearcode. Es gilt nun (siehe auch Kap. I.7):

$$c(x) \in C \Leftrightarrow g(x) | c(x) \Leftrightarrow c(b) = 0 \Leftrightarrow (b^{r-1},\dots,b^0)\begin{pmatrix} c_1 \\ \vdots \\ c_r \end{pmatrix} = 0.$$

Man kann also an Stelle der $[g]$*-zeiligen Kontrollmatrix* H *von* C *mit Koeffizienten aus* GF(q) *die einzeilige Matrix* $H_{red} = (b^{r-1},\ldots,b^o)$ *mit Koeffizienten aus* $GF(q^m)$ *verwenden. Wir nennen diese Matrix eine* ***reduzierte Kontrollmatrix*** *von* C.

Ein weiterer Vorteil eines solchen Codes besteht darin, daß je zwei Fehlerpolynome e(x) *und* f(x) *mit Gewicht kleiner als* $\frac{1}{2} w_{min}(C)$ *an der Stelle* x = b *verschiedene Werte haben:*

$$e(b) = \sum_{i=1}^{r} e_i b^{r-i} = \sum_{i=1}^{r} f_i b^{r-i} = f(b) \Leftrightarrow \sum_{i=1}^{r} (e_i - f_i) b^{r-i} = 0 \Leftrightarrow e(x)-f(x) \in C.$$

Das ist aber wegen $w(e-f) \leq w(e) + w(f) < w_{min}(C)$ unmöglich. Jedem Wert e(b) entspricht also im Fall $w(e) < \frac{1}{2} w_{min}(C)$ in eindeutiger Weise das Fehlerwort e(x). Ist ein ausgegebenes Wort v(x) aus der Eingabe c(x) durch Fehler an weniger als $\frac{1}{2} w_{min}(C)$ Stellen entstanden, so gibt

$$v(b) = c(b) - c(b) + v(b) = (v-c)(b) = e(b)$$

eindeutig den Fehler an.

Nehmen wir speziell für q eine Primzahl p und für b ein primitives Element von $GF(p^m)$, so gilt offensichtlich: $[g] = m$.

Wählt man als Spaltenvektoren der Kontrollmatrix eines Hamming-Codes über GF(2) genau die Vektoren, die in $GF(2^m)$ die Potenzen des primitiven Elementes α darstellen (in absteigender Reihenfolge), so erkennt man, daß die entsprechende reduzierte Kontrollmatrix genau die Gestalt $(\alpha^{2^m-2}, \ldots, \alpha, \alpha^o)$ hat. Somit gibt es Minimalpolynom-Codes mit Minimalgewicht 3.

Eine Vergrößerung dieses Minimalgewichtes erhält man durch Verwendung von

<u>BCH-Codes:</u>

Diese Klasse von Codes ist nach ihren Entdeckern Bose, Chaudhuri und Hoquenghem benannt. *Als erzeugendes Polynom* g(x) *eines* ***BCH-Codes*** *wählt man das gemeinsame Minimalpolynom über* GF(q) *von Elementen* $b_1,\ldots,b_{d-1}$ *aus* $GF(q^m)$. *Dieses Polynom (das das kleinste gemeinsame Vielfache der Minimalpolynome von* $b_1, \ldots, b_{d-1}$ *ist) erzeugt einen zyklischen* $(r, r-[g])$*-Linearcode, wobei* r *das kleinste gemeinsame Vielfache der multiplikativen Ordnungen von* $b_1,\ldots,b_{d-1}$ *ist* (d.h. r ist kleinste Zahl mit $b_i^r = 1$, $i = 1,\ldots,d-1$). Wie für Minimalpolynom-Codes überlegt man, daß man anstelle der Kontrollmatrix H die reduzierte Kontrollmatrix

$$H_{red} = \begin{pmatrix} b_1^{r-1} & b_1^{r-2} & \ldots & b_1^o \\ \ldots & \ldots & \ldots & \ldots \\ b_{d-1}^{r-1} & b_{d-1}^{r-2} & \ldots & b_{d-1}^o \end{pmatrix}$$

verwenden kann. Da g(x) mindestens die

Nullstellen $b_1,\dots,b_{d-1}$ hat, gilt: $[g] \ge d-1$. Also hat H_{red} höchstens soviele Zeilen wie H.

Ist $b_1=b$, $b_2=b^2,\dots,b_{d-1}=b^{d-1}$ für ein Element b aus $GF(q^m)$, dessen multiplikative Ordnung $r \ge d$ ist, so erhält H_{red} folgende Gestalt:

$$H_{red}=\begin{pmatrix} b^{r-1} & b^{r-2} & \dots & b^{o} \\ b^{2(r-1)} & b^{2(r-2)} & \dots & b^{o} \\ \dots & \dots & \dots & \dots \\ b^{(d-1)(r-1)} & b^{(d-1)(r-2)} & \dots & b^{o} \end{pmatrix}$$

Es stellt sich heraus, daß in dieser Matrix H_{red} je d-1 Spaltenvektoren linear unabhängig sind:

Betrachten wir irgend d-1 Spalten von H_{red} und sind $\beta_1 = b^{i_1}, \dots, \beta_{d-1}=b^{i_{d-1}}$ die an der ersten Stelle stehenden Elemente, so ergibt die Berechnung der folgenden Determinante D:

$$D = \begin{vmatrix} \beta_1 & \beta_2 & \dots & \beta_{d-1} \\ \beta_1^2 & \beta_2^2 & \dots & \beta_{d-1}^2 \\ \dots & \dots & \dots & \dots \\ \beta_1^{d-1} & \beta_2^{d-1} & \dots & \beta_{d-1}^{d-1} \end{vmatrix} = \beta_1\beta_2 \dots \beta_{d-1} \prod_{i<j} (\beta_i - \beta_j).$$

(Vandermondesche Determinante, siehe Aufg. 9 , Kapitel II.). D ist verschieden von Null, denn da b die Ordnung $r \ge d$ hat, sind $b^o,\dots,b^{d-1}$ alle verschieden. Damit sind alle $\beta_i - \beta_j$ ungleich Null. Daraus folgt, daß je d-1 Spaltenvektoren von H linear unabhängig sind.

Es gilt $H_{red}c = \sum_{i=1}^{q-1} c_i\sigma_i$ (σ_i Spaltenvektoren von H_{red}, c_i Komponenten von c). In jeder nichttrivialen Linearkombination der σ_i, die den Nullvektor darstellt, müssen mindestens d Koeffizienten verschieden von Null sein, also kann $H_{red}c = \emptyset$ nur für $w(c) \ge d$ gelten. *Daher hat der Code ein Minimalgewicht, welches größer oder gleich* d *ist.*

Aus jedem BCH-Code über $GF(q) = GF(p^n)$ läßt sich nun ein Linearcode über GF(p) konstruieren, der zur Korrektur von Fehlerbündeln gut geeignet ist:

Von $GF(p^n)$-Codes induzierte GF(p)-Codes:

Ist C ein (r,k)-Linearcode über $GF(p^n)$, so sind die Codewörter Vektoren $(c_1,\dots,c_r)$ mit Komponenten aus $GF(p^n)$. Da $GF(p^n)$ Vektorraum der Dimension n über GF(p) ist, kann man jedes c_i als Vektor $(c_{i1},\dots,c_{in})$ mit Komponenten aus GF(p) auffassen. Man kann also jedes Codewort $c_1\dots c_r$ mit dem Vektor

$(c_{11}\dots c_{1n}, c_{21}\dots c_{2n}, \dots, c_{r1}\dots c_{rn})$ identifizieren. Die Menge dieser Vektoren bildet einen (nr,k)-Linearcode über GF(p), den wir den <u>von C induzierten Code C^*</u> nennen.

Bei der Verwendung von C^* ist zu beachten, daß jeder Fehler an einer der Stellen c_{ij} einen Fehler an der Stelle c_i in C bedeutet. *Können also mit Hilfe von C alle Fehler an höchstens t der Stellen $c_1,\dots,c_r$ korrigiert werden, so können mit Hilfe von C^* alle Fehler korrigiert werden, die nur höchstens t der Vektoren $c_1,\dots,c_r$ betreffen. Darunter fallen speziell alle Fehlerbündel der Länge h mit* $\frac{h}{n} + 1 \le t$.

Ist C ein BCH-Code über $GF(p^n)$ *(erzeugt durch die Elemente* $b^1,\dots,b^{d-1}$*), so können mit Hilfe von* C^* *also zumindest alle Fehlerbündel der Länge* $h \le ([\frac{d-1}{2}]-1)n = (k-2)n$ für d=2k oder 2k-1 korrigiert werden.

<u>Reed-Solomon-Codes:</u>

Bei diesen Codes handelt es sich um Spezialfälle der BCH-Codes. Man erhält sie, wenn man bei der Konstruktion von BCH-Codes für $b_1,\dots,b_{d-1}$ die Potenzen $a^1,\dots,a^{d-1}$ eines primitiven Elementes $a \in GF(q)$ nimmt. Das gemeinsame Minimalpolynom über GF(q) dieser Elemente ist dann

$$g(x) = (x-a)(x-a^2)\cdot\ldots\cdot(x-a^{d-1}) .$$

Legen wir beispielsweise für einen Reed-Solomon-Code ein primitives Element von $GF(2^8)$ zugrunde, so ist $r = 255$. Will man Fünffachfehler korrigieren, so muß man d = 11 wählen. Es ist g(x) dann vom Grad 10 und die Codewörter aus C^* haben eine Länge von 2040 (=8·255). Unter Verwendung obiger Überlegungen erkennen wir, daß mit Hilfe von C^* alle Fehlerbündel der Länge $h \le 32$ korrigierbar sind.

Reed-Solomon-Codes werden häufig in den modernen Rechenanlagen zur Korrektur bei der Datenspeicherung verwendet.

Aufgaben

1. Zeigen Sie, daß die Hamming-Distanz die Eigenschaften einer Metrik hat.

2. Die Menge N = {xzy,yzx,zyz,xxz,yxy} von gleichwahrscheinlichen Nachrichten soll über einen symmetrischen Kanal ($p<\frac{1}{3}$) übertragen werden. Konstruieren Sie einen Code mit möglichst wenig Kontrollsymbolen, für den alle Fehler an höchstens zwei Stellen korrigierbar sind. Geben Sie ein entsprechendes Korrekturschema an.

3. Die Nachrichtenmenge {01,10,11} sei codiert zu {0110,1001,1100}. Es gelte $p(01) = \frac{1}{4} = p(10)$, $p(11) = \frac{1}{2}$, $p(0|1) = \frac{1}{4}$, $p(1|0) = \frac{1}{10}$. Korrigieren Sie die empfangenen Wörter 1010 und 0101 .

4. Sei C = {1230,3121,3310,2031,0123} ein Code über dem Alphabet $A = \mathbb{Z}_3$. Der Kanal sei symmetrisch mit $p(a|b) = \frac{1}{10}$ für $a \neq b$ aus A. Wie groß ist die Wahrscheinlichkeit bei Verwendung des Erkennungsschemas E(C) = $\{C, A^4 \setminus C\}$ eine Fehlübertragung nicht zu erkennen ? Bei Empfang des Wortes 3221 wird man 3321 als gesendet annehmen; wie groß ist die Wahrscheinlichkeit dafür, daß diese Korrektur falsch ist ?

5. Über dem Alphabet $A = \mathbb{Z}_4$ sei die quellencodierte Nachrichtenmenge A^2 gegeben. Codieren Sie diese Nachrichtenmenge durch einen Homomorphismus bezüglich "+" unter Verwendung von $01 \to 0123$ und $10 \to 1031$. Bestimmen Sie für den erhaltenen Code alle Nebenklassenanführer mit Gewicht 0 bzw.1 . Sind mit diesem Code alle Fehler an einer Stelle korrigierbar ? (Die Nachrichten seien gleichwahrscheinlich, der Kanal symmetrisch.)

6. Ein Linearcode über $\mathbb{Z}_2$ ist durch die Kontrollmatrix
$$\begin{pmatrix} 1 & 0 & 1 & 1 & 0 \\ 0 & 0 & 0 & 1 & 1 \\ 1 & 1 & 0 & 0 & 0 \end{pmatrix}$$
gegeben. Bestimmen Sie eine Basismatrix des Codes und geben Sie alle Codewörter an.

7. Ein (5,3)-Linearcode über $A = \mathbb{Z}_3$ ist durch die Basismatrix
$$\begin{pmatrix} 2 & 1 & 1 & 0 & 0 \\ 1 & 1 & 0 & 2 & 0 \\ 0 & 0 & 2 & 1 & 1 \end{pmatrix}$$
gegeben. Bestimmen Sie eine Basismatrix G' dieses Codes dergestalt,daß die Codierung $v \to vG'$ ($v \in A^3$) systematisch ist. Ist der angegebene Code zyklisch ?

8. Der (n,k)-Linearcode C sei der von den Vektoren 110011,101010,100100 und 111101 erzeugte Unterraum des Vektorraums $\mathbb{Z}_2^6$. Geben Sie n und k an und bestimmen Sie eine Kontrollmatrix H von C; versuchen Sie,in H möglichst viele Elemente gleich 0 zu erreichen ! (Welchen Vorteil bringt das ?) Konstruieren Sie für C mit Hilfe der Syndrome $S_H(v)$ ein Korrekturschema. (Alle Nachrichten seien gleichwahrscheinlich, der Kanal symmetrisch.)

9. Zeigen Sie, daß in einem binären Gruppencode entweder alle Codewörter gerades Gewicht haben oder die Hälfte gerades und die Hälfte ungerades.

1o. Wieviele Codewörter enthält der durch folgende Kontrollmatrix H definierte Code über GF(2) bzw. über GF(3):

$$H = \begin{pmatrix} 0 & 0 & 0 & 1 & 1 & 0 & 1 & 1 & 0 \\ 1 & 1 & 0 & 1 & 1 & 0 & 0 & 0 & 0 \\ 0 & 1 & 1 & 0 & 1 & 1 & 0 & 0 & 0 \\ 0 & 0 & 0 & 0 & 1 & 1 & 0 & 1 & 1 \end{pmatrix}$$

11. Wieviele zyklische (8,k)-Linearcodes über $A = \mathbb{Z}_2$ gibt es für k = 1,...,7 ? Ebenso für $A = \mathbb{Z}_3$.

12. Gibt es einen zyklischen Linearcode $C \neq A^8$ über $A = \mathbb{Z}_2$, der das Wort 00011101 enthält? Bestimmen Sie gegebenenfalls sein erzeugendes Polynom.

13. $p(x) = x^3+2$ ist erzeugendes Polynom eines zyklischen (9,6)-Linearcodes C über $A = \mathbb{Z}_3$ (wieso ?) ; wie kann man A^6 durch systematische lineare Codierung zu C codieren ? Konstruieren Sie ein Korrekturschema für C (unter der Voraussetzung gleichwahrscheinlicher Codewörter und eines symmetrischen Kanals) .

14. α sei primitives Element von GF(8) mit $\alpha^3 = 1+\alpha$. Berechnen Sie für den durch das Minimalpolynom von α definierten Minimalpolynomcode die Werte $e(\alpha)$ aller Fehlerwörter e(x) vom Gewicht 1 . Korrigieren Sie mit Hilfe der erhaltenen Wertetebelle die empfangenen Wörter 0111010...0 und 1110...0 . (Länge der Wörter ?)

15. Zeigen Sie, daß die Hamming-Codes über $\mathbb{Z}_2$ perfekte Einfachfehler korrigierende Codes sind .

16. Konstruieren Sie einen BCH-Code über $\mathbb{Z}_2$ mit Länge n = 15 und Minimalabstand 5 .

Literatur

[1] G.Birkhoff - T.Bartee: Angewandte Algebra .
R.Oldenbourg Verlag, München-Wien 1973

[2] L.Dornhoff - E.Hohn: Applied modern algebra.
Macmillan, New York 1978

[3] J.L.Fisher: Application oriented algebra.
Dun-Donnelly Publ., New York 1977

[4] A.Gill: Applied algebra for the computer sciences.
Prentice-Hall, Englewood Cliffs, N.J. 1976

[5] R.W.Hamming: Coding and information theory.
Prentice-Hall, Englewood Cliffs, N.J. 198o

[6] E.Henze - H.Homuth: Einführung in die Codierungstheorie.
Uni-Text, Vieweg 1974

[7] W.Peterson - E.Weldon: Error correcting codes.
MIT-Press, Cambridge, Mass. 1962

IV. Relationen und Graphen

In diesem Kapitel sollen Relationen und ihre graphentheoretische Beschreibung, ferner die graphentheoretische Beschreibung von Automaten behandelt werden. Dazu werden einige Grundbegriffe aus der Graphentheorie zusammengestellt.

1.Relationen

Wir betrachten folgendes

Beispiel 1. Es sei A_1 eine Menge von Waren, A_2 eine Menge von Herstellern, A_3 eine Menge von Transportmitteln, A_4 eine Menge von Verkaufsstellen; ein Element aus A_i bezeichnen wir mit a_i für $i=1,2,3,4$. Wird nun eine Ware a_1 von einem Hersteller a_2 durch ein Transportmittel a_3 an eine Verkaufstelle a_4 gebracht, so bilden wir das Quadrupel (a_1,a_2,a_3,a_4); die Menge dieser Quadrupel nennen wir eine 4-stellige Relation r über A_1,A_2,A_3,A_4 und schreiben $(a_1,a_2,a_3,a_4) \in r$, $r \subseteq \prod_{i=1}^{4} A_i$.

Allgemein versteht man unter einer n-stelligen Relation über den Mengen $A_1,\ldots,A_n$ *eine Teilmenge* r *von* $\prod_{i=1}^{n} A_i$.

Beispiel 2. Äquivalenzrelation
Kongruenzrelation

Operationen mit n-stelligen Relationen:

i. Projektionen:

Es sei r eine Relation über $A_1,\ldots,A_n$. Man stellt sich nun alle Elemente von r in Listenform untereinander geschrieben vor (wenn r endlich ist, ist das ja stets möglich). Aus den n Spalten der so entstehenden Matrix greift man nun Spalten $\ell_1,\ldots,\ell_k$ heraus, d.h. *man "vergißt" gewissermaßen die restlichen Merkmale von* r, und erhält die als Projektion bezeichnete Relation r[L] über $A_{\ell_1},\ldots,A_{\ell_k}$:

$$(a_{\ell_1},\ldots,a_{\ell_k}) \in r[L] \Leftrightarrow \exists (b_1,\ldots,b_n) \in r \text{ mit } a_{\ell_i} = b_{\ell_i},\ i=1,\ldots,k,$$

wobei $L = \{\ell_1,\ldots,\ell_k\} \subseteq \{1,\ldots,n\}$.

Beispiel: Wir wählen $A_1,\ldots,A_4$,r wie oben, Beispiel 1.
Die Projektion r[{1,2,4}] enthält das Element (a_1,a_2,a_4) genau dann, wenn die Ware a_1 vom Hersteller a_2 an die Verkaufsstelle a_4 gebracht wird. (Das Transportmittel bleibt unberücksichtigt.)

ii.Verbund (join):

Es sei r eine Relation über $A_1,\ldots,A_n$, s eine Relation über $B_1,\ldots,B_k$ und $A_i = B_j$ für ein Paar $(i,j)\in\{1,\ldots,n\} \times \{1,\ldots,k\}$. Wir schreiben die Elemente von r sowie die von s in zwei Listen untereinander. Dann greifen wir aus den beiden Matrizen alle Zeilenpaare mit $a_i=b_j$ heraus, fügen die beiden Zeilen aneinander und streichen b_j (dieses Merkmal ist ja bereits durch a_i erfaßt); *im Gegensatz zur Projektion findet hier gewissermaßen ein "Zusammenkleben" von Relationen statt.* Der Verbund $r[A_i,B_j]s$ ist also eine (n+k-1)-stellige Relation über $A_1,\ldots,A_n,B_1,\ldots,B_{j-1}$, $B_{j+1},\ldots,B_n$, definiert durch $(a_1,\ldots,a_n,b_1,\ldots,b_{j-1},b_{j+1},\ldots,b_n) \in r[A_i,B_j]s \Leftrightarrow$
$\Leftrightarrow (a_1,\ldots,a_n) \in r$, $(b_1,\ldots,b_k) \in s$ und $a_i=b_j$.

Beispiel: A_i, i=1,...,4 aus Beispiel 1.(s.o.)
r sei die Relation über A_1,A_4 mit:
$(a_1,a_4) \in r \Leftrightarrow$ die Ware a_1 wird an die Stelle a_4 verkauft.
s sei die Relation über $B_1=A_1$, $B_2=A_2$, $B_3=A_3$ mit:
$(b_1,b_2,b_3) \in s \Leftrightarrow$ die Ware b_1 wird vom Erzeuger b_2 mit dem Transportmittel b_3 geliefert.
Dann ist $(a_1,a_4,b_2,b_3) \in r[A_1,B_1]s$.

iii. Komposition 2-stelliger Relationen:

Diese Operation entspricht der Komposition von Abbildungen. Es sei r eine Relation über A,B;s eine Relation über B,C. Dann ist die Komposition $r\circ s$ definiert durch

$$(a,c) \in r \circ s \Leftrightarrow \exists\, b\in B \text{ mit } (a,b)\in r \text{ und } (b,c)\in s.$$

Man kann sich die Komposition also etwa folgendermaßen vorstellen:

Um von a *nach* c *zu kommen, hat man einen Weg über* b *zur Verfügung; dieser "Umweg" wird in der Komposition gestrichen.*

Faßt man s als Relation über D,C mit B=D auf, so kann man die Komposition als Projektion des Verbundes auf die 1. und 3. Komponente schreiben:

$r \circ s = (r[B,D]s)[\{1,3\}]$.

Beispiel: A_i, i=1,...,4 wie oben in Beispiel 1.
r sei die Relation über A_4,A_1 mit:
$(a_4,a_1) \in r \Leftrightarrow$ die Ware a_1 wird an die Stelle a_4 verkauft.
s sei die Relation über A_1,A_2 mit:
$(a_1,a_2) \in s \Leftrightarrow$ die Ware a_1 wird von a_2 erzeugt.
Die Komposition $r \circ s$ enthält dann das Element (a_4,a_2) genau dann, wenn an die Stelle a_4 ein Erzeugnis von a_2 verkauft wird.

iv. Division:

Es sei r eine Relation über $A_1,\ldots,A_n$, s eine Relation über $A_{\ell_1},\ldots,A_{\ell_k}$. Die restlichen Indizes seien $m_1,\ldots,m_{n-k}$. Dann wird die Division r/s als Relation über $A_{m_1},\ldots,A_{m_{n-k}}$ definiert durch

$(a_{m_1},\ldots,a_{m_{n-k}}) \in r/s \Leftrightarrow \exists (a_{\ell_1},\ldots,a_{\ell_k}) \in s$, sodaß das aus $a_{m_1},\ldots,a_{m_{n-k}},a_{\ell_1},\ldots,a_{\ell_k}$ gebildete n-Tupel (mit natürlicher Reihenfolge der Indizes) in r liegt.

Also: *Ein* (n-k)-*Tupel liegt in* r/s, *wenn es sich durch ein* k-*Tupel aus* s *zu einem* n-*Tupel aus* r *ergänzen läßt.*

Beispiel: r sei die Relation über $A_1,\ldots,A_4$ aus Beispiel 1.(s.o.).
s die Relation über A_1,A_2 mit:

$(a_1,a_2) \in s \Leftrightarrow$ der Erzeuger a_2 produziert die Ware a_1.

Dann enthält die Relation r/s das Element (a_3,a_4) genau dann, wenn es eine Ware a_1 und einen Erzeuger a_2 gibt, sodaß der Erzeuger a_2 die Ware a_1 mittels a_3 an die Verkaufsstelle a_4 liefert.

2. Ungerichtete und gerichtete Graphen

In diesem und den beiden folgenden Abschnitten wollen wir einige Begriffe und Ergebnisse aus der Graphentheorie zusammenstellen, die es ermöglichen, Relationen - und später Automaten - unter einem weiteren Gesichtspunkt zu betrachten und damit besser zu verstehen.

Wir werden die jeweiligen Begriffe für ungerichtete und gerichtete Graphen parallel behandeln.

Der Begriff des ungerichteten Graphen:

Wir gehen von folgender Fragestellung aus: Ein Gastgeber soll seine Gäste so um die Tafel anordnen, daß nur Leute nebeneinander zu sitzen kommen, die einander gegenseitig sympathisch sind. Um einen Überblick über mögliche Auswahlen zu bekommen, wird ein Bild der Situation gezeichnet, in dem jeder Gast durch einen Punkt symbolisiert wird. Je zwei harmonierende Gäste werden durch eine Linie verbunden. Für sechs Gäste kann das etwa so aussehen:

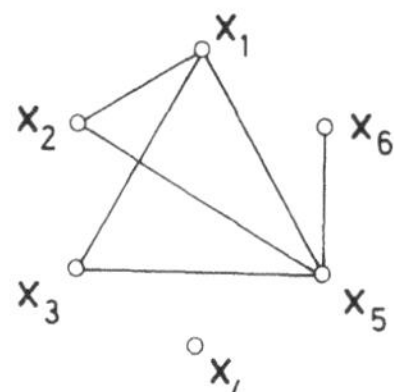

Abb. 1

Eine derartige Darstellung heißt ein (schlichter) ungerichteter Graph, genauer: *Ein (schlichter) ungerichteter Graph* X *besteht aus einer nichtleeren Menge* V=V(X), *den* *Knoten* *von* X, *und einer Menge* E=E(X) *von ungeordneten Paaren* e=[x,y] *verschiedener Elemente aus* V, *den* *Kanten* *von* X. Wir setzen X=(V,E). Durch diese Definition ist die Existenz von mehr als einer Kante e=[x,y] zwischen zwei Knoten x,y, sogenannten Mehrfachkanten, sowie die Existenz von Kanten der Form [x,x], sogenannten Schlingen, ausgeschlossen. In zahlreichen Anwendungen, insbesondere im Zusammenhang mit Relationen und Automaten, ist es aber nötig, sowohl Schlingen als auch Mehrfachkanten zuzulassen. Der Graph wird dann nicht mehr als schlicht bezeichnet. *Wir definieren daher allgemeiner einen* *ungerichteten Graphen* X *als ein geordnetes Tripel* $(V(X),E(X),\psi_X)$, *bestehend aus einer nichtleeren Menge* V(X) *von Knoten, einer dazu disjunkten Menge* E(X) *von Kanten, und einer Funktion* ψ_X, *die jeder Kante* e *aus* E(X) *ein ungeordnetes Paar* [x,y] *(nicht notwendig verschiedener) Knoten* x,y *aus* V(X), *genannt die Endknoten von* e, *zuordnet*. Kurzschreibweise für $\psi_X(e) = [x,y]$: $e \to [x,y]$.

In einem schlichten Graphen können die Kanten und die zugeordneten Paare ihrer Endknoten identifiziert werden.

<u>Beispiel</u>: $X = (V(X), E(X), \psi_X)$ mit $V(X) = \{1,2,3,4,5\}$, $E(X) = \{e_1,\ldots,e_8\}$
$\psi_X = \psi$ mit

$\psi(e_1) = [1,2]$, $\psi(e_2) = [2,3]$, $\psi(e_3) = [3,3]$, $\psi(e_4) = [3,4]$, $\psi(e_5) = [2,4]$, $\psi(e_6) = [4,5]$, $\psi(e_7) = [2,5]$, $\psi(e_8) = [2,5]$.

In graphischer Darstellung:

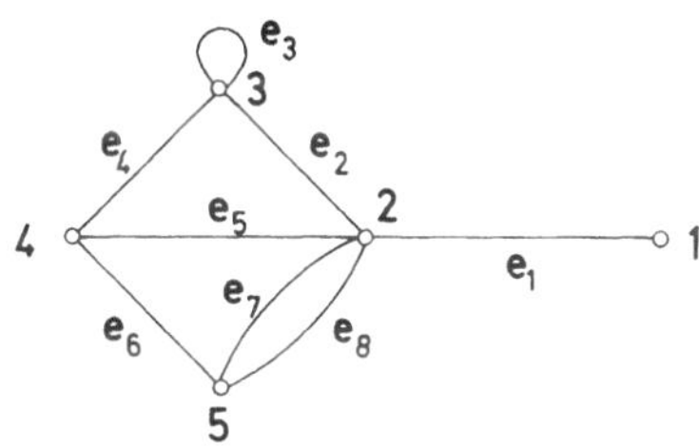

Abb. 2

<u>Weitere Beispiele:</u>

1. V(X) ist eine Menge von Städten, E(X) ist die Menge der Autobahnen zwischen den Städten.
2. V(X) ist eine Menge von Relaisstationen, E(X) die Menge elektrischer Leitungen zwischen ihnen.
3. V(X) ist die Menge der Atome in einem Molekül, E(X) die Menge der Bindungen, $\psi_X: E(X) \to (V(X) \times V(X))$; Mehrfachkanten sind möglich!
   z.B. H-C ≡ C-H (Acetylen; H...Wasserstoffatom, C...Kohlenstoffatom)

<u>Adjazenz und Inzidenz:</u>

Folgende Sprechweise ist üblich: Eine Kante $[x,y]$ <u>verbindet</u> ihre Endpunkte x und y (oder ist <u>inzident</u> zu x und y); y ist ein <u>Nachbar</u> von x (oder y ist <u>adjazent</u> zu x) (und umgekehrt) oder: x und y sind adjazente Knoten.

Die Anzahl der Kanten, die mit einem Knoten x *inzident sind, heißt der* <u>*Grad*</u> $d(x)$ *von* x *in* X.

Dabei zählt man jede Schlinge als zwei Kanten.
Knoten x mit $d(x)=0$ heißen <u>isolierte Knoten</u>, Knoten mit $d(x)=1$ <u>Endknoten</u>.

<u>Beispiel</u>: Die Knotengrade im Graphen in Abb. 1 sind:

$d(x_1)=3$, $d(x_2)=2$, $d(x_3)=2$, $d(x_4)=0$, $d(x_5)=4$, $d(x_6)=1$.

Wir beschränken uns in unseren Betrachtungen auf endliche Graphen, d.h.

sowohl $V(X)$ als auch $E(X)$ sollen endliche Mengen sein. Die Anzahl der Knoten von X bezeichnen wir mit $\alpha_0(X) = |V(X)|$, die Anzahl der Kanten von X mit $\alpha_1(X) = |E(X)|$. Zwischen den Knotengraden im Graphen X und der Kantenanzahl besteht folgende einfache Beziehung:

$$\sum_{x\in V(X)} d(x) = 2\alpha_1(X).$$

Da eine Kante genau zwei Endpunkte hat, liefert jede Kante zur links stehenden Summe genau zweimal den Beitrag 1.

Teilt man V ein in die Menge V_1 der Knoten mit ungeradem Grad und die Menge V_2 der Knoten mit geradem Grad, so folgt aus $2\alpha_1(X) = \sum_{x\in V_1} d(x) + \sum_{x\in V_2} d(x)$, daß $\sum_{x\in V_1} d(x)$ eine gerade Zahl ist. *Daher ist die Anzahl der Knoten von ungeradem Grad in jedem Graph X gerade.*

Suchen wir nun ein Modell für ein Kanalsystem (Flüsse verschiedenster Art), für Nervenbahnen etc., zur Beschreibung von Relationen, so kommt es auch auf die Richtung der Verbindung an, und man verwendet daher besser gerichtete Graphen:

Ein gerichteter Graph G *ist ein geordnetes Tripel* $(V(G),E(G),\psi_G)$, *bestehend aus der Knotenmenge* $V(G)$, *der Menge der gerichteten Kanten* $E(G)$ *und der Inzidenzfunktion* ψ_G, *die jeder gerichteten Kante* e *ein geordnetes Paar* (x,y) *von Knoten* x,y *aus* $V(G)\times V(G)$ *zuordnet:* $\psi_G(e)=(x,y)$. *Der Knoten* x *heißt Anfangspunkt,* y *Endpunkt von* e. Die Richtung einer Kante (x,y) wird durch einen Pfeil dargestellt, der von x nach y weist.

Schlingen (x,x) und Mehrfachkanten sind möglich, man beachte aber, daß (x,y) und (y,x) zwei verschiedene Kanten, nicht Mehrfachkanten, sind!

Ein gerichteter Graph ohne Schlingen und Mehrfachkanten heißt schlichter gerichteter Graph.

Die Begriffe inzident und adjazent sind gleich denen für ungerichtete Graphen. Durch die Richtung der Kanten ergeben sich allerdings Änderungen im Begriff des Knotengrades:

Die Anzahl der von x wegführenden Kanten heißt Weggrad $d^+(x)$,
die Anzahl der bei x ankommenden Kanten heißt Hingrad $d^-(x)$.

Der Grad von x ist dann $d(x) = d^+(x)+d^-(x)$.

In jedem gerichteten Graph G mit $\alpha_1(G)$ Kanten gilt daher:

$$\alpha_1(G) = \sum_{x\in V} d^+(x) = \sum_{x\in V} d^-(x).$$

Jedem gerichteten Graphen G kann man einen ungerichteten Graphen $X = G^u$ zuordnen, der dieselbe Knotenmenge wie G hat. Ist für ein Knotenpaar $[x,y]$ b_1 die Anzahl der in G von x nach y führenden Kanten, b_2 die der von y nach x führenden, so verbindet man in G^u die Knoten x und y durch $\max(b_1,b_2)$ Kanten . G^u heißt der Schatten von G.

Beispiel:

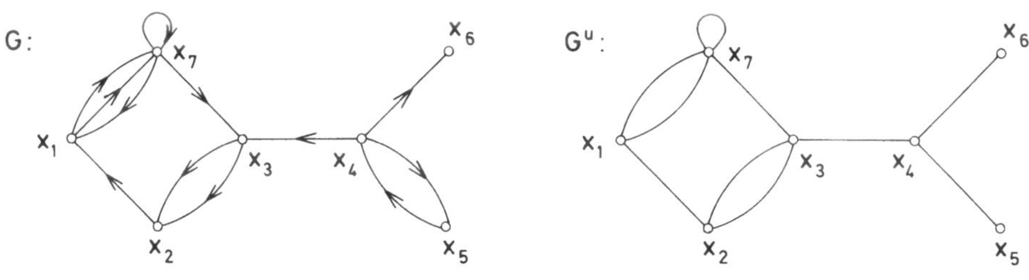

Abb.3

Beispielsweise ist $d^+(x_1) = 2 = d^-(x_1)$; $d^+(x_7) = 3 = d^-(x_7)$;

$d^+(x_6) = 0$, $d^-(x_6) = 1$ usw.

$\alpha_1(G) = 12$.

Teilgraphen.

Wir erläutern die Begriffe für ungerichtete Graphen. Für gerichtete Graphen können sie wörtlich übertragen werden.

Ein Graph $Y=(V(Y),E(Y))$ heißt Teilgraph des Graphen $X=(V(X),E(X))$, wenn die Knotenmenge von Y Teilmenge der Knotenmenge von X, die Kantenmenge von Y Teilmenge der Kantenmenge von X ist.
Teilgraph Y heißt ein spannender Teilgraph von X, wenn X und sein Teilgraph Y dieselbe Knotenmenge haben: $V(Y) = V(X)$.

Ein Teilgraph Y, der alle möglichen Kanten enthält, die ein Teilgraph von X auf der Knotenmenge $V(Y) \subseteq V(X)$ besitzen kann, heißt gesättigter Teilgraph von X, genauer: $V(Y) \subseteq V(X)$, $E(Y) = \{e \mid e \in E(X);\ e \to [x,y], x,y \in V(Y)\}$ (ein gesättigter Teilgraph wird auch "von V(Y) induzierter Teilgraph" genannt).

Beispiel: Der schlichte Graph K_n auf n Knoten mit Kanten zwischen je zwei Knoten, $E(K_n) = \{[x,y] \mid x,y \in V(K_n) \text{ und } x \neq y\}$, heißt vollständiger Graph auf n Knoten. Wir betrachten hier den K_4 und Teilgraphen davon:

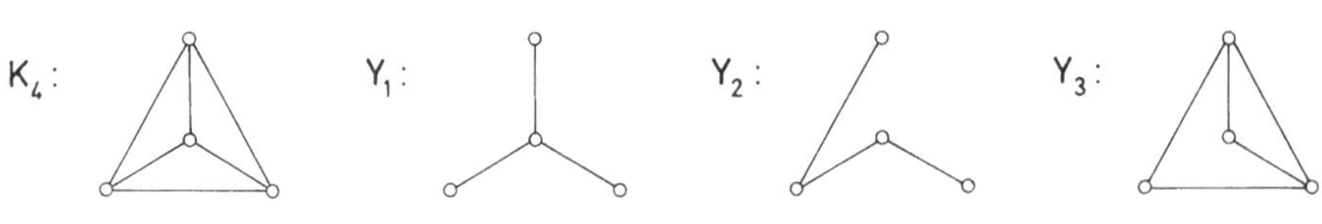

Abb. 4

Y_1, Y_2, Y_3 sind spannende Teilgraphen des K_4.

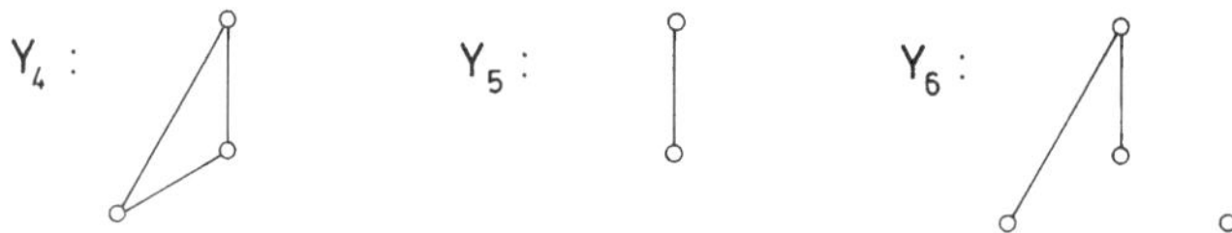

Abb. 5

Y_4,Y_5 sind gesättigte Teilgraphen des K_4; Y_6 ist ein beliebiger Teilgraph des K_4.

3. Isomorphie von Graphen

Dieser wichtige Begriff entspricht dem Isomorphiebegriff bei algebraischen Strukturen: Auch ein Graphen- Isomorphismus ist - im wesentlichen - eine bijektive Abbildung, welche die Struktur, in diesem Fall die Adjazenzen, erhält. Wir erläutern das zunächst an einem Beispiel:

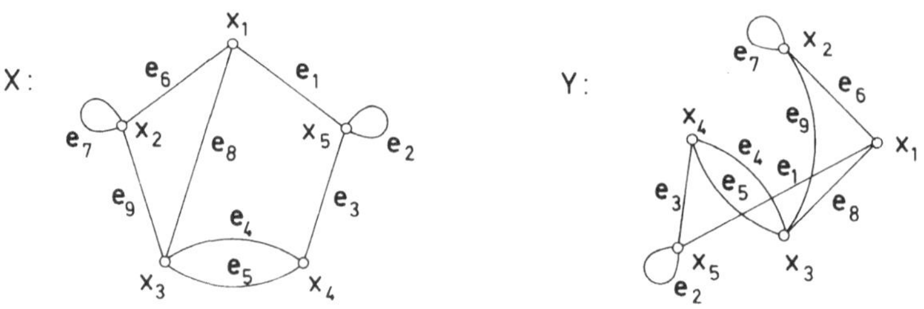

Abb. 6

Die beiden Graphen sehen verschieden aus, aber ihre Knoten und Kanten können auf eine Art und Weise numeriert werden, daß $e_1=[x_1,x_5]$, $e_2=[x_5,x_5]$, ..., $e_9=[x_2,x_3]$ in beiden Graphen zutrifft. Es besteht also kein wesentlichen Unterschied zwischen X und Y, sie stellen dieselben Relationen dar. Genauer definieren wir nun:

Der _*Graph*_ X *heißt* _*isomorph*_ *zum Graphen* Y , *wenn es eine bijektive* Ab*bildung* $\varphi:V(X) \to V(Y)$ *der Knotenmenge* V(X) *auf die Knotenmenge* V(Y) *und eine bijektive Abbildung* $\vartheta:E(X) \to E(Y)$ *der Kantenmenge* E(X) *auf die Kantenmenge* E(Y) *gibt mit folgender Eigenschaft: Wenn die Kante* e aus E(X) *die Endknoten* x,y *aus* V(X) *hat, so hat die Bildkante* $\vartheta(e)$ *aus* E(Y) *die Endknoten* $\varphi(x)$, $\varphi(y)$ *aus* V(Y) *und umgekehrt. Man schreibt:* $X \cong Y$.

X und Y können vom graphentheoretischen Standpunkt aus identifiziert werden. Notwendige Bedingungen, aber im allgemeinen nicht hinreichende, für die Isomorphie von Graphen X und Y sind z.B. gleiche Knotenzahlen, gleiche Kantenzahl, gleiche Gradfolge (d.i. auftretende Knotengrade in aufsteigender Reihenfolge angeordnet), gleiche Anzahl von Teilgraphen eines bestimmten Typs, usw.

Beispiel:

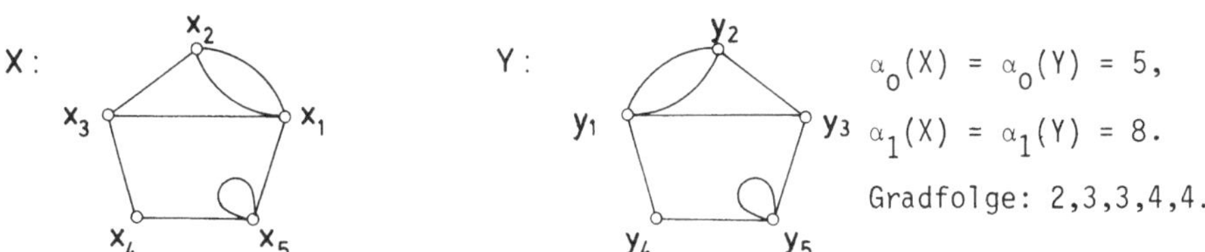

$\alpha_0(X) = \alpha_0(Y) = 5$,
$\alpha_1(X) = \alpha_1(Y) = 8$.
Gradfolge: 2,3,3,4,4.

Abb.7

X ist nicht isomorph zu Y; der Knoten x_5 von X kann der Schlinge wegen nur auf den Knoten y_5 von Y abgebildet werden, der Knoten x_1 von X wegen $d(x_1)=4$ nur auf y_1 von Y. Andererseits ist $[x_1,x_5]$ eine Kante in X, aber $[y_1,y_5]$ keine Kante in Y.

Sind zwei gerichtete Graphen G_1 und G_2 isomorph, so müssen auch die Orientierungen entsprechender Kanten übereinstimmen:

Zwei _*gerichtete Graphen*_ G_1,G_2 *heißen* _*isomorph,*_ *wenn es eine bijektive* Ab*bildung* $\varphi:V(G_1) \to V(G_2)$ *und eine bijektive Abbildung* $\vartheta:E(G_1) \to E(G_2)$ *mit folgender Eigenschaft gibt: Wenn der Kante* e *aus* $E(G_1)$ *das geordnete Knotenpaar* (x,y) *aus* $V(G_1) \times V(G_1)$ *entspricht, so ist der Bildkante* $\vartheta(e)$

aus $E(G_2)$ *das geordnete Knotenpaar* $(\varphi(x),\varphi(y))$ *aus* $V(G_2) \times V(G_2)$ *zugeordnet und umgekehrt.*

Zur Beschreibung von Automaten benötigen wir noch den Begriff bewerteter gerichteter Graph:

Eine Funktion $\beta: E(G) \to B$ von der Knotenmenge $E(G)$ des gerichteten Graphen G in eine Menge B heißt Kantenbewertung von G.

Zwei bewertete gerichtete Graphen G_1, G_2 mit Bewertungsmengen B_1, B_2 heißen daher isomorph, wenn neben den bijektiven Zuordnungen der Knoten- bzw. Kantenmengen auch eine bijektive Zuordnung $f: B_1 \to B_2$ existiert mit der Eigenschaft: Hat die Kante e aus $E(G_1)$ die Bewertung a aus B_1, so hat ihr Bild $\vartheta(e)$ in $E(G_2)$ die Bewertung f(a) aus B_2 und umgekehrt.

4. Zusammenhang

Sind im Straßennetz X eines Landes zwei Städte x,y nicht auf einer direkten Straßenverbindung (dh. Kante [x,y] im graphentheoretischen Modell) erreichbar, so fragt man sich, ob etwa auf Umwegen über andere Städte eine Verbindung von x nach y möglich ist. Das führt zu den Begriffen Kantenfolge, Kantenzug und Weg. Liegt aber die Stadt y etwa in einem Bezirk, der nur unter Benutzung ausländischer Straßen von x aus erreichbar ist, so wird man den dem Straßennetz zugehörigen Graphen als unzusammenhängend bezeichnen.

Kantenfolgen und Zusammenhang in ungerichteten Graphen:

Eine Kantenfolge in einem Graphen X zwischen zwei Knoten x_1 und x_n *ist eine endliche Folge* $x_0, e_1, x_1, e_2, x_2, \ldots, e_n, x_n$, *deren Terme abwechselnd Knoten und Kanten sind, so daß für* $1 \le i \le n$ *die Endknoten von* e_i *die Knoten* x_{i-1} *und* x_i *sind.* Man sagt, die Kantenfolge verbindet x_0 mit x_n. Sie heißt offen, wenn $x_0 \neq x_n$, geschlossen, wenn $x_0 = x_n$ ist. Dabei wird nicht verlangt, daß die Kanten verschieden sind. Sind alle Kanten einer Kantenfolge verschieden, so heißt sie ein Kantenzug.

Ein Weg ist eine offene Kantenfolge, in der alle Knoten $x_0, \ldots, x_n$ *verschieden sind.*

Sind in einer geschlossenen Kantenfolge $x_0, e_1, x_1, e_2, \ldots, e_n, x_n$ *mit* $x_0 = x_n$ *alle Knoten* $x_0, x_1, \ldots, x_{n-1}$ *verschieden, so heißt sie ein Kreis.*

Wege und Kreise können daher in einem schlichten Graphen einfach durch die Aufeinanderfolge ihrer Knoten beschrieben werden.

Anschaulich ist klar, daß jede offene Kantenfolge zwischen x_0 und x_n einen

Weg zwischen x_0 und x_n, jede geschlossene Kantenfolge durch x_0 und x_n einen Kreis durch x_0 und x_n enthält.

Die Länge eines Weges oder eines Kreises ist die Anzahl seiner Kanten.

Beispiel:

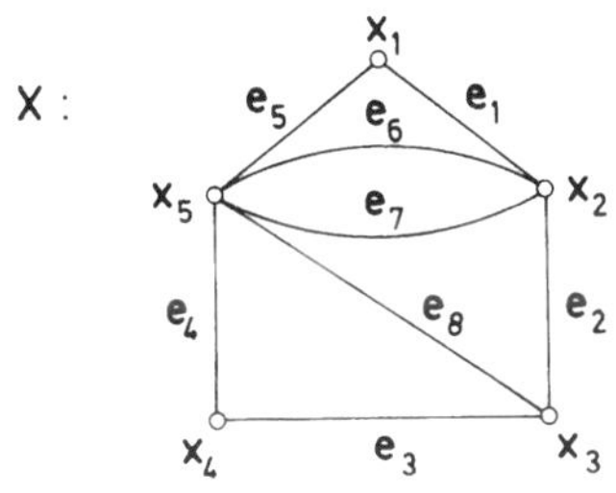

Abb.8

Kantenfolge: $x_1,e_1,x_2,e_6,x_5,e_6,x_2,e_7,x_5,e_8,x_3,e_3,x_4$.

Kantenzug: $x_3,e_3,x_4,e_4,x_5,e_8,x_3,e_2,x_2,e_7,x_5$.

Weg: $x_1,e_1,x_2,e_6,x_5,e_8,x_3,e_3,x_4$,

oder: x_1,x_2,x_5,x_3,x_4. Länge des Weges: 4.

Kreis der Länge 2: x_5,e_6,x_2,e_7,x_5.

Kreis der Länge 5: x_5,x_4,x_3,x_2,x_1,x_5.

Gibt es im Graphen X überhaupt Wege zwischen x und y, so gibt es einen Weg kleinster Länge; die Länge dieses Weges bezeichnet man als den Abstand $d(x,y)$ der Knoten x,y in X. Gibt es keinen Weg, so setzt man $d(x,y)=\infty$.

$d(x,y)$ hat folgende Eigenschaften:

1. $d(x,y) \geq 0$; $d(x,y) = 0 \Leftrightarrow x=y$.
2. $d(x,y) = d(y,x)$.
3. $d(x,z) \leq d(x,y)+d(y,z)$.

Sind je zwei Knoten x,y aus $V(X)$ durch einen Weg in X verbunden, so heißt der Graph X zusammenhängend, andernfalls unzusammenhängend.

Beispiel:

X ist zusammenhängend Y ist unzusammenhängend

Abb. 9

Die Menge der Knoten y, die mit x durch einen Weg verbunden sind, heißt die Komponente K(x) des Knotens x. Im obigen Beispiel ist im Graphen X K(x)=V(x), im Graphen Y $K(x)=\{x,y_1,y_2\}$.

Kantenfolgen und Zusammenhang in gerichteten Graphen

Eine gerichtete Kantenfolge ist eine endliche Folge KF $x_0,e_1,x_1,e_2,\ldots,e_n,x_n$ *mit* $e_i \mapsto (x_{i-1},x_i)$ *für* $i=1,\ldots,n$.

Dementsprechend werden die Begriffe offene bzw. geschlossene gerichtete Kantenfolge, gerichteter Kantenzug, gerichteter Weg ("Bahn"), Länge einer Bahn, Abstand zweier Knoten und gerichteter Kreis ("Zyklus") erklärt.

Ein gerichteter Graph heißt azyklisch, wenn er keinen gerichteten Kreis enthält.

Zusammenhang bei gerichteten Graphen

Ein gerichteter Graph G *heißt schwach zusammenhängend, wenn sein Schatten* G^u *zusammenhängend ist.*

Beispiel: G sei der Graph der Relation "<" auf {1,2,5,1o,2o} .

$V(G)=\{1,2,5,10,20\}$; $E(G)=\{(x,y) \mid x,y \in V(G),\ x<y\}$

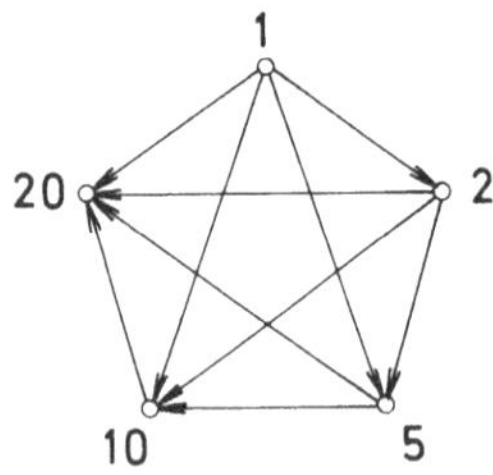

Abb.10

Ein gerichteter Graph G heißt ***stark zusammenhängend****, wenn je zwei Knoten x,y durch einen gerichteten Weg verbunden sind.*

Beispiel:

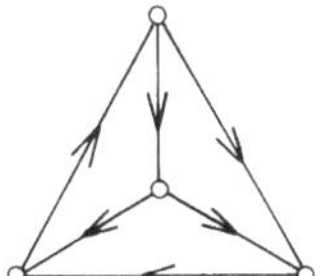

Abb. 11

5. Relationen, Graphen, Matrizen

Eine Möglichkeit binäre Relationen übersichtlich darzustellen, bietet die Darstellung durch Matrizen:

Ist r eine binäre Relation über den endlichen Mengen $A=\{a_1,\dots,a_k\}$ *und* $B=\{b_1,\dots,b_n\}$*, so kann man r durch eine (k,n)-Matrix* $R=(r_{ij})$ *darstellen, indem man setzt:*

$$r_{ij} = \begin{cases} 1 & \text{falls } (a_i,b_j)\in r \\ 0 & \text{sonst.} \end{cases}$$

Interpretation des Produktes solcher Matrizen:

Ist r eine Relation über $A = \{a_1,\dots,a_\ell\}$, $B = \{b_1,\dots,b_n\}$ und ist s eine Relation über $B, C = \{c_1,\dots,c_m\}$ mit den Matrizendarstellungen $R = (r_{ij})_{\substack{i=1,\dots,\ell \\ j=1,\dots,n}}$ bzw. $S = (s_{jk})_{\substack{j=1,\dots,n \\ k=1,\dots,m}}$, so kann man die Matrix $R\cdot S$ bilden. Jedes Element t_{ik} von $R\cdot S$ hat die Gestalt $t_{ik} = \sum_{j=1}^{n} r_{ij}\cdot s_{jk}$; da r_{ij} und s_{jk} nur die Werte 0 und 1 annehmen, gibt t_{ik} genau die Anzahl der Werte von j an, für die $r_{ij}=1$ und $s_{jk}=1$ ist, dh. für die gilt: $(a_i,b_j)\in r$ und $(b_j,c_k)\in s$, also die Anzahl der Möglichkeiten, von a_i über ein b_j nach c_k zu gelangen.

Es gilt also speziell:

$$(a_i,c_k) \in r \circ s \quad \Leftrightarrow \quad t_{ik} \neq 0.$$

Ebenso kann man zeigen, daß für mehrere Relationen $r_1,\dots,r_n$ über A_1,A_2 bzw. $A_2,A_3,\dots,$ bzw. A_n,A_{n+1} der Wert des Elements u_{ik} in der Produktmatrix

$R_1\cdot\ldots\cdot R_n$ angibt, auf wieviele verschiedene Arten man von a_{1i} zu a_{n+1k} über eine Kette

$$(a_{1i},a_{2q_2})\in r_1,\ (a_{2q_2},a_{3q_3})\in r_2,\ldots,(a_{nq_n},a_{n+1k})\in r_n$$

gelangen kann.

Boolesche Operationen auf {0,1}

Ist man nicht an der Anzahl der Möglichkeiten von a_{1i} zu a_{n+1k} zu gelangen interessiert, sondern nur daran, zu erkennen, ob $(a_{1i},a_{n+1k})\in r_1\circ\ldots\circ r_n$ ist, so führt man auf der Menge {0,1} die Booleschen Operationen ein:

+	0	1
0	0	1
1	1	1

·	0	1
0	0	0
1	0	1

(Achtung: <{0,1},+,·> ist damit eine Boolesche Algebra, kein Ring!). Das Matrizenprodukt wird dann in gewohnter Weise unter Verwendung der Booleschen Operationen für {0,1} gebildet. Damit ist $\sum_{j=1}^{n} r_{ij}\cdot s_{jk}=1$ genau dann, wenn mindestens ein j existiert mit $r_{ij}=1=s_{jk}$, d.h. im Fall $(a_i,c_k)\in r\circ s$.

Darstellung binärer Relationen durch Graphen

Ist r *eine binäre Relation über den endlichen Mengen* $A=\{a_1,\ldots,a_k\}$, $B=\{b_1,\ldots,b_n\}$, *so ist* r *durch einen gerichteten Graphen* G *darstellbar, indem man die Elemente von* $A\cup B$ *als Knoten von* G *nimmt und zwei Knoten* $a\in A$ *und* $b\in B$ *genau dann durch eine gerichtete Kante verbindet, wenn* $(a,b)\in r$ *ist.* Ist insbesondere A=B, also r eine binäre Relation auf A, so gilt V(G) = A.

Wir setzen nun m für die Anzahl der Elemente von $A\cup B$, also $m=|A\cup B|$, und betrachten die (m,m)-Matrix $(r_{ij})_{\substack{i=1,\ldots,m\\ j=1,\ldots,m}}$, die in der oben erklärten Form die Relation r beschreibt.

$r_{ij}=1$ für $(x_i,x_j)\in r$ mit $x_i,x_j\in A\cup B$;

$r_{ij}=0$ sonst.

Diese Matrix beschreibt den zur Relation gehörigen gerichteten Graphen G eindeutig. Sie ist allgemeiner wie folgt definiert und heißt

Adjazenzmatrix A(G) des gerichteten Graphen G.

Hat G α_0 *Knoten, so ist* $A(G)=(a_{ij})_{\substack{i=1,\ldots,\alpha_0\\ j=1,\ldots,\alpha_0}}$ eine (α_0,α_0)-Matrix, *in der das Element* a_{ij} *in der* i*-ten Zeile und* j*-ten Spalte die Anzahl der Kanten angibt, die von* x_i *nach* x_j *gerichtet sind.*

Beispiel:

$$A(G) = \begin{pmatrix} 0 & 2 & 1 & 0 \\ 0 & 0 & 1 & 0 \\ 0 & 0 & 0 & 1 \\ 1 & 0 & 0 & 1 \end{pmatrix}$$

Abb. 12

Hat G keine Mehrfachkanten, so ist $a_{ij}=1$, wenn $(x_i,x_j)\in E(G)$, $a_{ij}=0$ sonst, A(G) ist dann die Matrix der zum Graphen gehörigen Relation r.

Eigenschaften der Adjazenzmatrix A(G):

1. A(G) ist genau dann symmetrisch, wenn mit (x_i,x_j) stets auch (x_j,x_i) Kante ist.

2. $\sum_{j=1}^{n} a_{ij} = d^+(x_i)$; $\quad \sum_{i=1}^{n} a_{ij} = d^-(x_j)$.

3. Es sei G schlicht. In der k-ten Potenz $A^k(G)$ der Adjazenzmatrix von G gibt das Element $a_{ij}^{(k)}$ die Anzahl der gerichteten Kantenfolgen der Länge k vom Knoten x_i zum Knoten x_j an.
   (Für den Fall k=2 wurde dieser Sachverhalt im Zusammenhang mit Relationen bereits ausführlich besprochen; für k>2 ist er mit vollständiger Induktion nach k leicht nachzuprüfen.)

4. Ein gerichteter Graph ist genau dann azyklisch, wenn es eine gerichtete Kantenfolge größter Länge ℓ mit $1 \le \ell \le \alpha_0$ gibt. Dann treten in $A^\ell(G)$ noch Elemente ungleich Null auf, $A^k(G)$ ist aber die Nullmatrix für $k>\ell$.
   Also: Ein gerichteter Graph G ist genau dann azyklisch, wenn es eine Zahl ℓ mit $1 \le \ell \le \alpha_0$ gibt mit $A^\ell(G) \ne (0)$, $A^k(G) = (0)\ \forall\ k>\ell$.

Abschließend betrachten wir noch ein Beispiel zum Zusammenhang Relation-Graph-Matrix:

Beispiel: $A = \{1,2,3\}$, $B = \{4,6,8\}$; $(a,b) \in r \Leftrightarrow a \mid b$.

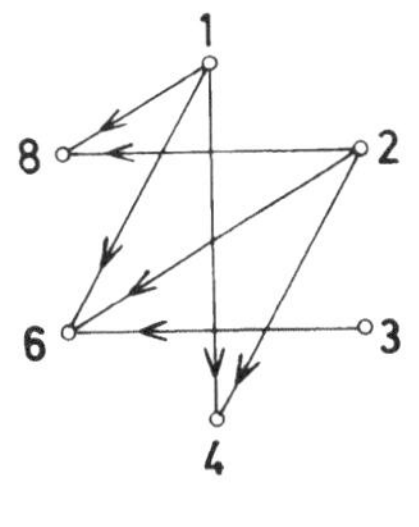

$$A(G) = \begin{pmatrix} 0 & 0 & 0 & 1 & 1 & 1 \\ 0 & 0 & 0 & 1 & 1 & 1 \\ 0 & 0 & 0 & 0 & 1 & 0 \\ 0 & 0 & 0 & 0 & 0 & 0 \\ 0 & 0 & 0 & 0 & 0 & 0 \\ 0 & 0 & 0 & 0 & 0 & 0 \end{pmatrix}$$

6. Graphen und Automaten

Wir betrachten einen Automaten, der 10-Schilling-und 5-Schilling-Münzen in 1-Schilling-Münzen wechselt. Die Anzahl der im Automaten noch vorhandenen 1-Schilling-Stücke bezeichnen wir als "Zustand" des Automaten zu einem bestimmten Zeitpunkt. Jeder Wechselvorgang bedeutet die Ausgabe von 1-Schilling-Münzen und ändert daher seinen Zustand.

Dieses System kann man nun folgendermaßen mathematisch beschreiben:

Beispiel	Mathematische Beschreibung
10-Schilling-,5-Schilling-Münzen	Eingabealphabet Σ, $\Sigma \neq \emptyset$.
Zustände	Zustandsmenge K, $K \neq \emptyset$.
1-Schilling-Münze	Ausgabealphabet T.
Münzen-Einwurf	Zustandsüberführungsfunktion δ $\delta: K \times \Sigma \to K$ mit $(q,x) \mapsto \delta(q,x)$, $\forall q \in K$, $x \in \Sigma$.
Münzen-Ausgabe	Ausgabefunktion λ $\lambda: K \times \Sigma \to T$ mit $(q,x) \mapsto \lambda(q,x)$, $\forall q \in K$, $x \in \Sigma$.

Ein Automat ist also durch ein Quintupel $(K,\Sigma,T,\delta,\lambda)$ zu beschreiben.

Die Zustandsüberführungsfunktion δ gibt an, wie aus einem vorliegenden Zustand q durch eine Eingabe x ein neuer Zustand $\delta(q,x)$ entsteht; die Ausgabefunktion λ gibt an, welches Symbol aufgrund des vorliegenden Zustandes q und der Eingabe x ausgegeben wird.

Im konkreten Fall ist $\Sigma = \{5,10\}$, wobei 5 den Einwurf einer 5-Schilling-Münze, 10 der Einwurf einer 10-Schilling-Münze bedeutet. Wenn zuwenig Schilling-Stücke im Automaten vorhanden sind, sollen die eingeworfenen Münzen in die Rückgabeschale fallen. Die Zustandsmenge ist $K=\{q_i, i=1,2,\ldots\}$, wobei q_i die Anzahl der noch vorhandenen 1-Schilling-Münzen ist. Das Ausgabealphabet ist $T = \{1\}$.

Ein weiteres Beispiel, für einen einfacheren Automaten, ist ein Aufzug, dessen "Zustand" sich mit jedem Stockwerk ändert; zu seiner Beschreibung reicht das Tripel $\langle K,\Sigma,\delta \rangle$ (in obiger Bedeutung) aus.

Das Prinzip der Funktionsweise ist also, daß aufgrund einer Eingabe eine Änderung im inneren Zustand eintritt. Nach diesem Prinzip arbeiten natürlich auch alle EDV-Anlagen.

Ein Automat läßt sich nun durch Angabe eines bewerteten gerichteten Graphen G beschreiben. Die Knoten von G sind die Zustände des Automaten, d.h. V(G)=K. Zwei Knoten $q_1, q_2 \in V(G)$ werden durch eine mit $x \in \Sigma$ bewertete, von q_1 nach q_2 gerichtete Kante verbunden, wenn der Zustand q_1 durch die Eingabe des Symbols x in den Zustand q_2 übergeführt wird, dh. $\delta(q_1,x) = q_2$.

Beispiel:

Der Automat sei der oben beschriebene Wechselautomat. Dann ist

$$\delta(q,x) = \begin{cases} q-x & \text{für } q \geqslant x \\ q & \text{für } q < x \end{cases}$$

Wir betrachten den Teilgraphen von G, der den Automaten vom Zustand q_0=20 (noch zwanzig 1-Schilling-Stücke im Automaten vorhanden) bis zum Zustand q=0 (keine 1-Schilling-Stücke mehr im Automaten vorhanden) beschreibt.

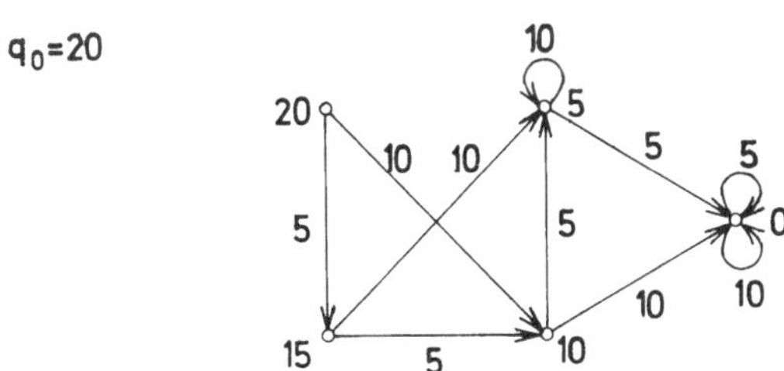

Abb. 14

Graphentheoretische Interpretation der Eigenschaften eines Automaten:

1. Ist ein Zustand $q' \in K$ durch eine endliche Folge von Eingaben (Eingabesymbolen) von einem Zustand $q \in K$ erreichbar, so existiert im Graphen G des Automaten ein gerichteter Weg von q nach q'.

2. Ein Automat heißt vom Zustand $q \in K$ aus zusammenhängend, wenn es zu jedem Zustand $q' \in K$ eine Folge von Eingabesymbolen gibt, so daß durch ihre sukzessive Eingabe der Zustand q in den Zustand q' übergeht; der Graph des Automaten ist dann schwach zusammenhängend. Der Automat heißt stark zusammenhängend, wenn er von jedem Zustand aus zusammenhängt; sein Graph ist stark zusammenhängend.

3. Angenommen, es gibt eine Eingabefolge, die den Automaten vom Zustand q schließlich wieder in den Zustand q zurückführt. Dann enthält der Graph des Automaten einen Zyklus.

4. Zwei Automaten $(K,\Sigma,T,\delta,\lambda)$ und $(K',\Sigma',T',\delta',\lambda')$ werden als isomorph bezeichnet, wenn es ein Tripel (ξ,η,ζ) von bijektiven Abbildungen ξ: $K\to K'$, η: $\Sigma\to\Sigma'$, ζ: $T\to T'$ gibt, so daß für alle $q\in K$ und alle $x\in\Sigma$ gilt:

   $\xi(\delta(q,x)) = \delta'(\xi(q),\eta(x))$ sowie $\zeta(\lambda(q,x)) = \lambda'(\xi(q),\eta(x))$.
   Das bedeutet, daß man dieselbe Zustandsänderung bzw. dieselbe Ausgabe erhält, unabhängig davon, ob man zuerst den ersten Automaten "bedient" und das "isomorphe Bild" des Ergebnisses im zweiten Automaten betrachtet oder ob man zuerst den Zustand und die Eingabe in den zweiten Automaten abbildet und dann diesen "bedient".

   Graphentheoretisch bedeutet das die Isomorphie der zugeordneten bewerteten gerichteten Graphen G und G'.

Aufgaben

1. Zeichnen Sie den Graphen X, der wie folgt gegeben ist:
   $V(X) = \{1,2,3,4,5\}$, $E(X) = \{[x,y] \mid x\neq y,\ x,y\in V(X),\ ggT(x,y)=1\}$, und bestimmen Sie die auftretenden Knotengrade.

2. Es sei M eine Menge mit $n\geq 1$ Elementen. Der Graph X sei gegeben durch
   $V(X) = \{U \mid U \subseteq M\}$, $E(X) = \{[U,V] \mid U,V \subseteq M,\ U\neq V,\ U\cap V=\emptyset\}$.
   Bestimmen Sie $\alpha_0(X)$, $\alpha_1(X)$.

3. Zeigen Sie: In jeder Gemeinschaft von mindestens zwei Menschen gibt es stets wenigstens zwei mit genau derselben Zahl von Freunden innerhalb der Gemeinschaft.

4. Der Graph G sei gegeben durch $V(G) = \{1,2,3,4,5,6,7,8\}$,
   $E(G) = \{(x,y) \mid x,y\in V(G),\ x \mid y\}$. Zeichnen Sie den Graphen und geben Sie die Knotengrade an. Zeigen Sie, daß G azyklisch ist.

5. Zeigen Sie: Jeder gesättigte Teilgraph eines vollständigen Graphen ist vollständig.

6. Bestimmen Sie alle Teilgraphen des Graphen X, der durch $V(X) = \{a,b,c\}$, $E(X) = \{[a,b],[a,c]\}$ gegeben ist. Welche Teilgraphen sind gesättigt, welche sind spannende Teilgraphen?

7. Zeigen Sie, daß es elf nichtisomorphe ungerichtete schlichte Graphen auf vier Knoten gibt.

8. Zwei ungerichtete schlichte Graphen X und Y sind genau dann isomorph, wenn eine bijektive Abbildung $\varphi:V(X) \to V(Y)$ existiert, so daß $[x,y] \in E(X)$ genau dann gilt, wenn $[\varphi(x),\varphi(y)] \in E(Y)$ (φ heißt ein Isomorphismus von X auf Y.) Ein Automorphismus eines Graphen ist ein Isomorphismus des Graphen auf sich. Zeigen Sie, daß ein Automorphismus eines schlichten Graphen X eine adjazenzerhaltende Permutation der Knotenmenge ist und daß die Automorphismen von X eine Gruppe $\Gamma(X)$, die Automorphismengruppe von X, bilden.

9. Bestimmen Sie die Automorphismengruppe des vollständigen Graphen K_n.

10. Geben Sie im vollständigen Graphen K_5 einen spannenden Teilgraphen an, der zusammenhängend ist und minimale Kantenzahl hat. Wieviele Kanten hat der Teilgraph? Wieviele Kanten hat so ein Teilgraph des K_n für beliebiges n?

11. Zeigen Sie: Ist der ungerichtete Graph X zusammenhängend, so existiert zu je zwei Knoten $x,y \in V(X)$ eine Kantenfolge, die alle Kanten von X enthält und x mit y verbindet.

12. Zeigen Sie: Jede gerichtete geschlossene Kantenfolge enthält einen Zyklus.

13. Es sei G ein gerichteter Graph mit $d^+(x)>0$ für alle $x \in V(G)$. Zeigen Sie, daß G mindestens einen Zyklus enthält.

14. Gegeben sei eine Menge M mit n Elementen, Wie sehen die Matrizen der Relationen r auf M aus:
    a) r ist eine Äquivalenzrelation
    b) r ist eine Halbordnung, bzw. eine Totalordnung .

15. Bilden Sie das Quadrat der Relationsmatrix und interpretieren Sie das Ergebnis.
    a) $A = \{1,2,3,4,5,6\}$ $\rho = \{(i,j) \mid \frac{i}{j} \text{ ist prim}\}$
    b) $A = \mathbb{N}$; $\rho = \{(i,j) \mid i,j \in \mathbb{N},\ j-i=1\}$

16. Gegeben seien 2 Relationen r,s: $r \subseteq A \times B$, $s \subseteq B \times A$; stellen Sie mit Hilfe der Booleschen Operationen fest, welche Elemente in $r \circ s$ liegen:

a) $A=B=\{0,1,2,3\}$; $r=\{(a,b) \mid b=a+1 \text{ oder } b=\frac{a}{2}\}$; $s=\{(b,a) \mid a.b \leq 8\}$

b) $A=\{1,2,4,6,9\}$, $B=\{1,2,3\}$; $r \subseteq A \times B$, $r=\{(a,b) \mid b \mid a\}$,

$s \subseteq B \times A$, $s=\{(b,a) \mid b \cdot a \in A \setminus B\}$

17. Auf der Menge $A = \{0,1,2,3\}$ sei die Relation $r = \{(0,0),(0,3),(2,0),(2,1),(2,3),(3,2)\}$ gegeben. Zeichnen Sie den Graphen von r und den Graphen von r^3.

18. Bestimmen Sie die Ajdazenzmatrix des gerichteten Graphen aus Aufgabe 4 und die Anzahl der gerichteten Kantenfolgen der Länge 3 von 1 nach 6.

Literatur

[1] C.Berge: Graphs and hypergraphs.
North-Holland Mathematical Library, Amsterdam-London 1976

[2] G.Birkhoff - T.Bartee: Angewandte Algebra.
R.Oldenbourg Verlag, München-Wien 1973

[3] J.A.Bondy - U.S.R.Murty: Graph theory with applications.
The Macmillan Press, London-Basingstoke 1976

[4] W.Dörfler - J.Mühlbacher: Graphentheorie für Informatiker.
Sammlung Göschen, Walter de Gruyter Verlag, Berlin-New York 1973

[5] F.Harary: Graph theory.
Addison-Wesley, 1969

[6] W.J.Streich - Th.Rösner: Theorie linearer Automaten.
DVW, Berlin 1978

VEB Deutscher Verlag der Wissenschaften, Berlin 1978.

V. Universale Algebra

Außer den in Kapitel I behandelten algebraischen Strukturen treten in der Praxis noch weitere auf. Als Beispiele seien genannt:

1. Die Potenzmenge einer nichtleeren Menge M mit den Operationen $\cap$ (Durchschnitt), $\cup$ (Vereinigung) und der Komplementbildung $^{-}$ (siehe Kapitel 0).

2. Die Menge der Untergruppen einer Gruppe $\langle G,.\rangle$ mit den Operationen $\sqcap$ (mengentheoretischer Durchschnitt) und $\sqcup$ (dabei ist für Untergruppen A,B von $\langle G,.\rangle$ $A\sqcup B$ definiert durch die von $A\cup B$ erzeugte Untergruppe).

3. Eine nichtleere Menge M mit einer gegenüber der Komposition abgeschlossenen Menge von Funktionen $f:M\to M$. Diese Funktionen kann man als einstellige Operationen auf M analog zu den Operationen ω_λ eines Vektorraums auffassen (siehe Kapitel I.3).

Wenn man von diesen speziellen Strukturen abstrahiert, kommt man zum gemeinsamen Oberbegriff der universalen Algebra. Das ist eine nichtleere Menge zusammen mit einem System von Operationen verschiedener "Stelligkeiten".

Wir wollen nun die in Kapitel I eingeführten Grundbegriffe aus der Theorie der Halbgruppen allgemein für universale Algebren einführen. Der Unterschied liegt im wesentlichen nur in der Anzahl der definierten Operationen und deren Stelligkeit. Durch Interpretation der Begriffsbildungen auf spezielle Strukturen erhält man dann einen Teil der bisher erarbeiteten Begriffswelt in den einzelnen algebraischen Strukturen.

1. Universale Algebren, Varietäten

Zunächst definieren wir den Begriff

n-stellige Operation:

Sei A eine nichtleere Menge. Unter einer n-*stelligen Operation* ($n\in\mathbb{N}$) *auf A versteht man eine Abbildung* $\omega : A^n \to A$. *Die Zahl n heißt* Stelligkeit *von* ω *und wird mit* $n(\omega)$ *bezeichnet.*

Unter einer <u>nullstelligen Operation</u> ω auf A versteht man das Auszeichnen eines festen Elementes aus A, das man ebenfalls mit ω bezeichnet.

So ist etwa die Gruppenoperation $\circ$ eine zweistellige Operation, die Inversenbildung in einer Gruppe kann man als einstellige Operation auffassen. Als Beispiel einer nullstelligen Operation erwähnen wir das neutrale Element e in einer Gruppe.

Neben den von uns bisher gebrauchten Schreibweisen für Operationen:

$$(a_1,\dots,a_{n(\omega)}) \to \omega a_1\dots a_{n(\omega)} \quad \text{und} \quad (a_1,\dots,a_{n(\omega)}) \to \omega(a_1,\dots,a_{n(\omega)}),$$

ist auch noch folgende Notation gebräuchlich:

$$(a_1,\dots,a_{n(\omega)}) \to a_1\dots a_{n(\omega)}\omega .$$

Diese Schreibweise ist vor allem bei theoretischen Überlegungen üblich (z.B. im Zusammenhang mit der Zusammensetzung von Funktionen). Für Computereingaben wählt man meist die erste Variante, da mit der Eingabe der Operationsvorschrift ω bereits auch $n(\omega)$ festgelegt ist.

Mit Hilfe dieser Operationen gelangt man zum Begriff

<u>universale Algebra:</u>

Unter einer solchen versteht man ein Paar $\langle A,\Omega\rangle$, wobei A eine beliebige nichtleere Menge ist (die man <u>Grundmenge</u> oder <u>Trägermenge</u> nennt) und Ω ein System von Operationen auf A ist.

Will man eine erste Einteilung universaler Algebren treffen, so bietet sich eine Einteilung nach den Stelligkeiten ihrer Operationen an:

Zwei universale Algebren $\langle A,\Omega\rangle$, $\langle B,\Omega'\rangle$ heißen vom <u>selben Typ</u>, wenn es eine bijektive Zuordnung $\omega \to \omega'$ von Ω auf Ω' gibt mit $n(\omega) = n(\omega')$. Das gemeinsame Zahlensystem $\{n(\omega) \mid \omega \in \Omega\}$ heißt dann der <u>Typ</u> dieser Algebren.

<u>Beispiele:</u>

1. Halbgruppen $\langle H,.\rangle$ sind Algebren vom Typ $\langle 2\rangle$, da $\Omega = \{.\}$.
2. Gruppen kann man als Algebren vom Typ $\langle 2,1,0\rangle$ auffassen ($\Omega = \{.,{}^{-1},e\}$).
3. Ringe sind Algebren vom Typ $\langle 2,2,1,0\rangle$ ($\Omega = \{+,.,-,0\}$).
4. R-Moduln sind Algebren vom Typ $\langle 2,1,0,1,\dots,1\rangle$. Dabei ist $\langle 2,1,0\rangle$ der Typ der abelschen Gruppe. Die restlichen einstelligen Operationen sind die Multiplikation mit jeweils einem $\lambda \in R$.

Wegen der bijektiven Zuordnung zwischen den Operationensystemen bezeichnet man für Algebren desselben Typs die Operationen mit denselben Symbolen.

Es kann nun der Fall eintreten, daß man ein und dieselbe Struktur durch verschiedene Operationensysteme verschiedenen Typs definieren kann, wie man am folgenden Beispiel erkennt:

Jede Gruppe $<G,.>$ kann aufgefaßt werden als eine universale Algebra $<G,\{.,^{-1},e\}>$ vom Typ $<2,1,0>$, oder auch z.B. als universale Algebra $<G,\{.,*_r,*_l\}>$ vom Typ $<2,2,2>$, indem man mit $a *_l b$ die Lösung von $ax = b$ und mit $a *_r b$ die von $ya = b$ bezeichnet.

Außer den Operationen sind auch die Rechenregeln von wesentlicher Bedeutung. Eine Rechenregel bedeutet, daß zwei verschiedene formale Ausdrücke in der betrachteten Algebra stets dasselbe Element darstellen, wie z.B. xx^{-1} und e in jeder Gruppe $<G,.>$ (wobei für x jedes Gruppenelement eingesetzt werden kann) oder $(x+y)z$ und $xz+yz$ in jedem Ring $<R,+,.>$ (wobei für x,y,z beliebige Ringelemente eingesetzt werden können).

Zur allgemeinen Konstruktion von formalen Ausdrücken benötigen wir den Begriff der

Wortalgebra:

Seien X und Ω beliebige Mengen mit $X \neq \emptyset$ und $X \cap \Omega = \emptyset$. Weiters sei $n:\Omega \to \mathbb{N}_0$ gegeben. *Dann definiert man Ω-Wörter über X durch folgende Rekursion:*

1. Wörter der Stufe 0 sind alle Symbole $x \in X$ und alle $\omega \in \Omega$ mit $n(\omega) = 0$,

2. Wörter der Stufe $k > 0$ sind alle Wörter der Stufen $0,1,\ldots,k-1$ und alle aus solchen Wörtern $w_1,\ldots,w_{n(\omega)}$ gebildeten formalen Ausdrücke $\omega w_1\ldots w_{n(\omega)}$ (für alle $\omega \in \Omega$). (Beachte: $n(\omega)$ gibt die Anzahl der Wörter nach dem Symbol ω an). X nennt man Alphabet, dessen Elemente heißen Buchstaben.

Die Menge aller Ω-Wörter (beliebiger Stufe) über dem Alphabet X bezeichnen wir mit $W(X,\Omega)$. Offensichtlich besitzt jedes Wort aus $W(X,\Omega)$ eine minimale Stufe. Man kann nun Ω als Operationensystem auf $W(X,\Omega)$ auffassen, indem man $\omega w_1\ldots w_{n(\omega)}$ als das dadurch definierte Wort (d.h. Element von $W(X,\Omega)$) ansieht und $n(\omega)$ als Stelligkeit der Operation $\omega \in \Omega$ definiert. *Somit ist* $<W(X,\Omega),\Omega>$ *eine universale Algebra, die man die Ω-Wortalgebra über dem Alphabet X nennt. Durch vollständige Induktion nach der minimalen Wortstufe kann man zeigen, daß jedes Wort endlich viele Buchstaben aus X und endlich viele Operationssymbole aus Ω enthält.*

Ist $<A,\Omega>$ *eine universale Algebra (mit demselben Operationensystem Ω wie die oben konstruierte Wortalgebra!), so stellt jedes Ω-Wort w über A ein Element von A dar,* das man erhält, wenn man alle in w vorkommenden Operationen gemäß der Vorschriften in $<A,\Omega>$ ausführt. Dabei kann es vorkommen, daß verschiedene Wörter dasselbe Element von A darstellen, wie etwa a^n, a^{n+k},

a^{n+2k} usw. in einer Gruppe, in der a die Ordnung k besitzt.

Damit stellt sich in natürlicher Weise das Wortproblem:
Ist eine universale Algebra $<A,\Omega>$ gegeben, so ist eine Teilmenge N von $W(A,\Omega)$ gesucht, die folgende Eigenschaften besitzt:

a) Jedes $a \in A$ ist darstellbar durch ein Wort aus N.

b) Je zwei verschiedene Wörter aus N stellen verschiedene Elemente von A dar.

Für zyklische Gruppen $<G,.>$ der Ordnung k mit erzeugendem Element g wird das Wortproblem etwa durch folgende Menge N von Wörtern gelöst:

$$N = \{e,g,g^2,\dots,g^{k-1}\}.$$

Nun können wir den Begriff der Rechenregel allgemein formulieren. Man nennt diese in der universalen Algebra üblicherweise

Gesetze:

Seien v, w Wörter aus $W(X,\Omega)$ und $x_1,\dots,x_k$ jene Buchstaben von X, die in mindestens einem der Wörter v, w vorkommen *Man sagt, in $<A,\Omega>$ gilt das Gesetz* v = w, *wenn man bei beliebiger Ersetzung von* $x_1,\dots,x_k$ *durch Elemente* $a_1,\dots,a_k \in A$ *stets erhält:* $v(a_1,\dots,a_k) = w(a_1,\dots,a_k)$.
Jedes Gesetz auf einer Algebra $<A,\Omega>$ ist also durch ein Paar von Wörtern aus einer Wortalgebra $<W(X,\Omega),\Omega>$ gegeben.

Ist $<W(X,\Omega),\Omega>$ *eine Wortalgebra und* Λ *eine Menge von Wortpaaren, d.h. eine Teilmenge von* $W(X,\Omega)^2$, *so heißt die Klasse aller Algebren* $<A,\Omega>$ *vom selben Typ wie* $<W(X,\Omega),\Omega>$, *in denen die Gesetze* v = w *für jedes* $(v,w) \in \Lambda$ *gelten, die von* Ω *und* Λ *bestimmte Varietät universaler Algebren.* Wir bezeichnen sie mit $V(\Omega,\Lambda)$.

Beispiele:

1. Ist $\Omega = \{\omega\}$ mit $n(\omega) = 2$ und $\Lambda = \{\omega(x_1,\omega(x_2,x_3)),\omega(\omega(x_1,x_2),x_3))\}$, so wird dadurch die Varietät aller Halbgruppen definiert. Man schreibt einfach xy für $\omega(x,y)$.

2. Wählt man $\Omega = \{.,^{-1},e\}$ (Typ: $<2,1,0>$) und $\Lambda = \{((x_1x_2)x_3,x_1(x_2x_3)), (ex,x), (x^{-1}x,e)\}$, so erhält man offensichtlich die Varietät aller Gruppen (siehe Kapitel I.1).

Ist $<A,\Omega> \in V(\Omega,\Lambda)$, so gelten in $<A,\Omega>$ natürlich alle Gesetze aus Λ. Es können aber noch weitere gelten, wie das folgende Beispiel zeigt:

In jeder zyklischen Gruppe $<G,.>$ der Ordnung k gelten etwa folgende Gesetze: $x^k = e$ und $(xy)^{-1} = y^{-1}x^{-1}$. Während $x^k = e$ nicht in jeder Gruppe gilt, ist das zweite Gesetz in jeder Gruppe aus den definierenden Gesetzen herleitbar. Im folgenden befassen wir uns mit der

Herleitung von Gesetzen:

Sei $\langle A,\Omega\rangle \in \langle V(\Omega,\Lambda)\rangle$, dann gelten in $\langle A,\Omega\rangle$ neben den Gesetzen $(v,v) \in W(X,\Omega)^2$ und den Gesetzen aus Λ alle Gesetze, die durch endlich oftmalige Anwendung der folgenden Schritte aus Λ "herleitbar" sind (wir bezeichnen die Menge dieser Gesetze mit $\bar{\Lambda}$):

1. (Symmetrie) Ist $(v,w) \in \Lambda$ oder bereits hergeleitet, so setzt man $(w,v) \in \bar{\Lambda}$ (da es bei der Gleichheit von Wörtern auf die Reihenfolge nicht ankommt).

2. (Ersetzung von Buchstaben durch Wörter) Ist $(v(x_1,\dots,x_k),w(x_1,\dots,x_k)) \in \Lambda$ oder bereits hergeleitet, und $w_1,\dots,w_k \in W(X,\Omega)$, so setzt man $(v(w_1,\dots,w_k),w(w_1,\dots,w_k)) \in \bar{\Lambda}$ (dieses Gesetz gilt offensichtlich in $\langle A,\Omega\rangle \in V(\Omega,\Lambda)$, da bei der Ersetzung der Buchstaben in $w_1,\dots,w_k$ durch Elemente von A wiederum gleiche Elemente von A dargestellt werden).

3. (Anwendung von Gesetzen auf Wortteile) Ist $(v,w) \in \Lambda$ und entsteht t aus w durch Ersetzen eines Wortteiles u durch u' mit: $(u,u') \in \Lambda$ oder bereits hergeleitet, so setzt man $(v,t) \in \bar{\Lambda}$.

So ist zum Beispiel für Ringe wegen $((x+y)z,\ xz+yz) \in \Lambda$ auch $((x+y)(z+w),x(z+w)+y(z+w)) \in \bar{\Lambda}$.

Also nehmen wir ein Gesetz (v,w) *genau dann in* $\bar{\Lambda}$ *auf, wenn es eine endliche Kette* $v = u_1 \to u_2 \to \dots \to u_n = w$ *von Wörtern aus* $W(X,\Omega)$ *gibt mit:* $(u_i,u_{i+1}) \in \Lambda$ *bzw.* $\bar{\Lambda}$ *nach* 1. - 3.

Es wird sich später herausstellen (siehe Kapitel V.3), daß man auf diese Art jedes in $V(\Omega,\Lambda)$ gültige Gesetz erhalten kann (außer eventuell die Gesetze (v,v)).

Beispiel:

Sei $V(\Omega,\Lambda)$ die Varietät der Ringe, d.h. $\Omega = \{+,.,-,0\}$ und $\Lambda = \{(x+y,y+x), ((x+y)+z,\ x+(y+z)),\ (0+x,x),\ ((-x)+x,0),\ ((xy)z,x(yx)),\ (x(y+z),xy+xz), ((x+y)\ z,xz+yz)\}$.

Die Herleitung des Gesetzes

$$(x+y)(z+w) = xz+yz+xw+yw$$

sieht so aus:

$$(x+y)(z+w) \underset{2.}{\to} x(z+w)+y(z+w) \underset{3.}{\to} xz+xw+y(z+w) \underset{3.}{\to}$$
$$\underset{3.}{\to} xz+xw+yz+yw \underset{2,3.}{\to} xz+yz+xw+yw.$$

2. Unteralgebren, Homomorphismen und direkte Produkte

In diesem Abschnitt werden zunächst die Begriffe Unterhalbgruppe und Halbgruppenhomomorphismus auf universale Algebren übertragen. Außerdem wird der Begriff des direkten Produktes eingeführt, der schon in versteckter Form bei der Einführung der Vektorräume K^n aufgetaucht ist.

a) Unteralgebren:

Sei $\langle A,\Omega\rangle$ eine universale Algebra einer Varietät $V(\Omega,\Lambda)$. *Eine nichtleere Teilmenge* T *von* A *heißt Unteralgebra von* $\langle A,\Omega\rangle$, *wenn* T *gegenüber allen* $\omega\in\Omega$ *abgeschlossen ist, d.h. wenn für alle* $\omega\in\Omega$ *gilt:*

$\omega(t_1,\ldots,t_{n(\omega)})\in T$ *für alle* $t_1,\ldots,t_{n(\omega)}\in T$ *wenn* $n(\omega)>0$, *und*
$\omega\in T$ *für* $n(\omega)=0$.

Offensichtlich gelten in jeder Unteralgebra T von $\langle A,\Omega\rangle$ sämtliche Gesetze, die in der Oberalgebra gültig sind, gleichgültig ob diese Gesetze zu $\bar{\Lambda}$ gehören oder nicht. *Daher liegt mit* $\langle A,\Omega\rangle$ *auch jede Unteralgebra* $T\subseteq\langle A,\Omega\rangle$ *in der Varietät* $V(\Omega,\Lambda)$.

Auf einen Umstand weisen wir besonders hin: Um festzustellen, ob T Unteralgebra von $\langle A,\Omega\rangle$ ist, hat man die Abgeschlossenheit von T gegenüber allen auf A definierten $\omega\in\Omega$ zu überprüfen. Es genügt nicht, daß T mit einem geeigneten Operationensystem desselben Typs zur betrachteten Varietät gehört!

Beispiel:

Sei $V(\Omega,\Lambda)$ die Varietät der Ringe mit Einselement, d.h. $\Omega=\{+,.,-,0,1\}$ und Λ besteht aus den Gesetzen der Ringe (siehe Kapitel V.1) und dem Gesetz $1x = x1 = x$. $\langle\{0\},\Omega\rangle$ ist eine Algebra aus $V(\Omega,\Lambda)$ (das Einselement ist trivialerweise durch 0 gegeben). Ist jedoch $\langle R,\Omega\rangle$ ein beliebiger nicht einelementiger Ring aus $V(\Omega,\Lambda)$, so ist $\{0\}$ keine Unteralgebra von $\langle R,\Omega\rangle$, da $1\notin\{0\}$ (d.h. die nullstelligen Operationen "Einselement" in $\langle R,\Omega\rangle$ und $\langle\{0\},\Omega\rangle$ sind nicht dieselben).

Erzeugung von Unteralgebren:

Analog wie bei Halbgruppen zeigt man, daß der Durchschnitt $\bigcap_{i\in I} T_i$ *einer beliebigen Menge* $\{T_i \mid i\in I\}$ *von Unteralgebren einer Algebra* $\langle A,\Omega\rangle$ *wieder eine Unteralgebra von* $\langle A,\Omega\rangle$ *ist, soferne er nicht leer ist.*

Aus dem Beispiel der Halbgruppen sieht man, daß die mengentheoretische Vereinigung von Unteralgebren einer universalen Algebra $\langle A,\Omega\rangle$ im allgemeinen keine Unteralgebra von $\langle A,\Omega\rangle$ ist.

Aufgrund der oben angeführten Durchschnittseigenschaft gibt es zu jeder nichtleeren Teilmenge M einer Algebra $<A,\Omega>$ eine eindeutig bestimmte kleinste Unteralgebra von $<A,\Omega>$, die M enthält, nämlich den Durchschnitt aller M enthaltenden Unteralgebren von $<A,\Omega>$. Man nennt diese Unteralgebra die <u>*von M in $<A,\Omega>$ erzeugte Unteralgebra*</u> *und schreibt dafür $<M>$. Ist eine Algebra $<A,\Omega>$ von der Gestalt $<M>$, so nennt man M ein* <u>*Erzeugendensystem*</u> *von $<A,\Omega>$. Bei der Beschreibung von $<M>$ ist es von Wichtigkeit, das Operationensystem Ω genau anzugeben, denn $<M>$ besteht aus allen Elementen von A, die man durch endlich oftmaliges Anwenden von Operationen $\omega \in \Omega$ aus Elementen von M erhalten kann, d.h. die als Ω-Wörter über M darstellbar sind.*

b) Homomorphismen:

Seien $<A,\Omega>$, $<B,\Omega>$ zwei universale Algebren desselben Typs. *Dann nennen wir eine Abbildung $\varphi : A \to B$ einen* <u>*(Ω-)Homomorphismus*</u> *von $<A,\Omega>$ in $<B,\Omega>$, wenn φ mit allen $\omega \in \Omega$ verträglich ist, d.h. wenn gilt: $\varphi(\omega(a_1,\dots,a_{n(\omega)})) = \omega(\varphi(a_1),\dots,\varphi(a_{n(\omega)}))$ für alle $a_1,\dots,a_{n(\omega)} \in A$ und alle $\omega \in \Omega$ mit $n(\omega) > 0$, und $\varphi(\omega) = \omega$ für alle $\omega \in \Omega$ mit $n(\omega) = 0$.*

Ist φ zusätzlich bijektiv von A auf B, so heißt φ ein <u>*(Ω-)Isomorphismus*</u> *von $<A,\Omega>$ auf $<B,\Omega>$, und $<A,\Omega>$ heißt dann zu $<B,\Omega>$ isomorph.*

Die Homomorphismen einer Algebra $<A,\Omega>$ in sich heißen <u>*Endomorphismen*</u> *von $<A,\Omega>$, die Isomorphismen von $<A,\Omega>$ auf sich auch* <u>*Automorphismen*</u> *von $<A,\Omega>$.*

Wie im Fall der Halbgruppen zeigt man, daß für einen Isomorphismus φ von $<A,\Omega>$ auf $<B,\Omega>$ auch φ^{-1} ein Isomorphismus ist. Daher ist dann die Aussage " $<A,\Omega>$ und $<B,\Omega>$ sind zueinander isomorph " zulässig. Man schreibt dann $<A,\Omega> \simeq <B,\Omega>$.

Es kann sein, daß jede mit einer Teilmenge Ω' von Ω verträgliche Abbildung von $<A,\Omega>$ in $<B,\Omega>$ bereits ein (Ω-)Homomorphismus ist. So ist z.B. jeder Halbgruppenhomomorphismus einer Gruppe ein Gruppenhomomorphismus. Im allgemeinen ist jedoch die genaue Angabe von Ω erforderlich (siehe Aufgabe 9,Kap.I).

Wie man leicht überprüft, ist die Zusammensetzung $\psi \circ \varphi$ von Homomorphismen $\varphi : <A,\Omega> \to <B,\Omega>$ und $\psi: <B,\Omega> \to <C,\Omega>$ ein Homomorphismus von $<A,\Omega>$ in $<C,\Omega>$.

Durch vollständige Induktion nach der minimalen Wortstufe zeigt man, daß für Homomorphismen $\varphi : <A,\Omega> \to <B,\Omega>$ und für jedes Wort $v = v(a_1,\dots,a_k)$ über A gilt:

$$\varphi(v(a_1,\dots,a_k)) = v(\varphi(a_1),\dots,\varphi(a_k)).$$

(Vergleiche dazu den Spezialfall: "Homomorphes Bild einer Linearkombination von Vektoren = Linearkombination der homomorphen Bilder dieser Vektoren", s. Kapitel I.3.)

Wie im Falle der Halbgruppen zeigt man für universale Algebren:

Ist $\varphi : \langle A,\Omega\rangle \to \langle B,\Omega\rangle$ *ein Homomorphismus, so gilt:*

1. $\varphi(A)$ *ist bezüglich aller* $\omega\in\Omega$ *abgeschlossen, ist also Unteralgebra von* $\langle B,\Omega\rangle$. *Man nennt* $\langle\varphi(A),\Omega\rangle$ *das* <u>*homomorphe Bild*</u> *von* $\langle A,\Omega\rangle$ *unter* φ.
2. *Jedes in* $\langle A,\Omega\rangle$ *gültige Gesetz* $v = w$ *gilt auch in* $\langle\varphi(A),\Omega\rangle$.
3. *Ist* T *Unteralgebra von* $\langle A,\Omega\rangle$, *so ist* $\varphi(T)$ *Unteralgebra von* $\langle\varphi(A),\Omega\rangle$.
4. *Ist* T *Unteralgebra von* $\langle\varphi(A),\Omega\rangle$, *so ist das vollständige Urbild* $\varphi^{-1}(T)$ *Unteralgebra von* $\langle A,\Omega\rangle$.
5. *Ist* E *ein Erzeugendensystem von* $\langle A,\Omega\rangle$, *so ist* $\varphi(E)$ *ein Erzeugendensystem von* $\langle\varphi(A),\Omega\rangle$.

Exemplarisch führen wir den Beweis der ersten Behauptung. Dazu haben wir die Abgeschlossenheit von $\varphi(A)$ bezüglich aller $\omega\in\Omega$ zu zeigen. Ist $n(\omega)>0$ und sind $c_1,\dots,c_{n(\omega)}\in\varphi(A)$ mit $c_i = \varphi(a_i)$, $i = 1,\dots,n(\omega)$ gegeben, so ist

$$\omega(c_1,\dots,c_{n(\omega)}) = \omega(\varphi(a_1),\dots,\varphi(a_{n(\omega)})) = \varphi(\omega(a_1,\dots,a_{n(\omega)}))\in\varphi(A).$$

Ist $n(\omega) = 0$, so geht $\omega\in A$ in $\omega\in B$ über, da φ Homomorphismus ist, d.h. $\omega\in\varphi(A)$. Daher ist $\varphi(A)$ Unteralgebra von $\langle B,\Omega\rangle$.

Wie bei Halbgruppen gelangt man zu den Begriffen

<u>Kongruenzrelation und Faktoralgebra einer universalen Algebra:</u>

Unter den <u>*Kongruenzrelationen*</u> *einer universalen Algebra* $\langle A,\Omega\rangle$ *versteht man die durch die Homomorphismen* φ *von* $\langle A,\Omega\rangle$ *induzierten Äquivalenzrelationen* θ_φ *auf* A (zur Erinnerung: $(a,b)\in\theta_\varphi$ gilt genau dann, wenn $\varphi(a) = \varphi(b)$).

Die identische Relation Δ auf A, definiert durch: $(a,b)\in\Delta$ genau dann, wenn $a = b$, und die Allrelation A^2, definiert durch: $(a,b)\in A^2$ für alle $a,b\in A$, sind stets Kongruenzrelationen. Die zugehörigen Homomorphismen sind die identische Abbildung, bzw. die Abbildung auf eine einelementige Algebra $\langle\{e\},\Omega\rangle$ mit $\omega(e,\dots,e) = e$ für $n(\omega)>0$, und $\omega = e$ für $n(\omega) = 0$.

Universale Algebren $\langle A,\Omega\rangle$, die nur diese beiden Kongruenzrelationen (die sogenannten trivialen Kongruenzrelationen) besitzen, nennt man <u>einfach</u>. Beispiele einfacher Algebren sind etwa die Gruppen von Primzahlordnung, oder (wie wir wissen) die Körper.

Wie für Halbgruppen kann man den Begriff der Kongruenzrelation auch ohne den Begriff des Homomorphismus beschreiben.

Charakterisierung der Kongruenzrelationen:

Eine Äquivalenzrelation θ auf A ist genau dann Kongruenzrelation auf $<A,\Omega>$, wenn sie mit allen nicht nullstelligen Operationen aus Ω verträglich ist, d.h. wenn für alle $\omega \in \Omega$ mit $n(\omega) > 0$ gilt:

$$a_1 \theta b_1, \ldots, a_{n(\omega)} \theta b_{n(\omega)} \Rightarrow \omega(a_1,\ldots,a_{n(\omega)}) \theta \omega(b_1,\ldots,b_{n(\omega)}).$$

Zum Beweis nehmen wir zunächst an, daß θ eine Kongruenzrelation ist, d.h. $\theta = \theta_\varphi$ für einen Homomorphismus φ. Dann gilt $\varphi(a_i) = \varphi(b_i)$ für $i = 1,\ldots,n(\omega)$, also $\varphi(\omega(a_1,\ldots,a_{n(\omega)})) = \omega(\varphi(a_1),\ldots,\varphi(a_{n(\omega)})) = \omega(\varphi(b_1),\ldots,\varphi(b_{n(\omega)})) =$ $= \varphi(\omega(b_1,\ldots,b_{n(\omega)}))$, d.h. $(\omega(a_1,\ldots,a_{n(\omega)}),\omega(b_1,\ldots,b_{n(\omega)})) \in \theta_\varphi = \theta$.

Ist umgekehrt die Äquivalenzrelation θ auf A mit allen $\omega \in \Omega$ mit $n(\omega) > 0$ verträglich, so definiert man auf der Menge A/θ der Äquivalenzklassen von A nach θ Operationen $\omega \in \Omega$ durch:

$$\omega([a_1]_\theta,\ldots,[a_{n(\omega)}]_\theta) = [\omega(a_1,\ldots,a_{n(\omega)})]_\theta$$

für alle $[a_i]_\theta \in A/\theta$, $i = 1,\ldots,n(\omega)$, und alle $\omega \in \Omega$ mit $n(\omega) > 0$, und

$$\omega = [\omega]_\theta \text{ für alle } \omega \in \Omega \text{ mit } n(\omega) = 0.$$

Man überprüft nun leicht, daß diese Definition für $\omega \in \Omega$ mit $n(\omega) > 0$ von der Wahl der Repräsentanten der einzelnen Klassen unabhängig ist und somit wirklich Operationen auf der Menge A/θ definiert werden. Weiters rechnet man sofort nach, daß die Festlegung $\varphi(a) = [a]_\theta$ für alle $a \in A$ einen Homomorphismus von $<A,\Omega>$ auf $<A/\theta,\Omega>$ definiert, der die Äquivalenzrelation θ induziert.

Die in den eben geführten Überlegungen konstruierte Algebra $<A/\theta,\Omega>$ der Kongruenzklassen von A modulo θ nennt man <u>Faktoralgebra</u> von $<A,\Omega>$ nach der Kongruenzrelation θ.

Den Zusammenhang zwischen homomorphen Bildern und Kongruenzrelationen (bzw. Faktoralgebren) beschreibt der

Homomorphiesatz:

Ist φ ein Homomorphismus einer universalen Algebra $<A,\Omega>$ in eine universale Algebra $<B,\Omega>$, dann ist $<\varphi(A),\Omega>$ isomorph zu $<A/\theta_\varphi,\Omega>$.

Wie bei Halbgruppen (siehe Kapitel I.1), ist die Abbildung $\psi : \varphi(A) \to A/\theta_\varphi$, definiert durch $\psi(\varphi(a)) = [a]_{\theta_\varphi}$ für alle $\varphi(a) \in \varphi(A)$, ein Isomorphismus.

Durch unmittelbares Nachrechnen überprüft man die folgenden

Sätze über Kongruenzrelationen:

1. Der Durchschnitt beliebig vieler Kongruenzrelationen einer universalen Algebra $<A,\Omega>$ (aufgefaßt als Teilmengen von $A\times A$) ist eine Kongruenzrelation auf $<A,\Omega>$.

2. Ist ρ Kongruenzrelation auf $<A,\Omega>$ und φ ein auf $<A,\Omega>$ definierter Homomorphismus mit $\theta_\varphi\subseteq\rho$, so ist $\varphi(\rho) = \{(\varphi(a),\varphi(b)) \mid (a,b)\in\rho\}$ eine Kongruenzrelation auf $<\varphi(A),\Omega>$.

3. Ist σ eine Kongruenzrelation auf $<\varphi(A),\Omega>$ und φ ein auf $<A,\Omega>$ definierter Homomorphismus, so ist $\varphi^{-1}(\sigma) = \{(a,b)\in A\times A \mid (\varphi(a),\varphi(b))\in\sigma\}$ eine Kongruenzrelation auf $<A,\Omega>$, die θ_φ enthält.

4. Ist ρ eine Kongruenzrelation auf $<A,\Omega>$ und T Unteralgebra von $<A,\Omega>$, so ist $\rho|_T = \{(a,b)\in\rho \mid a,b\in T\}$ eine Kongruenzrelation auf $<T,\Omega>$.

Zur zweiten Behauptung bemerken wir: Im Gegensatz zum Fall der Gruppen (Ringe), wo jeder auf der Grundstruktur definierte Homomorphismus φ jeden Normalteiler in einen Normalteiler (jedes Ideal in ein Ideal) überführt, also jede Kongruenzrelation ρ in eine Kongruenzrelation überführt, ist im allgemeinen Fall universaler Algebren die Zusatzbedingung $\theta_\varphi\subseteq\rho$ notwendig.

c) Direkte Produkte:

Sind universale Algebren $<A_i,\Omega>$, $i\in I$, *desselben Typs gegeben, so kann man das kartesische Produkt* $\prod_{i\in I} A_i$ (siehe Kapitel 0) *in natürlicher Weise zu einer Algebra desselben Typs machen, indem man die Operationen* $\omega\in\Omega$ *"komponentenweise" auf* $\prod_{i\in I} A_i$ *erklärt: Sind*

$$\left.\begin{array}{l} a^{(1)} = (a_i^{(1)} \mid i\in I), \\ a^{(2)} = (a_i^{(2)} \mid i\in I), \\ \vdots \\ a^{n(\omega)} = (a_i^{n(\omega)} \mid i\in I) \end{array}\right\} \in \prod_{i\in I} A_i$$

gegeben, so sei die i-*te Komponente* ($i\in I$) *von* $\omega(a^{(1)},a^{(2)},\dots,a^{n(\omega)})$ *definiert durch* $\omega(a_i^{(1)},a_i^{(2)},\dots,a_i^{n(\omega)})$ *für* $n(\omega)>0$ *bzw.* ω, *falls* $n(\omega) = 0$.

Die auf diesem Weg konstruierte Algebra $<\prod_{i\in I} A_i,\Omega>$ heißt das direkte Produkt der Algebren $<A_i,\Omega>$, $i\in I$.

Sei $j\in I$ beliebig. Dann nennt man die Abbildung $\pi_j : \prod_{i\in I} A_i \to A_j$, definiert durch $(a_i \mid i\in I)\to a_j$ die j-te Projektion von $\prod_{i\in I} A_i$. *Wie man sofort sieht, ist für jedes* $j\in I$ *die Projektion* π_j *ein Homomorphismus von* $<\prod_{i\in I} A_i,\Omega>$

auf $<A_j,\Omega>$.

Beispiel: Wie wir wissen, können wir jeden Körper K als Vektorraum über K auffassen, d.h. als Algebra $<K,\{+,-,0,K\}>$. Dann ist K^n direktes Produkt von n Exemplaren dieses Vektorraumes. Die Abbildungen π_i sind genau die Projektionen aller Vektoren aus K^n auf ihre i-te Komponente (i = 1,...,n).

Jede Varietät ist abgeschlossen gegenüber der Bildung von direkten Produkten, wie die folgenden Überlegungen zeigen:

Sei $V(\Omega,\Lambda)$ eine Varietät. Gilt ein Gesetz v = w in allen Algebren $<A_i,\Omega>$, $i \in I$, so gilt es auch im direkten Produkt $<\prod_{i\in I} A_i,\Omega>$. Denn da v = w laut Voraussetzung in jeder Komponente $<A_i,\Omega>$ gilt und die Operationen $\omega \in \Omega$ in $<\prod_{i\in I} A_i,\Omega>$ komponentenweise definiert sind, folgt die Gültigkeit von v = w in $<\prod_{i\in I} A_i,\Omega>$.

Somit haben wir bisher gezeigt, daß jede Varietät universaler Algebren abgeschlossen ist gegenüber der Bildung von Unteralgebren, direkten Produkten und homomorphen Bildern. Auch die Umkehrung dieser Aussage kann man zeigen (den Beweis findet man in der zitierten Literatur, z.B. [6] oder [8]). Somit gilt folgende

Charakterisierung von Varietäten:

Eine Klasse V von universalen Algebren desselben Typs ist genau dann eine Varietät, wenn sie abgeschlossen ist gegenüber der Bildung von Unteralgebren, direkten Produkten und homomorphen Bildern.

3. Freie Algebren

In jeder universalen Algebra einer Varietät $V(\Omega,\Lambda)$ gelten neben den Gesetzen aus Λ automatisch alle aus Λ herleitbaren Gesetze (s. V.1) ; außerdem können in speziellen Algebren der Varietät weitere Gesetze gelten. Es ist nun unser Ziel, in $V(\Omega,\Lambda)$ jene Algebren zu bestimmen, die die allgemeinsten, noch zur Varietät gehörigen sind, in dem Sinn, daß in ihnen nur alle aus Λ herleitbaren Gesetze gelten. *Wir suchen also jene Algebren von* $V(\Omega,\Lambda)$, *die in maximalem Ausmaß frei sind von für die Zugehörigkeit zu* $V(\Omega,\Lambda)$ *nicht notwendigen Gesetzen. Jede solche Algebra heißt eine freie Algebra in* $V(\Omega,\Lambda)$. Da in isomorphen Algebren dieselben Gesetze gelten (s. Abschn.V.2), ist offensichtlich jede zu einer freien Algebra isomorphe Algebra selbst frei in $V(\Omega,\Lambda)$. Im folgenden sollen freie Algebren in $V(\Omega,\Lambda)$ konstruiert werden; aus der Konstruktion dieser Algebren wird sich ergeben, daß die in allen Algebren aus $V(\Omega,\Lambda)$ geltenden Gesetze (also die aus Λ im logischen Sinn beweisbaren Gesetze) außer den trivialen Gesetzen (v,v) genau alle (v,w) aus $\bar{\Lambda}$ sind.

Theoretische Konstruktion freier Algebren:

Vorgegeben sei eine Varietät $V(\Omega,\Lambda)$ (durch Angabe von Ω und Λ) und eine nichtleere Menge X mit $X \cap \Omega = \emptyset$.

Ist Λ leer, so ist offensichtlich $\langle W(X,\Omega),\Omega \rangle$ eine von X erzeugte freie Algebra in $V(\Omega,\Lambda)$, da in $W(X,\Omega)$ laut Konstruktion je zwei Wörter verschiedene Elemente sind.

Im allgemeinen Fall $\Lambda \neq \emptyset$ müssen $v(x_1,\dots,x_n)$ und $w(x_1,\dots,x_n)$ für $(v,w) \in \bar{\Lambda}$ in der gesuchten Algebra dasselbe Element darstellen. Man kann daher zur Konstruktion zunächst je zwei Wörter v und w mit $(v,w) \in \bar{\Lambda}$ identifizieren. Daß diese Identifikation bereits eine freie Algebra liefert, zeigen die folgenden Überlegungen:

Definiert man die Relation ρ auf $W(X,\Omega)$ durch: $v \,\rho\, w$ genau dann, wenn entweder $v = w$ gilt, oder v und w nach dem eben Bemerkten zu identifizieren sind (d.h. $(v,w) \in \bar{\Lambda}$ gilt), so erhält man laut Abschnitt V.1 :

$$v \,\rho\, w \Leftrightarrow \begin{cases} v = w \quad \text{oder} \\ \text{es existiert eine Kette } v = u_1 \to u_2 \to \dots \to u_n = w \\ \text{mit } u_i \to u_{i+1} \text{ durch einen der Herleitungsschritte 1. - 3.} \\ \text{aus Abschnitt V.1 .} \end{cases}$$

ρ ist also reflexiv ($v = w$), symmetrisch (Kette in beliebiger Richtung durchlaufbar) und transitiv (Ketten aneinanderfügen) und somit eine Äquivalenzrelation. ρ ist sogar Kongruenzrelation auf $\langle W(X,\Omega),\Omega \rangle$, da man im Falle $v_i \,\rho\, w_i$ $(i = 1,\dots,n(\omega))$, d.h. im Falle der Existenz von Ketten

$$K_1 : v_1 \to \dots \to w_1$$

$$\dots\dots\dots\dots\dots\dots$$

$$K_{n(\omega)} : v_{n(\omega)} \to \dots \to w_{n(\omega)}$$

durch Bildung der Kette

$$\omega(v_1,\dots,v_{n(\omega)}) \overset{K_1}{\to} \omega(w_1,v_2,\dots,v_{n(\omega)}) \overset{K_2}{\to} \dots \overset{K_{n(\omega)}}{\to} \omega(w_1,\dots,w_{n(\omega)})$$

die Aussage

$$\omega(v_1,\dots,v_{n(\omega)}) \,\rho\, \omega(w_1,\dots,w_{n(\omega)})$$

erhält.

Die <u>*Faktoralgebra* $\langle W(X,\Omega)/\rho,\Omega \rangle$</u> (*Bezeichnung:* <u>$F(X,\Omega,\Lambda)$</u>) *ist frei in* $V(\Omega,\Lambda)$, *da laut Konstruktion von* ρ *in ihr genau alle Gesetze aus* $\bar{\Lambda}$ *gelten (außer eventuell trivialen Gesetzen* (v,v)). *Damit ist auch gezeigt, daß die aus* Λ *im logischen Sinn beweisbaren nichttrivialen Gesetze alle zu* $\bar{\Lambda}$ *gehören,* da ja jedes andere Gesetz in $F(X,\Omega,\Lambda)$ nicht gilt. Die im Abschnitt V.1 angegebenen Herleitungsschritte für Gesetze liefern also sämtliche nichttrivialen aus Λ beweisbaren Gesetze.

Laut Konstruktion besteht $F(X,\Omega,\Lambda)$ aus den ρ-Klassen der Wörter aus $W(X,\Omega)$, wobei $\{[x]_\rho \mid x \in X\}$ ein Erzeugendensystem bildet. Wie im Folgenden gezeigt wird, kann man jedoch im allgemeinen

X als Erzeugendensystem von $F(X,\Omega,\Lambda)$

auffassen: Aus $x \,\rho\, y$ $(x \neq y)$ folgt nämlich $(x,y) \in \bar{\Lambda}$. Das Gesetz $x = y$ muß in diesem Fall also in jeder Algebra $\langle A,\Omega \rangle$ aus $V(\Omega,\Lambda)$ gelten, woraus folgt: $a = b$ für alle $a,b \in A$; jede Algebra aus $V(\Omega,\Lambda)$ enthält also in diesem Fall nur ein Element. Sieht man von diesem ausgearteten Fall ab, gilt $[x]_\rho \neq [y]_\rho$ für je zwei Elemente $x \neq y$ in X, sodaß die Zuordnung $x \to [x]_\rho$ bijektiv ist und man X mit dem Erzeugendensystem $\{[x]_\rho \mid x \in X\}$ von $F(X,\Omega,\Lambda)$ identifizieren kann.

Praktische Konstruktion von $F(X,\Omega,\Lambda)$:

Grundprinzip: anstelle der ρ-Klassen in $F(X,\Omega,\Lambda)$ aus jeder dieser Klassen ein Wort mit möglichst geringer Stufe als Stellvertreter aufnehmen.

Vorgangsweise:

1. Alle Wörter der Stufe 0 bilden und als Stellvertreter ihrer Klassen in $F(X,\Omega,\Lambda)$ aufnehmen ;
2. Alle Wörter der Stufe 1 bilden ; aus jeder ihrer im 1.Schritt noch nicht erfaßten ρ-Klasse ein Wort als Stellvertreter in $F(X,\Omega,\Lambda)$ aufnehmen ;
3. Alle aus den bisher ausgewählten Wörtern erzeugbaren Wörter der Stufe 2 bilden ; aus jeder ihrer bisher noch nicht erfaßten ρ-Klassen ein Wort als Stellvertreter in $F(X,\Omega,\Lambda)$ aufnehmen ;
4. Wie 3. mit Wörtern der Stufe 3

   usw.

Im Falle mehrerer Operationen in Ω kann man auch die obige Vorgangsweise zunächst für jede Operation getrennt durchführen und sodann aus den erhaltenen Stellvertretern alle möglichen Wörter bilden ; aus jeder Klasse solcher Wörter hat man dann wieder einen Stellvertreter zu wählen.

Die Operationen in $F(X,\Omega,\Lambda)$ sind in jedem Fall zu beschreiben durch:

$$\omega(\text{Stv } [v_1]_\rho,\ldots,\text{Stv } [v_{n(\omega)}]_\rho) = \text{Stv } [\omega(v_1,\ldots,v_{n(\omega)})]_\rho \quad (n(\omega) > 0)$$

$$\text{bzw.} \qquad \omega = \text{Stv } [\omega]_\rho \quad (n(\omega) = 0)\,,$$

wobei "Stv" eine Abkürzung für "Stellvertreter" ist.

Beispiele:

1. $V(\Omega,\Lambda)$ = Varietät der Halbgruppen ; $\Omega = \{.\}$, $\Lambda = \{((xy)z,\ x(yz))\}$.

Schritt	Wörter	Stellvertreter
1.	alle $x \in X$	alle $x \in X$
2.	alle x, xy $(x,y \in X)$	alle x, xy $(x,y \in X)$
3.	alle Elemente x, xy, x(yz), (xy)z, (xy)(zu) $(x,y,z,u \in X)$	alle Elemente x, xy, (xy)(zu) und entweder x(yz) oder (xy)z (Kurzbezeichnung für diese Elemente: xyz)
4.	Vorgangsweise analog zu 3. Es sind speziell alle Wörter der Gestalt (xy)(zu), x(yzu) und (xyz)u jeweils in derselben ρ-Klasse; Kurzbezeichnung für den Stellvertreter dieser Klasse: xyzu.	

Weitere Schritte analog.

Resultat: Die von X erzeugte freie Halbgruppe besteht aus allen Elementen der Gestalt $x_1 \ldots x_k$ $(x_1,\ldots,x_k \in X\ ;\ k \in \mathbb{N})$; Operation:

$$(x_1 \ldots x_k)(y_1 \ldots y_m) = x_1 \ldots x_k y_1 \ldots y_m .$$

Man beachte, daß man bei Anwendung dieser Vorgangsweise auch Gesetze aus $\bar{\Lambda}$ berücksichtigen muß, die Wörter niederer Stufe auf dem Umweg über Wörter höherer Stufe gleichsetzen; so gilt etwa $(x^2,y^2) \in \bar{\Lambda}$ für $\Omega = \{.\}$ und $\Lambda = \{\ (\ x(yz),(xy)z\ )\ ,\ (xy,yx)\ ,\ (x^2y,y)\ \}$ (Herleitung: $x^2 \to y^2x^2 \to x^2y^2 \to y^2$). Obiges Verfahren bricht daher nicht notwendigerweise ab.

2. $V(\Omega,\Lambda)$ = Varietät der Monoide ; $\Omega = \{.,1\}, \Lambda = \{((xy)z,x(yz)),(1x,x),(x1,x)\}$.

Durch Anwendung des Verfahrens auf jede der beiden Operationen erhält man zunächst:

Freie Algebra bezüglich "." = freie Halbgruppe =

$$= \{x_1 \ldots x_k \mid x_1,\ldots,x_k \in X,\ k \in \mathbb{N}\}$$

Freie Algebra bezüglich "1" = $\{1\} \cup X$.

Die aus diesen Wörtern erzeugbaren Wörter sind von der Gestalt:

$x_1 \ldots x_k$, 1 , 11 , $1(x_1 \ldots x_k)$, $(x_1 \ldots x_k)1$ bzw.

$(x_1 \ldots x_k)(y_1 \ldots y_m) = x_1 \ldots x_k y_1 \ldots y_m$.

Es gilt aber:

$$1 \, \rho \, 11, \; 1(x_1 \ldots x_k) \; \rho \; (x_1 \ldots x_k) \; \rho \; (x_1 \ldots x_k)1,$$

sodaß man schließlich als Elemente des von X erzeugten freien Monoids die Wörter $x_1 \ldots x_k$ ($x_1, \ldots, x_k \in X$, $k \in N$) und 1 erhält. Die Operationen ergeben sich wie folgt:

$$"." : \quad (x_1 \ldots x_k)(y_1 \ldots y_m) = x_1 \ldots x_k y_1 \ldots y_m$$
$$1(x_1 \ldots x_k) = (x_1 \ldots x_k)1 = x_1 \ldots x_k$$
$$11 = 1$$

"1" = 1 (Beachte: $1 \notin X$ wegen $X \cap \Omega = \emptyset$!)

Ein solches Monoid ist bereits bei der Beschreibung der Bewegungen des Bootes bzw. Zuges am Beginn von Kapitel I aufgetreten. Solche Monoide spielen allgemein in der algebraischen Beschreibung von Automaten eine große Rolle (siehe Kapitel V.6) ; man bezeichnet in der Automatentheorie das von X erzeugte freie Monoid meist mit X^*. Seine Bedeutung für die Automaten ist zum Teil erklärbar durch

die Stellung von $F(X,\Omega,\Lambda)$ in $V(\Omega,\Lambda)$:

Sind ein Alphabet X und eine Algebra $<A,\Omega>$ aus $V(\Omega,\Lambda)$ beliebig vorgegeben, so erhält man zu jeder Abbildung f von X in A durch

$$\varphi(w(x_1,\ldots,x_n)) = w(f(x_1),\ldots,f(x_n))$$

für alle Ω-Wörter $w(x_1,\ldots,x_n)$ über X einen Homomorphismus φ von $F(X,\Omega,\Lambda)$ in $<A,\Omega>$, der auf X mit f übereinstimmt.

Jede Auswahl der Bilder in $<A,\Omega> \in V(\Omega,\Lambda)$ der Elemente des Erzeugendensystems X von $F(X,\Omega,\Lambda)$ liefert also einen (sogar eindeutig bestimmten) Homomorphismus von $F(X,\Omega,\Lambda)$ in $<A,\Omega>$. Wählt man bei vorgegebener Algebra $<A,\Omega>$ als Alphabet X ein Erzeugendensystem von $<A,\Omega>$ und als Bilder der Elemente $x \in X$ diese Elemente selbst (d.h.: $f = id_X$), so erhält man als entsprechendes homomorphes Bild von $F(X,\Omega,\Lambda)$ genau die ursprüngliche Algebra $<A,\Omega>$. *Jede Algebra aus $V(\Omega,\Lambda)$ ist also homomorphes Bild einer freien Algebra* $F(X,\Omega,\Lambda)$; in diesem Sinn sind die freien Algebren $F(X,\Omega,\Lambda)$ die Grundbausteine jeder Varietät $V(\Omega,\Lambda)$.

Es sei noch vermerkt, daß die hier beschriebene Möglichkeit der freien Bildwahl für das Erzeugendensystem X die freien Algebren $F(X,\Omega,\Lambda)$ auszeichnet : bei Vorgabe einer Algebra $<B,\Omega>$ mit dem (minimalen) Erzeugendensystem X und einer Algebra $<C,\Omega>$ derselben Varietät ist es im allgemeinen nicht möglich, zu jeder Auswahl der Bilder der Elemente $x \in X$ in C einen passenden Homomorphismus von $<B,\Omega>$ in $<C,\Omega>$ zu finden.

4. Funktionenalgebren

Bei der mathematischen Behandlung anwendungsorientierter Fragestellungen werden häufig Funktionen als Hilfsmittel verwendet. Um mit diesen Funktionen rechnen zu können, muß man vorgegebene Funktionsmengen mit einer algebraischen Struktur versehen. Mit Hilfe dieser Struktur werden wir weiters in der Lage sein, Interpolationsprobleme, wie wir sie etwa von den Körpern her kennen (siehe Kapitel I.5), allgemein für universale Algebren zu studieren.

Punktweise Definition von Operationen für Funktionen:

Sei $\langle A,\Omega\rangle$ eine universale Algebra und $k\in\mathbb{N}$ fest gewählt. Wir übertragen die Operationen $\omega\in\Omega$ punktweise auf die Funktionen aus $F_k(A)$ durch folgende Festlegung (beachte: die auf den linken Seiten der Gleichungen auftretenden Symbole ω bezeichnen die Operationen auf $F_k(A)$!) :

$$(\omega f_1\ldots f_{n(\omega)})(a_1,\ldots,a_k) = \omega(f_1(a_1,\ldots,a_k),\ldots,f_{n(\omega)}(a_1,\ldots,a_k))$$

für alle $(a_1,\ldots,a_k)\in A^k$ und alle $\omega\in\Omega$ mit $n(\omega)>0$,

$$\omega(a_1,\ldots,a_k) = \omega\in A$$

für alle $(a_1,\ldots,a_k)\in A^k$ und alle $\omega\in\Omega$ mit $n(\omega) = 0$.

Dadurch erhält man eine Algebra $\langle F_k(A),\Omega\rangle$ vom selben Typ wie $\langle A,\Omega\rangle$. Sie wird volle k-stellige Funktionenalgebra über $\langle A,\Omega\rangle$ genannt.

In Analogie zum klassischen Fall der Ringe und Körper (s. Kapitel I.2) gelangt man zu den

Polynomfunktionen über einer universalen Algebra:

Auch im Fall der universalen Algebren $\langle A,\Omega\rangle$ sind die konstanten Funktionen

$$f_c : (a_1,\ldots,a_k) \to c \quad \forall\ (a_1,\ldots,a_k)\in A^k ,$$

und die Projektionen

$$\pi_i : (a_1,\ldots,a_k) \to a_i \quad \forall\ (a_1,\ldots,a_k)\in A^k ,$$

besonders leicht zu handhabende Funktionen in $F_k(A)$.

Alle Funktionen, die man durch endlich oftmaliges Anwenden der Operationen aus Ω (in $F_k(A)$) auf konstante Funktionen und Projektionen erhalten kann, nennt man k-stellige Polynomfunktionen über $\langle A,\Omega\rangle$. Sie bilden, wie aus der Konstruktion ersichtlich ist, eine Unteralgebra von $\langle F_k(A),\Omega\rangle$ (Bezeichnung: $P_k(A)$), und zwar genau die von allen konstanten Funktionen und den Projektionen aus $F_k(A)$ erzeugte. Nach Abschnitt V.2 ist also $p\in F_k(A)$ genau dann

Polynomfunktion, wenn p darstellbar ist durch ein Wort, in dem als Buchstaben nur konstante Funktionen und Projektionen aus $F_k(A)$ auftreten :

$$p = w(f_{c_1},\dots,f_{c_m},\pi_{i_1},\dots,\pi_{i_n}) .$$

Man überlegt leicht, daß man im Fall k = 1 und $\langle A,\Omega\rangle$ = kommutativer Ring mit Einselement genau die klassischen Polynomfunktionen (s. Kapitel I.2) erhält.

Eine Funktion $f \in F_k(A)$ *heißt* *kongruenzverträglich* (*bezüglich* Ω), *wenn* f *mit allen Kongruenzrelationen* θ *auf* $\langle A,\Omega\rangle$ *verträglich ist im Sinne von :*

$$a_i \;\theta\; b_i \quad (i = 1,\dots,k) \;\Rightarrow\; f(a_1,\dots,a_k) \;\theta\; f(b_1,\dots,b_k) .$$

Die Menge $K_k(A)$ aller kongruenzverträglichen Abbildungen aus $F_k(A)$ ist, wie man leicht nachprüft, eine Unteralgebra von $\langle F_k(A),\Omega\rangle$. Diese Unteralgebra enthält alle k-stelligen Polynomfunktionen über $\langle A,\Omega\rangle$, da jede konstante Abbildung und jede Projektion kongruenzverträglich ist ; *es ist also jede Polynomfunktion kongruenzverträglich.*

Wie bereits festgehalten, ist jede Polynomfunktion über $\langle A,\Omega\rangle$ durch ein Wort mit konstanten Funktionen und Projektionen als Buchstaben darstellbar. Im allgemeinen können verschiedene Wörter dieselbe Funktion darstellen, wie etwa

$$\pi^2 - f_1 \quad \text{und} \quad (\pi - f_1)(\pi + f_1),$$

die über jedem kommutativen Ring mit Einselement die Funktion $x \to x^2 - 1$ darstellen. Man gelangt also in Analogie zum allgemeinen Wortproblem zum sogenannten

Normalformenproblem:

Gegeben eine Teilmenge T *von* $F_k(A)$, *gesucht eine Menge* N *von Wörtern aus* $W(T,\Omega)$, *für die gilt:*

a) *jedes Element von* $\langle T\rangle$ *wird durch ein Wort aus* N *dargestellt ;*

b) *je zwei Elemente aus* N *stellen verschiedene Funktionen dar .*

Die Wörter aus N *bezeichnet man dann als* *Normalformen* *der Funktionen aus* $\langle T\rangle$, N *selbst als ein* *Normalformensystem* *für* $\langle T\rangle$.

Beispiel:

Für die einstelligen Polynomfunktionen über dem Körper $\mathbb{C}$ der komplexen Zahlen ist ein Normalformensystem gegeben durch alle Wörter der Gestalt

$$\sum_{i=0}^{n} f_{p_i}\pi^i : x \to \sum_{i=0}^{n} p_i x^i \quad (p_i \in \mathbb{C},\; n \in \mathbb{N}_0) .$$

Ein anderes Normalformensystem für diese Funktionen ist etwa die Menge aller Wörter

$$f_{p_n}(\pi - f_{\alpha_1})^{k_1}\dots(\pi - f_{\alpha_t})^{k_t} : x \to p_n(x-\alpha_1)^{k_1}\dots(x-\alpha_t)^{k_t}$$

($p_n,\alpha_1,\dots,\alpha_t \in \mathbb{C}$, $t \in \mathbb{N}_0$, $k_1,\dots,k_t \in \mathbb{N}$; dabei sind $\alpha_1,\dots,\alpha_t$ die Nullstellen der Polynomfunktion, $k_1,\dots,k_t$ deren Vielfachheiten) .

Normalformensysteme für Polynomfunktionen werden sich im weiteren als für die Schaltalgebra wesentlich erweisen (s. Kapitel VI) .

Für die Praxis von besonderem Interesse (s. etwa Kapitel VI) sind natürlich jene Fälle, in denen jede Funktion aus $F_k(A)$ eine einfach gebaute Funktion (z.B. eine Polynomfunktion) ist oder zumindest an je endlich vielen Stellen mit einer solchen übereinstimmt. Wir gelangen also zum Problem der

Darstellbarkeit und Interpolierbarkeit von Funktionen durch Funktionen spezieller Gestalt :

Sei T *eine Unteralgebra von* $<F_k(A),\Omega>$; *man sagt, daß jede* k-*stellige Funktion auf* A *durch eine Funktion aus* T *darstellbar ist, wenn* $T = F_k(A)$ *gilt.* $f \in F_k(A)$ *heißt durch Funktionen aus* T *interpolierbar, wenn es zu jeder endlichen Teilmenge* B *von* A^k *eine (im allgemeinen von* B *abhängige) Funktion* t *in* T *gibt, die auf* B *mit* f *übereinstimmt, d.h. für die gilt:*

$$f(a_1,\dots,a_k) = t(a_1,\dots,a_k) \quad \text{für alle } (a_1,\dots,a_k) \in B .$$

Klarerweise folgt aus der Darstellbarkeit jeder Funktion durch eine Funktion aus T die Interpolierbarkeit.

Beispiel:

Wir betrachten die Menge $A = \{0,1,\dots,m\} \subset \mathbb{N}$ mit den binären Operationen

$$a \cap b = \min(a,b), \quad a \cup b = \max(a,b) ,$$

d.h. die universale Algebra $<A,\{\cap,\cup\}>$. Sei T jene Unteralgebra von $F_1(A)$, die durch die konstanten Funktionen f_c $(c = 0,\dots,m)$ und alle Funktionen

$$g_i : x \to \begin{cases} 0 & \text{für } x \neq i \\ m & \text{für } x = i \end{cases} \qquad (i = 0,\dots,m)$$

erzeugt wird. Ist $h \in F_1(A)$ gegeben, so erhält man für alle $x \in A$:

$$h(x) = [(g_0 \cap f_{h(0)}) \cup (g_1 \cap f_{h(1)}) \cup \dots \cup (g_m \cap f_{h(m)})](x) .$$

Es wird also jede Funktion aus $F_1(A)$ durch eine Funktion aus T dargestellt.

Ein weiteres Beispiel sind die einstelligen Funktionen über Körpern, die stets durch Polynomfunktionen interpolierbar sind (Formeln von Lagrange bzw.

Newton - s. Kap. I.5).

Wir wollen uns auch im folgenden speziell befassen mit der

Darstellbarkeit bzw. Interpolierbarkeit durch Polynomfunktionen:

Einerseits kann man für $k < n$ jede k-stellige Funktion f über A als n-stellige Funktion $\overline{f}$ schreiben:

$$\overline{f}(x_1,\ldots,x_k,x_{k+1},\ldots,x_n) = f(x_1,\ldots,x_k) \text{ für alle } (x_1,\ldots,x_n)\in A^n;$$

anderseits kann man für $k > 2$ jede k-stellige Funktion über A durch Hintereinanderausführen mehrerer zweistelliger Funktionen erhalten (Details siehe etwa in Lausch-Nöbauer [9] Kapitel I.11). Somit gibt es für eine universale Algebra $\langle A,\Omega\rangle$ in bezug auf die Darstellbarkeit bzw. Interpolierbarkeit von Funktionen durch Polynomfunktionen nur je drei Möglichkeiten:

Jede Funktion aus $F_k(A)$ *ist darstellbar durch eine Polynomfunktion (bzw. interpolierbar durch Polynomfunktionen) aus* $P_k(A)$

1. *für kein* k, *oder*
2. *nur für* k=1, *oder*
3. *für alle* $k\in\mathbb{N}$.

Weiters folgt aus der Kongruenzverträglichkeit der Polynomfunktionen, daß jede Algebra $\langle A, \Omega\rangle$, *für die jede Funktion aus* $F_1(A)$ *durch Polynomfunktionen interpolierbar (bzw. darstellbar) ist, einfach sein muß:*

Ist nämlich Θ eine von der identischen Relation Δ verschiedene Kongruenzrelation auf $\langle A,\Omega\rangle$ und sind $a \neq b$ Elemente von A mit $a\,\Theta\,b$, so gibt es bei beliebiger Wahl von $c\in A$ eine Funktion $f\in F_1(A)$ und damit eine f auf $\{a,b\}$ interpolierende Polynomfunktion p aus $P_1(A)$ mit $a = f(a) = p(a)\,\Theta\,p(b) = f(b) = c$; Somit gilt $a\,\Theta\,c$ für alle $c\in A$, d.h. $\Theta = A^2$.

Schließlich sei vermerkt, daß für Algebren $\langle A,\Omega\rangle$ *mit höchstens abzählbar vielen Operationen* $F_1(A)$ *nur dann gleich* $P_1(A)$ *sein kann, wenn* A *endlich ist.* Dieser Sachverhalt kann nur durch Rechnen mit unendlichen Mächtigkeiten gezeigt werden; es sei daher diesbezüglich auf die Literatur verwiesen (s. etwa Lausch-Nöbauer [9] Kapitel I.11).

5. Relationensysteme

In der Praxis treten häufig Mengen mit Relationen auf (z.B. Graphen mit Adjazenz- und Inzidenzrelation, Mengen mit Halbordnung). Die mathematische Struktur solcher "Relationensysteme" ist ähnlich jener der universalen Algebren und soll in diesem Abschnitt kurz erläutert werden. Einen für die Beschreibung von Datenstrukturen gut geeigneten Spezialfall stellen die "heterogenen Algebren" dar, die ebenfalls Thema dieses Abschnittes sind.

Relationensysteme:

Wie wir bereits wissen, versteht man unter einer n-stelligen Relation ($n \in \mathbb{N}$) auf einer nichtleeren Menge M eine nichtleere Teilmenge von M^n. Im allgemeinen ist $n \geq 2$. Für $n = 1$ stellt die Relation die Auswahl gewisser Elemente von M dar (analog zu den nullstelligen Operationen einer universalen Algebra).

Eine nichtleere Menge M zusammen mit einem System R von Relationen auf M heißt Relationensystem. Man schreibt dafür $\langle M,R \rangle$

Beispiele:

1. Jede universale Algebra $\langle A,\Omega \rangle$ kann man als Relationensystem $\langle A,\Omega' \rangle$ auffassen, wobei die Elemente ω' von Ω' folgendermaßen von den ω aus Ω induziert werden:

$$(a_1,\ldots,a_{n(\omega)+1}) \in \omega' \Leftrightarrow a_{n(\omega)+1} = \omega(a_1,\ldots,a_{n(\omega)}) \qquad (n(\omega) > 0),$$

$$a \in \omega' \Leftrightarrow a = \omega \qquad (n(\omega) = 0).$$

2. Halbgeordnete Mengen $\langle M,\leq \rangle$.
3. Jeder (gerichtete und ungerichtete) Graph kann als Relationensystem aufgefasst werden: Grundmenge $E(G) \cup V(G)$;
Relation: $\rho = \{(e,x,y) \mid e \in E(G),\ x,y \in V(G);\ \psi_G(e) = [x,y]\}$ (ungerichteter Graph), bzw.
Grundmenge $E(G) \cup V(G)$;
Relation $\rho = \{(e,x,y) \mid e \in E(G),\ x,y \in V(G);\ \psi_G(e) = (x,y)\}$ (gerichteter Graph).
4. Jeder gerichtete bewertete Graph ist ein Relationensystem:
Grundmenge $E(G) \cup V(G) \cup B$;
Relationen: $\rho = \{(e,x,y) \mid e \in E(G),\ x,y \in V(G);\ \psi_G(e) = (x,y)\}$,
$\beta' = \{(e,b) \mid e \in E(G),\ b \in B,\ \beta(e) = b\}$.
Enthält der Graph keine Mehrfachkanten mit derselben Bewertung, so ist eine vereinfachte Darstellung als Relationensystem möglich:
Grundmenge: $V(G) \cup B$;
Relation σ : $(x,y,b) \in \sigma \Leftrightarrow$ es gibt eine Kante e von x nach y mit der Bewertung b.

Wie für universale Algebren kann man für Relationensysteme die Begriffe "Untersystem" und "Homomorphismus" erklären:

Ist $\langle M,R \rangle$ *ein Relationensystem, so nennt man ein Relationensystem* $\langle T,S \rangle$ *ein* *Untersystem von* $\langle M,R \rangle$, *wenn gilt* $T \subseteq M$ *und* $S = \{r|_T \mid r \in R\}$. *Dabei bedeutet* $r|_T = r \cap T^{n(r)}$ *(n(r) ist die Stelligkeit der Relation* $r \in R$*).*
Sind $\langle M,R \rangle$ *und* $\langle N,R \rangle$ *Relationensysteme (d.h. M und N sind mit Systemen R von*

Relationen derselben Stelligkeit versehen), so nennt man eine Abbildung $f: M \to N$ *einen* *<u>Homomorphismus</u>, wenn für alle* $r \in R$ *gilt:*
Ist $(m_1,\ldots,m_{n(r)}) \in r$, *so gilt auch* $(f(m_1),\ldots,f(m_{n(r)})) \in r$.

Im Beispiel der universalen Algebren erhält man offensichtlich genau die Unteralgebren und die Homomorphismen; für Graphen sind die Untersysteme genau die Teilgraphen; die Homomorphismen von Graphen in der oben angegebenen Darstellung als Relationensystem sind kaum zweckmäßig zu verwenden, da sie zuwenig von der Struktur des Graphen erhalten. Es könnten etwa die Bilder zweier Knoten, die durch keinen Weg verbunden sind, im Bildgraphen durch eine Kante verbunden sein.

<u>Heterogene Algebren:</u>

In der Beschreibung von Automaten (s. Kap. IV. 6) tritt eine Zustands-Übergangsfunktion $\delta: K \times \Sigma \to K$ auf, also eine Funktion, deren Variablen aus den (verschiedenen) Mengen K und Σ stammen. Eine analoge Situation liegt beim "Produkt mit einem Skalar" in Vektorräumen vor: das Paar (λ,v) aus $K \times V$ geht in den Vektor λv aus V über. Die in diesen Beispielen angeführten Funktionen kann man als "Operationen" auffassen, in denen nicht alle Variablen aus der gleichen Menge stammen, die also in diesem Sinn heterogen ist.

Allgemein versteht man unter einer <u>heterogenen Operation</u> auf einem System $\{A_i \mid i \in I\}$ *nichtleerer Mengen eine Abbildung* $A_{i_1} \times \ldots \times A_{i_n} \to A_s$. $i_1,\ldots,i_n$ *und* s *sind dabei Elemente von* I.
n *nennt man die <u>Stelligkeit</u> der Operation, und* $(i_1,\ldots,i_n,s)$ *ihren <u>Index</u>.*
Eine nullstellige Operation bedeutet wieder das Herausgreifen eines bestimmten Elementes aus einem der A_i. *Das betreffende Element* i *heißt der Index der nullstelligen Operation.*

Eine <u>heterogene Algebra</u> ist ein System $\{A_i \mid i \in I\}$ *mit einem System* F *heterogener Operationen. Bezeichnung* $<\{A_i \mid i \in I\},F>$.

Die heterogenen Algebren mit einelementiger Indexmenge I sind offensichtlich genau die universalen Algebren.
Jede heterogene Algebra ist ein Relationensystem:
Grundmenge $\bigcup_{i \in I} A_i$; Relationen: alle ω' mit $\omega \in F$. Dabei ist ω' wie für universale Algebren definiert durch:

$$(a_{i_1},\ldots,a_{i_n},a_s) \in \omega' \Leftrightarrow \omega(a_{i_1},\ldots,a_{i_n}) = a_s.$$

<u>Unteralgebren und Homomorphismen heterogener Algebren</u> sind wie für universale Algebren erklärt durch:

1. $\{U_i \mid i \in I\}$ ist Unteralgebra von $<\{A_i \mid i \in I\},F>$, wenn gilt $\emptyset \neq U_i \subseteq A_i$ für

alle $i \in I$, und für alle Operationen $\omega \in F$ gilt $\omega(u_{i_1},\ldots,u_{i_n}) \in U_s$, wenn $u_{i_j} \in U_{i_j}$, $j = 1,\ldots,n$ (dabei ist $(i_1,\ldots,i_n,s)$ der Index von ω).

2. Sind $<\{A_i \mid i \in I\},F>$ und $<\{B_i \mid i \in I\},F>$ heterogene Algebren mit Operationensystemen vom gleichen Index (daher die gemeinsame Bezeichnung F für das Operationensystem) und $\{\varphi_i \mid i \in I\}$ ein System von Abbildungen $\varphi_i\colon A_i \to B_i$ mit der Eigenschaft

$\omega(\varphi_{i_1}(a_{i_1}),\ldots,\varphi_{i_n}(a_{i_n})) = \varphi_s(\omega(a_{i_1},\ldots,a_{i_n}))$ für alle nicht nullstelligen $\omega \in F$ (wobei $(i_1,\ldots,i_n,s)$ der Index von ω ist), bzw.

$\omega = \varphi_s(\omega)$ für die nullstelligen $\omega \in F$ (Index s),

so nennt man φ einen Homomorphismus von $<\{A_i \mid i \in I\},F>$ in $<\{B_i \mid i \in I\},F>$.

Bezüglich weiterer Begriffe (direktes Produkt, Wortalgebra, freie Algebra) für heterogene Algebren sei auf die Literatur (z.B. Birkhoff - Lipson [2]) verwiesen.

Als Anwendungsbeispiel von heterogenen Algebren erwähnen wir die Möglichkeit, Algorithmenschritte als heterogene Operationen darzustellen.

Beispiel:

Zur Bestimmung der kleinsten natürlichen Zahl n mit $a^n > b$ (a,b vorgegebene positive reelle Zahlen, d.h. $a,b \in \mathbb{R}^+$) sind die wesentlichen Algorithmusschritte die Bildung der Potenzen a^i und der Vergleich dieser mit b. Die Bildung von a^i ist eine heterogene Operation $\omega_1\colon \mathbb{R}^+ \times \mathbb{N} \to \mathbb{R}^+$, definiert durch $(a,i) \to a^i$. Der Vergleich von $c \in \mathbb{R}^+$ mit b läßt sich interpretieren als heterogene Operation $\omega_2\colon \{w,f\} \times \mathbb{R}^+ \times \mathbb{R}^+ \to \mathbb{R}^+$ mit $\omega_2(w,c,b) = c$ und $\omega_2(f,c,b) = b$, d.h. ist die Aussage "$c > b$" wahr (Symbol w), so wird c ausgegeben, ist sie falsch (Symbol f), so wird die Zahl b ausgegeben. ω_2 beschreibt also einen "if...then...else..."-Schritt in einem Algorithmus.

Bezüglich der weiteren Verwendung von heterogenen Algebren zur Beschreibung von Datenstrukturen verweisen wir auf Goguen-Thatcher-Wagner [5].

6. Algebraische Beschreibung von Automaten

Wir haben in Kapitel IV bereits die graphentheoretische Beschreibung von Automaten kennengelernt und wollen nun einige Möglichkeiten der algebraischen Beschreibung vorstellen.

Ausgehend von der graphentheoretischen Beschreibung ist es zunächst natürlich,

Automaten als Relationensysteme

aufzufassen. Ausgehend davon, daß der bewertete Graph eines Automaten $A = (K,\Sigma,\delta)$ sicher keine Mehrfachkanten mit derselben Bewertung enthält, erhalten wir unmittelbar, daß A nichts anderes ist als das Relationensystem $\langle K \cup \Sigma, \sigma \rangle$ mit $(q_1,q_2,x) \in \sigma \Leftrightarrow \delta(q_1,x) = q_2$.

Ebenso kann man jeden Automaten $A = (K,\Sigma,\Sigma',\delta,\lambda)$ mit Ausgabe als Relationensystem darstellen:

Grundmenge: $K \cup \Sigma \cup \Sigma'$;

Relationen: σ: $(q_1,q_2,x) \in \sigma \Leftrightarrow \delta(q_1,x) = q_2$,
τ: $(q,x',x) \in \tau \Leftrightarrow \lambda(q,x) = x'$.

Eine weitere Beschreibung der Automaten haben wir in Abschnitt 5 bereits angedeutet:

Automaten als heterogene Algebren:

Jeder Automat $A = (K,\Sigma,\delta)$ *ist eine heterogene Algebra mit den Grundmengen* $A_1 = K$, $A_2 = \Sigma$ *und der heterogenen Operation* δ: $K \times \Sigma \to K$ *vom Index* (1,2,1).

Ebenso ist jeder Automat mit Ausgabe $A = (K,\Sigma,\Sigma',\delta,\lambda)$ *eine heterogene Algebra mit den Grundmengen:* $A_1 = K$, $A_2 = \Sigma$, $A_3 = \Sigma'$, *und den heterogenen Operationen:* δ: $K \times \Sigma \to K$, λ: $K \times \Sigma \to \Sigma'$ *vom Index* (1,2,1) *bzw.*(1,2,3).

Die Unteralgebren der einen Automaten darstellenden heterogenen Algebra nennt man die Unterautomaten von A. Es sind für $A = (K,\Sigma,\delta)$ genau jene Automaten $U = (\overline{K},\overline{\Sigma},\overline{\delta})$, für die gilt $\overline{K} \subseteq K$, $\overline{\Sigma} \subseteq \Sigma$ und $\delta|\overline{K}\times\overline{\Sigma} = \overline{\delta}$. Entsprechendes gilt auch für Automaten mit Ausgabe.

Ebenso nennt man die Homomorphismen zwischen Automaten darstellenden heterogenen Algebren die Automatenhomomorphismen. Ein Automatenhomomorphismus φ von (K,Σ,δ) in $(\overline{K},\overline{\Sigma},\overline{\delta})$ ist also nichts anderes als ein Paar (φ_1,φ_2) von Abbildungen φ_1: $K \to \overline{K}$, φ_2: $\Sigma \to \overline{\Sigma}$, für das gilt:

$$\overline{\delta}(\varphi_1(q),\varphi_2(x)) = \varphi_1(\delta(q,x)).$$

Auch hier gilt eine analoge Beschreibung für Automaten mit Ausgabe.

Schließlich ist es für viele Zwecke günstig,

Automaten als Semimoduln

darzustellen. Um die bereits bei einer Eingabefolge xy umständliche Schreibweise $\delta(\delta(q,x),y)$ zu vermeiden, schreiben wir in Hinkunft einfach $q(x_1,\ldots,x_n)$ für jenen Zustand, den der Automat nach Verarbeitung von $x_1,\ldots,x_n$ (in dieser Reihenfolge) von q ausgehend hat, d.h. etwa:

$q\varepsilon = q$,
$qx = \delta(q,x)$,
$q(xy) = \delta(\delta(q,x),y) = (qx)y$,
$q(xyz) = \delta(\delta(\delta(q,x),y),z) = ((qx)y)z$, usw.

Die Zustandsmenge K *eines Automaten* (K,Σ,δ) *ist also aufzufassen als universale Algebra* $<K,\Sigma^*>$ *mit den einstelligen Operationen* $x^*\in\Sigma^*$:
$x^*: q \to qx^*$.

Da der Automat die einzelnen Elemente aus Σ bzw. Σ^* der Reihe nach verarbeitet (siehe auch die Befehlsfolgen in den Beispielen am Anfang von Kap. I.), gilt das Gesetz
$(qx^*)y^* = q(x^*y^*)$.

Außerdem gilt $q\varepsilon = q$.

Die Algebra $<K,\Sigma^*>$ weist starke Ähnlichkeit mit Moduln $<M,+,R>$ über Ringen auf - es fehlen gegenüber diesen nur die Operation "+" und alle auf diese bezogenen Gesetze. *Man nennt daher für jedes Monoid* $<M,\cdot>$ *eine Algebra* $<S,M>$ *mit den Gesetzen* $s(mn) = (sm)n$ *und* $s1 = s$ (*für alle* $s\in S$, $m,n\in M$) *einen* *__Semimodul__ über* M.

Offensichtlich ist jedes Monoid $<M,\cdot>$ ein Semimodul über sich selbst mit den Operationen $m: n \to nm$, für alle $n\in M$.

Es ist also jeder Automat (K,Σ,δ) *dadurch zu beschreiben, daß man* K *als Semimodul über dem Monoid* Σ^* *auffaßt.*

Wir wollen im folgenden aufzeigen, wie sich wichtige Eigenschaften von (K,Σ,δ) in der Struktur von $<K,\Sigma^*>$ widerspiegeln.

__Das Monoid eines Automaten:__

Man nennt zwei Eingabefolgen x^* und $y^*\in\Sigma^*$ eines Automaten $<K,\Sigma^*>$ __äquivalent__, (in Symbolform: $x^* \sim_q y^*$) bezüglich des Zustandes $q\in K$, wenn gilt: $qx^* = qy^*$, d.h. wenn man mit beiden Eingabefolgen von q aus denselben Zustand erreicht. Die erhaltene Relation ist, wie man leicht nachprüft, eine Kongruenzrelation auf dem Semimodul $<\Sigma^*,\Sigma^*>$.

Zwei Eingabefolgen x^* *und* y^* *sind genau dann äquivalent bezüglich jedes Zustandes aus* K, *wenn gilt* $x^* \sim_q y^*$ *für alle* $q\in K$, *d.h.* $x^* \ \Theta\ y^*$ *mit* $\Theta = \bigcap_{q\in K} \sim_q$.

Die Relation Θ ist nicht nur Kongruenzrelation auf $<\Sigma^*,\Sigma^*>$, sondern sogar auf dem Monoid $<\Sigma^*,\cdot>$, d.h. es gilt nicht nur:
$x^* \ \Theta\ y^* \Rightarrow x^*z^* \ \Theta\ y^*z^*$ für alle $z^*\in\Sigma^*$, sondern auch
$x^* \ \Theta\ y^*$ und $z^* \ \Theta\ u^* \Rightarrow x^*z^* \ \Theta\ y^*u^*$.

Das Faktormonoid Σ^*/Θ *nennt man das* *__Monoid des Automaten__* $<K,\Sigma^*>$.

Durch die Festsetzung $q[x^*]_\Theta = qx^*$ wird Σ^*/Θ zu einem Operationenbereich auf K und $\langle K,\Sigma^*/\Theta\rangle$ zu einem Semimodul über Σ^*/Θ.

Je zwei Eingabefolgen aus verschiedenen Θ-Klassen haben auf mindestens einen Zustand $q\in K$ verschiedene Wirkung. Durch Auswahl eines Repräsentanten aus jeder Θ-Klasse erhält man also eine Teilmenge T von Σ^*, die so beschaffen ist, daß jeder mögliche Übergang des Automaten von einem beliebigen Zustand in einen von diesem aus erreichbaren Zustand durch genau ein $t\in T$ bewirkt wird. Es genügt also, anstelle von Σ^* die Teilmenge T, oder äquivalent dazu, das Monoid Σ^*/Θ, als Eingabemenge zu betrachten.

Ist umgekehrt ein beliebiges Eingabemonoid $\langle M,\cdot,1\rangle$ gegeben, so ist dieses Monoid homomorphes Bild eines freien Monoids Σ^* (d.h. $M = \varphi(\Sigma^*)$) und man kann anstelle von M auch Σ^* als Eingabemenge betrachten (unter der Festsetzung $qx^* = q\varphi(x^*)$, $q\in K$).

Die Erreichbarkeit eines Zustandes q' von einem Zustand q aus bleibt unter den obigen Festsetzungen beim Übergang von $\langle K,\Sigma^*\rangle$ zu $\langle K,\Sigma^*/\Theta\rangle$ bzw. von $\langle K,M\rangle$ zu $\langle K,\Sigma^*\rangle$ erhalten. Man kann also, wie es in der Automatentheorie allgemein üblich ist, stets Σ^* als Eingabemonoid voraussetzen.

Bezüglich weiterer Details der Semimodul-Beschreibung von Automaten siehe Deussen [3].

Aufgaben

1. Wieviele verschiedene kommutative zweistellige Operationen kann man auf einer Menge mit 2 Elementen erklären? Auf einer Menge von 3 Elementen? Auf einer Menge von n Elementen?

2. Auf der Menge M aller nichtnegativen rationalen Zahlen ist die Operation "*" definiert durch $a*b = \frac{a+b}{1+ab}$. Was für eine algebraische Struktur ist $\langle M,*\rangle$?

3. Sei $X = \{x,y\}$ und $\Omega = \{\omega_1,\omega_2,\omega_3,\omega_4\}$ mit $n(\omega_1)=n(\omega_2)=2$, $n(\omega_3)=1$ und $n(\omega_4)=0$. Bestimmen Sie alle Ω-Wörter der Stufe 2 über X bei Verwendung folgender Schreibweise: $\omega_1(v,w)=v+w$, $\omega_2(v,w)=v.w$, $\omega_3(v)= -v$, $\omega_4= 0$.

4. Sei $V(\Omega,\Lambda)$ die Varietät jener Ringe, in denen zusätzlich zu den Ringgesetzen das Gesetz $x^2 = x$ gilt . Bilden Sie die Herleitungsketten der Gesetze $(x+x,0)$ und (xy,yx) aus $\bar{\Lambda}$. (Vgl. Kap.I. Aufg. 35)

5. Sei $\langle A,\Omega\rangle$ eine universale Algebra, f ein Endomorphismus von $\langle A,\Omega\rangle$ Zeigen Sie, daß die Fixpunkte von f (das sind jene $a\in A$, für die gilt: $f(a) = a$) eine Unteralgebra von $\langle A,\Omega\rangle$ bilden .

6. Zeigen Sie: Sind die universalen Algebren $\langle A,\Omega\rangle$, $\langle B,\Omega\rangle \in V(\Omega,\Lambda)$ und ist ρ eine Kongruenz auf A, σ eine Kongruenz auf B, so ist $\rho \times \sigma$, definiert durch $\{((a_1,b_1),(a_2,b_2)) \in (A \times B)^2 | (a_1,a_2)\in\rho,\ (b_1,b_2)\in\sigma\}$ eine Kongruenz auf $A \times B$.

7. Sei $\langle A,\Omega\rangle = \langle B,\Omega\rangle = \langle \mathbb{N},+\rangle$. Sei Θ die Relation auf $\mathbb{N} \times \mathbb{N}$, definiert durch $(n,k)\Theta(m,\ell) \Leftrightarrow n+k = m+\ell$. Zeigen Sie, daß Θ eine Kongruenz auf dem direkten Produkt $\mathbb{N} \times \mathbb{N}$ ist, aber Θ nicht in der Gestalt $\rho \times \sigma$ (wie in Aufgabe 6) darstellbar ist.

8. Sei $\langle A,\Omega\rangle$ eine universale Algebra mit $A = \{a,b,c\}$, $\Omega = \{\omega\}$ mit folgender dreistelliger Operation ω: $\omega(x,x,x) = x$, $\omega(x,x,y) =$ $= \omega(x,y,x) = \omega(y,x,x) = y$, $\omega(x,y,z) = y$ für paarweise verschiedene $x,y,z\in A$. Bestimmen Sie alle Kongruenzen auf A.

9. Auf der Menge $A = \{a,b,c,d\}$ sind eine einstellige Operation ω_1 und eine zweistellige Operation ω_2 definiert durch:

ω_2	a	b	c	d
a	b	c	b	b
b	d	a	b	a
c	d	b	d	a
d	b	c	b	b

$\omega_1 a = c$, $\omega_1 b = a$, $\omega_1 c = d$, $\omega_1 d = c$;

Untersuchen Sie, ob die zur folgenden Partition von A gehörige Äquivalenzrelation eine Kongruenz von $\langle A,\{\omega_1,\omega_2\}\rangle$ ist: $A = \{a,d\}\cup\{c\}\cup\{b\}$.

10. Zeigen Sie: Jede Kongruenzrelation auf einer universalen Algebra $\langle A,\Omega\rangle$ ist(als Teilmenge von A^2) Unteralgebra des direkten Produkts von $\langle A,\Omega\rangle$ mit sich.

11. Zeigen Sie: Ist B Untergruppe des direkten Produkts einer Gruppe $\langle G,\cdot\rangle$ mit sich, so definiert $B \subseteq G^2$ eine Kongruenzrelation auf $\langle G,\cdot\rangle$. Gilt dieser Sachverhalt in jeder Varietät?

12. Bildet die Klasse aller Körper eine Varietät ?

13. Bestimmen Sie den vom einelementigen Erzeugersystem $\{x\}$ erzeugten freien Ring und den von $\{x\}$ erzeugten freien Vektorraum über dem Körper der reellen Zahlen bzw. über GF(8) .

14. Sei $<G,\circ>$ eine Gruppe. Welche Gestalt haben die Funktionen aus $P_2(G)$?

15. Sei $<G,\circ>$ eine zyklische Gruppe der Ordnung n. Zeigen Sie, daß die Menge $\{f_c \pi_1^i \pi_2^j | c \in G;\ i,j \in \{0,\ldots,n-1\}\}$ ein Normalformensystem für $P_2(G)$ ist.

16. Sei $<G,\circ>$ eine abelsche Gruppe der Ordnung n. Zeigen Sie, daß für die Ordnungen von $P_1(G)$ und $P_2(G)$ gilt: $|P_1(G)| \leq n^2$ und $|P_2(G)| \leq n^3$. Schließen Sie daraus, für welche n jede Funktion aus $F_1(G)$ bzw. $F_2(G)$ durch eine Polynomfunktion darstellbar ist.

17. Beschreiben Sie Vektorräume als heterogene Algebren.

18. Beschreiben Sie den Wechselautomaten aus Kapitel IV
    a) als heterogene Algebra
    b) als Semimodul

    und geben Sie sein Monoid an .

19. Ebenso für einen Automaten, der 1-Schilling- und 50-Groschen-Münzen in 5-Schilling-Stücke wechselt.

20. Sei Σ^* das von Σ erzeugte freie Monoid und A eine Teilmenge von Σ^*. Zeigen Sie, daß die durch

$$(s,t) \in \rho \quad \Leftrightarrow \quad (x^* s y^* \in A \Leftrightarrow x^* t y^* \in A \quad \forall\, x^*, y^* \in \Sigma^*)$$

definierte Relation ρ eine Kongruenzrelation auf $<\Sigma^*, .>$ ist .

Literatur

[1] G.Birkhoff - T.Bartee: Angewandte Algebra.
R.Oldenbourg Verlag, München-Wien 1973

[2] G.Birkhoff - D.Lipson: Heterogeneous algebras.
Journal of Combinatorial Theory 8, 115-133 (197o)

[3] P.Deussen: Halbgruppen und Automaten.
(Heidelberger Taschenbücher Band 99.)
Springer-Verlag, Berlin-Heidelberg-New York 1971

[4] J.L.Fisher: Application-oriented algebra.
Dun-Donelly, New York 1977

[5] J.A.Goguen - J.W.Thatcher - E.G.Wagner: An initial algebra approach to the specification, correctness and implementation of abstract data types.
In: R.T.Yeh (Ed.): Current trends in programming methodology IV
Prentice-Hall, Englewood Cliffs, N.J. 1978

[6] G.Grätzer: Universal algebra.
Van Nostrand, New York 1968

[7] P.J.Higgins: Algebras with a scheme of operations.
Mathematische Nachrichten 27, 115-132 (1963)

[8] A.G.Kurosch: Vorlesungen über allgemeine Algebra.
Teubner, Leipzig 1964

[9] H.Lausch - W.Nöbauer: Algebra of polynomials.
North-Holland, Amsterdam 1973

[10] H.Lugowski: Grundzüge der universellen Algebra.
(Teubnertexte zur Mathematik.) Leipzig 1976

VI. Aussagen- und Schaltungsalgebra

Dieselben algebraischen Strukturen liefern die mathematische Beschreibung sowohl für die Kombination von Aussagen,als auch von Schaltungen. Darauf beruht die Möglichkeit, Aussagen durch Schaltungen darzustellen und somit das gesamte Computerwesen .

Wir wollen uns in diesem Kapitel mit den wichtigsten Methoden aus diesem Bereich befassen. Die mathematische Grundlage dazu bilden die Booleschen Algebren, benannt nach George Boole (1815-1864), der versuchte, die Logik zu mathematisieren.

1. Die Grundprinzipien

Bevor wir den mathematischen Begriff der Booleschen Algebra formulieren, wollen wir drei der wesentlichsten praktischen Beispiele einander gegenüberstellen und deren gemeinsame Eigenschaften herausarbeiten:

1. Die Teilmengen einer Menge M ;
2. logische Aussagen (z.B.: "Wien ist die Hauptstadt Österreichs", "7 ist eine gerade Zahl", "7881 ist durch drei teilbar")
3. Schaltblöcke (zweipolig, d.h. mit jeweils einem Ein- und einem Ausgang; der Strom soll zumeist in beiden Richtungen durch den Block fließen können; der innere Aufbau des Blocks interessiert uns im allgemeinen nicht). Symbolisch:

Aus der auf der folgenden Seite angegebenen Tabelle erkennt man, daß in allen drei Fällen auf einer Menge von Teilmengen, von Aussagen oder von Schaltblöcken fünf Operationen definiert sind, die wir im folgenden einheitlich mit $\cap$, $\cup$, $\bar{\ }$, 1 , 0 bezeichnen wollen. In der Praxis treten nun folgende Aufgabenstellungen auf:

Teilmengen von M	Aussagen	Schaltblöcke
$A \cap B =$ $\{x \in M \mid x \in A \text{ und } x \in B\}$	Konjunktion "A und B"; diese Aussage ist wahr genau dann, wenn sowohl A als auch B wahr ist	[A]—[B] Serienschaltung Strom fließt genau dann, wenn sowohl durch A als auch durch B Strom fließt
$A \cup B =$ $\{x \in M \mid x \in A \text{ oder } x \in B\}$	Disjunktion "A oder B"; diese Aussage ist wahr genau dann, wenn A oder B (oder beide) wahr sind	[A] / [B] Parallelschaltung Strom fließt genau dann, wenn durch A oder B (oder durch beide) Strom fließt.
$C_M(A) =$ $\{x \in M \mid x \notin A\}$	"nicht A"; diese Aussage ist wahr genau dann, wenn A falsch ist	[$\bar{A}$] Strom fließt genau dann, wenn durch A kein Strom fließt
M $x \in M$ ist wahr für alle x aus M	stets wahre Aussagen	Blöcke, durch die stets Strom fließt
$\emptyset$ $x \in \emptyset$ ist falsch für alle x aus M	stets falsche Aussagen	Blöcke, durch die kein Strom fließen kann

1. Analyse:

Gegeben ist eine aus endlich vielen Blöcken bestehende Schaltung; es ist zu ermitteln, ob bzw. unter welchen Voraussetzungen über die einzelnen Blöcke durch die Schaltung Strom fließt.

2. Vereinfachung:

Zu einer vorgegebenen Schaltung ist eine möglichst einfache äquivalente (Serien-parallel)Schaltung zu finden. (Man nennt zwei Schaltungen äquivalent, wenn durch beide unter genau denselben Bedingungen Strom fließt).

3. Konstruktion:

Aus endlich vielen vorgegebenen Blöcken ist eine Schaltung zu konstruieren, durch die unter gegebenen Bedingungen für die einzelnen Blöcke Strom fließt.

Analog dazu gibt es die Probleme der Analyse, der Vereinfachung bzw. der Konstruktion zusammengesetzter Aussagen.

Die Mathematisierung dieser Probleme:

geschieht dadurch, daß man jedem Schaltblock (bzw. jeder Aussage) A einen Wert a aus {0,1} zuordnet, wobei "0" kein Strom (bzw. falsche Aussage) und "1" Strom (bzw. wahre Aussage) bedeuten.

Ist nun S eine aus den Blöcken $A_1,\ldots,A_n$ zusammengesetzte Schaltung (bzw. eine aus den Aussagen $A_1,\ldots,A_n$ zusammengesetzte Aussage), so hängt der S zugeordnete Wert s vom Zustand der Blöcke $A_1,\ldots,A_n$ in Bezug auf die Stromführung (bzw. von der Konbination der Wahrheitswerte der Aussagen $A_1,\ldots,A_n$), d.h. vom entsprechenden n-Tupel $(a_1,\ldots,a_n)$ ab.

Die Abhängigkeit des Stromführungs- bzw. Wahrheitszustandes von S von den Zuständen der "Bausteine" $A_1,\ldots,A_n$ läßt sich also ausdrücken durch eine Abbildung

$$f \in F_n\{0,1\}\colon (a_1,\ldots,a_n) \to s .$$

Die vorher genannten Aufgabenstellungen 1. - 3. sind daher nichts anderes als

1. Berechnung der Werte der entsprechenden Funktion $f \in F_n\{0,1\}$.
2. Ermittlung einer möglichst einfachen Darstellung einer vorgegebenen Funktion $f \in F_n\{0,1\}$.
3. Konstruktion einer Funktion aus $F_n\{0,1\}$ mit zumindest teilweise vorgegebenen Werten (also eine Interpolationsaufgabe).

Für die Lösung dieser Aufgaben ist es nützlich, die folgenden Gesetzmäßigkeiten zu beachten:

Schaltblock bzw. Aussage	S_1	S_2	$S_1 \cap S_2$	$S_1 \cup S_2$	$\bar{S}_1$
zugeordnete Werte in {0,1}	0	0	0	0	1
	0	1	0	1	
	1	0	0	1	0
	1	1	1	1	

(Schaltwert- bzw. Wahrheitstafeln).

Definiert man also in {0,1} die Operationen $\cap$ und $\cup$ durch

$\cap$	0	1
0	0	0
1	0	1

$\cup$	0	1
0	0	1
1	1	1

und $\bar{0} = 1$, $\bar{1} = 0$,

so gilt für aus den gleichen "Bausteinen" $A_1,\dots,A_n$ bestehende Blöcke bzw. Aussagen $S_1(A_1,\dots,A_n)$ und $S_2(A_1,\dots,A_n)$ mit den zugehörigen Funktionen f_{S_1} und f_{S_2} aus $F_n\{0,1\}$:

$$f_{S_1 \cap S_2}(a_1,\dots,a_n) = f_{S_1}(a_1,\dots,a_n) \cap f_{S_2}(a_1,\dots,a_n) ,$$
$$f_{S_1 \cup S_2}(a_1,\dots,a_n) = f_{S_1}(a_1,\dots,a_n) \cup f_{S_2}(a_1,\dots,a_n) ,$$
$$f_{\bar{S}_1}(a_1,\dots,a_n) = \overline{f_{S_1}(a_1,\dots,a_n)} , \text{ sowie}$$
$$f_1(a_1,\dots,a_n) = 1 \quad \text{und} \quad f_0(a_1,\dots,a_n) = 0$$

für alle Schalt- bzw. Wahrheitswertekombinationen $(a_1,\dots,a_n)$ aus $\{0,1\}^n$. Die Zuordnung $S \to f_S$ ist also ein Homomorphismus von der Algebra der Blöcke bzw. Aussagen in die Algebra $F_n\{0,1\}$ der n-stelligen Funktionen über der Algebra $< \{0,1\},\{\cap,\cup,^-,1,0\} >$.

2. Verbände und Boolesche Algebren

Um mit Schaltblöcken, Aussagen und den zugehörigen Funktionen rechnen zu können, wollen wir zunächst die dabei auftretenden Algebren genauer studieren.

Die Varietäten der Verbände bzw. der Booleschen Algebren:

Für die im ersten Abschnitt aufgetretenen Algebren mit den Operationen $\cap,\cup,^-,1,0$ stellt man leicht die Gültigkeit der folgenden Gesetze fest (wenn man gleichwertige Aussagen bzw. Schaltblöcke identifiziert):

1.a) $x \cap y = y \cap x$ 1.b) $x \cup y = y \cup x$

2.a) $(x \cap y) \cap z = x \cap (y \cap z)$ 2.b) $(x \cup y) \cup z = x \cup (y \cup z)$

3.a)	$x \cap (x \cup y) = x$	3.b)	$x \cup (x \cap y) = x$
4.a)	$(x \cap y) \cup z = (x \cup z) \cap (y \cup z)$	4.b)	$(x \cup y) \cap z = (x \cap z) \cup (y \cap z)$
5.a)	$1 \cap x = x$	5.b)	$0 \cup x = x$
6.a)	$x \cap \bar{x} = 0$	6.b)	$x \cup \bar{x} = 1$

Durch die Operationenmenge $\{\cap,\cup,\bar{\ },1,0\}$ (Stelligkeiten der Operationen: 2,2,1,0,0) und die Menge der Gesetze {1.a)-6.a),1.b)-6.b)} ist eine Varietät von Algebren definiert. Die Algebren dieser Varietät nennt man Boolesche Algebren. Außer ihnen treten in der Mathematik häufig Algebren auf, die etwas schwächeren Bedingungen genügen:

Operationenmenge $\{\cap,\cup\}$, Menge der Gesetze {1.a)-3.a),1.b)-3.b)} ; man nennt die Elemente der durch diese Operationen und Gesetze definierten Varietät die Verbände. Natürlich sind alle Booleschen Algebren Verbände; ein einfaches Beispiel eines Verbandes, der keine Boolesche Algebra ist, ist etwa die Menge $\mathbb{N}$ der natürlichen Zahlen mit den Operationen

$a \cup b$ = Maximum von a und b und $a \cap b$ = Minimum von a und b.

Man stellt unschwer die Analogie zwischen den Gesetzen i.a) und i.b) (i = 1,...,6) fest. Diese begründet

das Dualitätsprinzip der Verbandstheorie:

Bei Vertauschung der Zeichen $\cap$ *und* $\cup$ *geht jedes Gesetz* i.a) *in das Gesetz* i.b) *über und umgekehrt* (i = 1,2,3). *Daher kann man aus jedem Satz der Theorie der Verbände einen weiteren Satz gewinnen, indem man im Satz und in dessen Beweis die Zeichen* $\cap$ *und* $\cup$ *miteinander vertauscht. Man nennt diesen Vorgang Dualisieren und den neuen Satz* $S(V,\cup,\cap)$ *den zum ursprünglichen Satz* $S(V,\cap,\cup)$ *dualen.* Ein analoges Dualitätsprinzip gilt natürlich in jeder Varietät $V(\Omega,\Lambda)$, für die die paarweise Vertauschung gewisser Operationen eine Vertauschung der Gesetze aus Λ bewirkt. Speziell ist das in der Varietät der Booleschen Algebren der Fall: vertauscht man $\cap$ mit $\cup$ und 0 mit 1, so geht jedes Gesetz i.a) in i.b) über und umgekehrt (i = 1,...,6). *Gilt also für Boolesche Algebren der Satz* $S(B,\cap,\cup,\bar{\ },0,1)$, *so auch der dazu duale Satz* $S(B,\cup,\cap,\bar{\ },1,0)$. Allgemein genügt es somit, für Verbände bzw. Boolesche Algebren von je zwei zueinander dualen Sätzen nur einen herzuleiten.

Beispiel:

In jedem Verband gilt das Gesetz $x \cap x = x$. Seine Herleitung: $x \cap x = x \cap (x \cup (x \cap y)) = x$ (dabei ist y beliebig). Dualisiert man diese Herleitung, so erhält man: $x \cup x = x \cup (x \cap (x \cup y)) = x$, also die Herleitung des zum obigen dualen Gesetzes $x \cup x = x$.

Rechengesetze in Booleschen Algebren:

Für Boolesche Algebren gelten folgende Gesetze:

1. Aus $x \cap y = 0$ und $x \cup y = 1$ folgt $y = \bar{x}$, denn es gilt:

$$y = y \cup 0 = y \cup (x \cap \bar{x}) = (y \cup x) \cap (y \cup \bar{x}) = 1 \cap (y \cup \bar{x}) = y \cup \bar{x},$$

also $y = y \cup \bar{x}$; ebenso erhält man $\bar{x} = \bar{x} \cup y$.

2. $\bar{\bar{x}} = x$, wie man aus obigem Gesetz und den Gesetzen 6.a) und 6.b) sofort erkennt.

3. Gesetze von de Morgan:

$$\overline{(x \cup y)} = \bar{x} \cap \bar{y} \quad \text{und dazu dual} \quad \overline{(x \cap y)} = \bar{x} \cup \bar{y}.$$

Man leitet sie her, indem man zeigt, daß $(x \cup y) \cup (\bar{x} \cap \bar{y}) = 1$ und $(x \cup y) \cap (\bar{x} \cap \bar{y}) = 0$ gelten, und sodann obiges Gesetz 1. anwendet:

$$\begin{aligned}(x \cup y) \cup (\bar{x} \cap \bar{y}) &= [(x \cup y) \cup \bar{x}] \cap [(x \cup y) \cup \bar{y}] = \\ &= [(x \cup \bar{x}) \cup y] \cap [(y \cup \bar{y}) \cup x] = 1 \cup 1 = 1;\end{aligned}$$

$$\begin{aligned}(x \cup y) \cap (\bar{x} \cap \bar{y}) &= [x \cap (\bar{x} \cap \bar{y})] \cup [y \cap (\bar{x} \cap \bar{y})] = \\ &= [(x \cap \bar{x}) \cap y] \cup [(y \cap \bar{y}) \cap x] = 0 \cap 0 = 0.\end{aligned}$$

Setzt man in Analogie zur Summenschreibweise in additiv geschriebenen Halbgruppen

$$x_1 \cap x_2 \cap \ldots \cap x_n = \bigcap_{i=1}^{n} x_i \quad \text{bzw.} \quad x_1 \cup x_2 \cup \ldots \cup x_n = \bigcup_{i=1}^{n} x_i,$$

so erhält man durch vollständige Induktion nach n sofort die Gesetze

$$\overline{\bigcap_{i=1}^{n} x_i} = \bigcup_{i=1}^{n} \bar{x}_i \quad \text{bzw.} \quad \overline{\bigcup_{i=1}^{n} x_i} = \bigcap_{i=1}^{n} \bar{x}_i .$$

Die Teilmengen einer Menge M sind bezüglich der Relation "$\subseteq$" halbgeordnet; ebenso kann man für Aussagen bzw. Schaltungen eine Halbordnung definieren: $A \leq B$, wenn aus $a = 1$ folgt $b = 1$ (also wenn aus "A wahr" folgt "B wahr"). Wir wollen im folgenden allgemein einen

Zusammenhang zwischen Verbänden und halbgeordneten Mengen

herstellen. Definiert man für einen Verband $\langle V, \cap, \cup \rangle$ eine Relation "$\leq$" auf V durch die Festsetzung

$$u \leq v \Leftrightarrow u \cap v = u \quad (\text{oder gleichbedeutend } u \cup v = v),$$

so erhält man eine Halbordnung "$\leq$" auf V: "$\leq$" ist reflexiv, da stets $v \cap v = v$ gilt; "$\leq$" ist antisymmetrisch, da aus $u \cap v = u$ und $v \cap u = v$ stets folgt: $u = v$; die Transitivität von "$\leq$" ergibt sich aus $u \cap v = u$ und $v \cup w = v \Rightarrow$ $\Rightarrow u \cap w = (u \cap v) \cap w = u \cap (v \cap w) = u \cap v = u$.

Man rechnet leicht nach, daß $u \cup v$ bezüglich der Halbordnung "$\leq$" das kleinste unter den Elementen t aus V mit $u \leq t$ und $v \leq t$ ist; ebenso ist $u \cap v$ das größte unter den Elementen t aus V mit $t \leq u$ und $t \leq v$. Allgemein nennt man für halbgeordnete Mengen $<M,\leq>$ ein Element m aus M das Supremum einer Teilmenge P von M, wenn m das kleinste Element aus M ist, welches $p \leq m$ für alle p aus P erfüllt. Man schreibt dann m = sup P. Analog dazu heißt das größte Element m aus M, für das für alle p aus P gilt: $m \leq p$, das Infimum von P : m = inf P. Man beachte dabei, daß sup P bzw. inf P nicht für jede Teilmenge P von M existieren müssen (s. Aufg. 6)!

Fassen wir das bisherige zusammen, so erhalten wir: durch die oben angeführte Festsetzung wird aus jedem Verband $<V,\cap,\cup>$ *eine halbgeordnete Menge* $<V,\leq>$, *in der zu je zwei Elementen* u *und* v *die Elemente* $\sup\{u,v\} = u \cup v$ *und* $\inf\{u,v\} = u \cap v$ *existieren. Setzt man umgekehrt bei Vorliegen einer halbgeordneten Menge* $<M,\leq>$, *in der zu je zwei Elementen das Supremum und das Infimum existieren,* $u \vee v = \sup\{u,v\}$ *und* $u \wedge v = \inf\{u,v\}$ *für alle* u,v *aus* M, *so erhält man, wie leicht zu überprüfen ist, einen Verband* $<M,\wedge,\vee>$. Aus der Konstruktion ist sofort ersichtlich, daß man beim zweifachen Übergang Verband → halbgeordnete Menge → Verband bzw. halbgeordnete Menge → Verband → halbgeordnete Menge stets wieder zur ursprünglichen Struktur zurückkehrt. Die Verbände und die halbgeordneten Mengen, in denen jede zweielementige Teilmenge ein Infimum und Supremum besitzt, entsprechen einander in bijektiver Weise. Es sei noch vermerkt, daß die eingangs erwähnten Halbordnungen für die Teilmengen einer Menge bzw. für Aussagen und Schaltblöcke genau die den zugehörigen Booleschen Algebren entsprechenden sind.

Die Tatsache, daß die Verbände und gewisse halbgeordnete Mengen einander in bijektiver Weise entsprechen, kann man ausnützen zur

Darstellung von endlichen Verbänden durch Graphen:

Sei $<V,\cup,\cap>$ ein endlicher Verband, "$\leq$" die zugehörige Halbordnungsrelation auf V. Man könnte nun den Verband darstellen, indem man "$\leq$" als gerichteten Graphen darstellt. Da man dabei jedes Element mit allen vergleichbaren Elementen verbinden müßte, wäre die Darstellung (vorallem bei größerer Elementezahl) jedoch sehr unübersichtlich.

Daher definiert man in einer halbgeordneten Menge $<V,\leq>$: Ein Element $w \in V$ heißt oberer Nachbar von $v \in V$, wenn $v < w$ (d.h. $v \leq w$ und $v \neq w$) und es kein $u \in V$ gibt mit $v < u < w$. Die so entstehende Relation in V bezeichnen wir mit "$<*$". Stellt man nun diese Relation durch einen Graphen dar, so erhält man eine übersichtliche Darstellung, da jeder Punkt nur mehr mit seinen oberen und unteren Nachbarn verbunden ist.

Man kann jeden endlichen Verband $\langle V, \cup, \cap \rangle$ durch den Graphen von "$<^*$" in eindeutiger Weise darstellen. Die Orientierung des Graphen drückt man meist dadurch aus, daß man die oberen Nachbarn eines Elementes v "oberhalb" von v einzeichnet.

Man nennt diesen Graphen das Hasse-Diagramm des Verbandes.

Beispiele:

1. Die Menge U(G) aller Untergruppen einer Gruppe $\langle G, . \rangle$ bildet bezüglich des Enthaltenseins "$\subseteq$" eine halbgeordnete Menge, in der zu je zwei Elementen A und B das Supremum und das Infimum existieren:

$\sup \{A,B\} = \langle A \cup B \rangle$ (die von $A \cup B$ erzeugte Untergruppe)

$\inf \{A,B\} = A \cap B$.

U(G) bildet also bezüglich der Operationen $\vee$ und $\wedge$: $A \vee B = \langle A \cup B \rangle$ und $A \wedge B = A \cap B$ einen Verband. Für $G = S_3$ sieht das Hasse-Diagramm dieses Verbandes folgendermaßen aus:

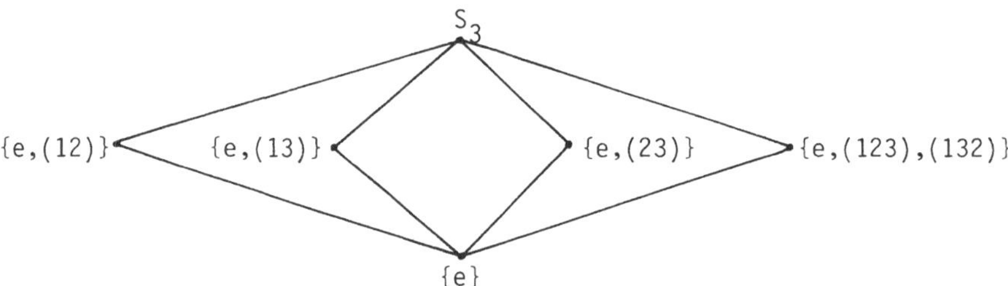

2. Für jede Menge M bildet die Potenzmenge P(M) bezüglich der Operationen Durchschnitt, Vereinigung und Komplementbildung eine Boolesche Algebra, wenn man für das Nullelement die leere Menge und für das Einselement die Menge M nimmt. Für M = {a,b,c} sieht das Hassediagramm der entsprechenden Booleschen Algebra so aus:

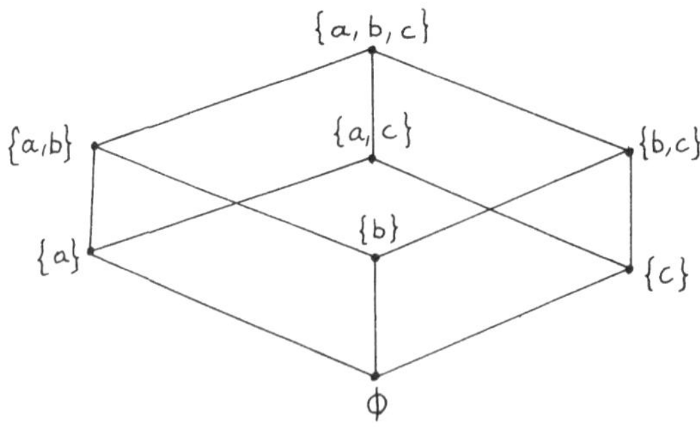

3. Polynomfunktionen über Booleschen Algebren

Wie wir gesehen haben, spielen bei den Problemstellungen der Aussagen- und Schaltungsalgebra Funktionen über Booleschen Algebren eine wesentliche Rolle. Es stellt sich also die Frage nach der Darstellbarkeit dieser Funktionen durch Polynomfunktionen und nach der Existenz von Normalformensystemen für diese. Wir ermitteln zunächst eine

Lösung des Normalformenproblems für Polynomfunktionen über Booleschen Algebren:

Für jede Boolesche Algebra $\langle B,\cup,\cap,^{-},1,0\rangle$ *ist bei beliebigem* k *aus* $\mathbb{N}$ *die Menge der Wörter*

$$w = \bigcup_{(i_1,\ldots,i_k)\in\{-1,1\}^k} (f_{d_{i_1\ldots i_k}} \cap \pi_1^{i_1} \cap \ldots \cap \pi_k^{i_k})$$

ein Normalformensystem für $P_k(B)$; *dabei bedeutet* x^1 *das Element* x, x^{-1} *das Element* $\bar{x}$; *die* $f_{d_{i_1\ldots i_k}}$ *sind konstante Funktionen, die* π_j *die Projektionen.*

Wir geben die Überlegungen, die zu diesem Ergebnis führen, nur für den Fall k = 1 an ; sie sind für k > 1 analog. Im Fall k = 1 gibt es nur eine Projektion π (die identische Abbildung $x \to x$) und daher anstelle von $(i_1,\ldots,i_k)$ nur einen Index i.

1. Schritt: Die durch die oben angegebenen Wörter dargestellten Funktionen bilden eine Unteralgebra T von $\langle P_1(B),\cup,\cap,^{-},1,0\rangle$: alle angeführten Funktionen sind offensichtlich Polynomfunktionen, T ist nicht leer und abgeschlossen gegenüber den Operationen, wie die folgenden Rechnungen zeigen:

$$[\bigcup_{i\in\{-1,1\}} (f_{d_i} \cap \pi^i)] \cup [\bigcup_{i\in\{-1,1\}} f_{e_i} \cap \pi^i)] =$$

$$= (f_{d_{-1}} \cap \bar{\pi}) \cup (f_{d_1} \cap \pi) \cup (f_{e_{-1}} \cap \bar{\pi}) \cup (f_{e_1} \cap \pi) =$$

$$= [(f_{d_{-1}} \cup f_{e_{-1}}) \cap \bar{\pi}] \cup [(f_{d_1} \cup f_{e_1}) \cap \pi] =$$

$$= (f_{d_{-1}\cup e_{-1}} \cap \bar{\pi}) \cup (f_{d_1\cup e_1} \cap \pi) \in T.$$

Analog erhält man, daß T gegenüber "$\cap$" abgeschlossen ist. Mit Hilfe der Regeln von de Morgan erhält man ferner

$$\overline{(f_{d_{-1}} \cap \bar{\pi}) \cup (f_{d_1} \cap \pi)} = (f_{\bar{d}_{-1}} \cap \bar{\pi}) \cup (f_{\bar{d}_1} \cap \pi) \in T.$$

Schließlich gehören auch $f_0 = w \cap \bar{w}$ und $f_1 = w \cup \bar{w}$ ($w \in T$) infolge der obigen Überlegungen zu T.

2. Schritt: $T = P_1(B)$:

Jede konstante Funktion f_b liegt in T, da $f_b = (f_b \cap \bar{\pi}) \cup (f_b \cap \pi)$, ebenso die identische Abbildung $\pi = (f_0 \cap \bar{\pi}) \cup (f_1 \cap \pi)$. Somit liegen alle erzeugenden Elemente von $P_1(B)$ in T und es folgt $T = P_1(B)$.

3. Schritt: Je zwei Polynomfunktionen aus T sind voneinander verschieden:

Im Fall

$$(f_{d_{-1}} \cap \bar{\pi}) \cup (f_{d_1} \cap \pi) = (f_{e_{-1}} \cap \bar{\pi}) \cup (f_{e_1} \cap \pi),$$

stimmen die Funktionswerte der beiden Funktionen links und rechts an jeder Stelle $b \in B$ überein. Durch Einsetzen von $b = 1$ erhält man die Gleichung:

$$(d_{-1} \cap \bar{1}) \cup (d_1 \cap 1) = (e_{-1} \cap \bar{1}) \cup (e_1 \cap 1),$$

also $d_1 = e_1$. Analog liefert das Einsetzen von $b = 0$ die Gleichheit von d_{-1} und e_{-1}.

Das oben angegebene Normalformensystem heißt System der <u>disjunktiven Normalformen</u> von $P_k(B)$. Durch Dualisieren erhält man das System der <u>konjunktiven Normalformen</u> von $P_k(B)$. Es besteht aus der Menge aller Wörter

$$h = \bigcap_{(i_1,\dots,i_k)\in\{-1,1\}^k} f_{c_{i_1\dots i_k}} \cup \pi_1^{i_1} \cup \dots \cup \pi_k^{i_k}.$$

Die Namen "disjunktiv" und "konjunktiv" stammen daher, daß die jeweils auftretende "Hauptoperation" im einen Fall die Disjunktion "$\cup$", im anderen die Konjunktion "$\cap$" ist.

<u>Die Bestimmung der Normalformen aus den Werten einer Polynomfunktion:</u>

Sind die Werte einer Polynomfunktion p aus $P_k(B)$ bekannt, so kann man die disjunktive Normalform von p sofort angeben; es gilt nämlich:

$$p(1^{j_1},\dots,1^{j_k}) = \bigcup_{(i_1,\dots,i_k)\in\{-1,1\}^k} (d_{i_1\dots i_k} \cap (1^{j_1})^{i_1} \cap \dots \cap (1^{j_k})^{i_k}) = $$
$$= d_{j_1\dots j_k}$$

wegen

$$(1^j)^i = \begin{cases} 1 & \text{für } j = i \\ 0 & \text{für } j \neq i \end{cases}.$$

Da die Schreibweise der Polynomfunktionen mit Hilfe der konstanten Funktionen und der Projektionen nicht sehr übersichtlich ist, führt man zur Vereinfachung

ein. Solche erhält man auf natürliche Weise, wenn man beachtet, daß die durch ein Wort

$$w(f_{b_1},\dots,f_{b_l},\pi_1,\dots,\pi_k)$$

dargestellte Polynomfunktion aus $P_k(B)$ genau die Funktion

$$(x_1,\dots,x_k) \to w(b_1,\dots,b_l,x_1,\dots,x_k)$$

ist. Wir nennen jedes solche Wort ein (k-stelliges) Polynom über der betrachteten Booleschen Algebra. Jede Polynomfunktion ist durch Angabe ihrer Wortdarstellung, also durch das zugehörige Polynom eindeutig bestimmt.

Die Bestimmung der Normalformen einer Polynomfunktion aus einer Polynomdarstellung:

Ist eine Polynomfunktion über einer Booleschen Algebra durch ein Polynom gegeben, so hat man zur Bestimmung ihrer Normalformen zwei Methoden zur Verfügung:

Methode 1: Man formt zunächst das gegebene Polynom mit Hilfe der Regeln von de Morgan so um, daß die Operation "$^-$" jeweils direkt auf die x_i anzuwenden ist; sodann stellt man mit Hilfe der Gesetze 4.a) und 4.b) das Polynom in disjunktiver Form, d.h. durch die "$\cup$"-Verknüpfung von "$\cap$"-Termen dar; in jedem der erhaltenen Terme fügt man die nicht vorkommenden Variablen x_i durch Ergänzung durch $1 = x_i \cup \bar{x}_i$ ein; neuerliches Entwickeln nach den Gesetzen 4.a) und 4.b) und Zusammenfassen gleichartiger Terme liefert die disjunktive Normalform. Zur Ermittlung der konjunktiven Normalform geht man analog vor (Dualisieren des angegebenen Verfahrens).

Methode 2: Man berechnet aus dem die Polynomfunktion darstellenden Polynom die Koeffizienten der disjunktiven Normalform als Werte der zugehörigen Polynomfunktionen an den Stellen $(1^{i_1},\dots,1^{i_k})$.

Beispiel:

$p(x,y) = ((b \cup x) \cap \overline{(c \cup y)}) \cup y$. Ermittlung der disjunktiven Normalform nach Methode 1:

$$\begin{aligned} p(x,y) &= ((b \cup x) \cap (\bar{c} \cap \bar{y})) \cup y = (b \cap \bar{c} \cap \bar{y}) \cup (x \cap \bar{c} \cap \bar{y}) \cup y = \\ &= (b \cap \bar{c} \cap (x \cup \bar{x}) \cap \bar{y}) \cup (x \cap \bar{c} \cap \bar{y}) \cup ((x \cup \bar{x}) \cap y) = \\ &= ((b \cap \bar{c}) \cap x \cap \bar{y}) \cup ((b \cap \bar{c}) \cap \bar{x} \cap \bar{y}) \cup (\bar{c} \cap x \cap \bar{y}) \cup (x \cap y) \cup (\bar{x} \cap y) = \\ &= ((b \cap \bar{c}) \cap \bar{x} \cap \bar{y}) \cup (1 \cap \bar{x} \cap y) \cup (\bar{c} \cap x \cap \bar{y}) \cup (1 \cap x \cap y). \end{aligned}$$

Anwendung von Methode 2:

$p(0,0) = ((b \cup 0) \cap (\overline{c \cup \bar{0}})) \cup 0 = b \cap \bar{c} = d_{-1,-1}$

$p(0,1) = ((b \cup 0) \cap (\overline{c \cup \bar{1}})) \cup 1 = 1 \qquad = d_{-1,1}$

$p(1,0) = ((b \cup 1) \cap (\overline{c \cup \bar{0}})) \cup 0 = \bar{c} \qquad = d_{1,-1}$

$p(1,1) = ((b \cup 1) \cap (\overline{c \cup \bar{1}})) \cup 1 = 1 \qquad = d_{1,1}$

und wir erhalten die disjunktive Normalform in der oben angegebenen Gestalt.

Das vorgelegte Beispiel zeigt, daß die Normalformen im allgemeinen nicht die einfachsten Darstellungen von Polynomfunktionen sind.

Nun können wir auch die eingangs gestellte Frage nach der

Darstellbarkeit von Funktionen über Booleschen Algebren durch Polynomfunktionen

beantworten: Enthält eine Boolesche Algebra $\langle B,\cup,\cap,^{-},1,0\rangle$ unendlich viele Elemente, so gilt $P_1(B) \neq F_1(B)$ und daher auch $P_k(B) \neq F_k(B)$ für alle k aus $\mathbb{N}$ (s.Abschnitt IV.).

Enthält B endlich viele Elemente, etwa n, so gilt $|F_k(B)| = n^{n^k}$ ($k \in \mathbb{N}$). Jede (konjunktive oder disjunktive) Normalform einer k-stelligen Polynomfunktion ist eindeutig durch die Koeffizienten $c_{i_1 \ldots i_k}$ ($(i_1,\ldots,i_k) \in \{-1,1\}^k$) bestimmt, d.h. jede Normalform ist durch die Angabe der 2^k Koeffizienten festgelegt. Daher gilt $|P_k(B)| = n^{2^k}$ ($k \in \mathbb{N}$). Daraus folgt:

$|F_k(B)| = |P_k(B)|$ nur für n=1 und n=2.

Abgesehen vom trivialen Fall $|B| = 1$ *ist also genau in dem für die Algebra der Aussagen und Schaltungen relevanten Fall* $B = \{0,1\}$ *jede Funktion aus* $F_k(B)$ *eine Polynomfunktion bei beliebigem* k *aus* $\mathbb{N}$.

4. Zweipol - Serienparallelschaltungen

Wir wollen in diesem Abschnitt für Serienparallelschaltungen zwischen zwei Polen die in Abschnitt 1 erwähnten Hauptprobleme der Schaltalgebra: Analyse, Vereinfachung und Konstruktion behandeln.

Analyse von Schaltblöcken:

Jeder Serienparallelschaltblock $S(A_1,\ldots,A_n)$ entsteht aus $A_1,\ldots,A_n$ durch die in Abschnitt 1 beschriebenen Operationen $\cap$, $\cup$, $^{-}$, 1 , 0 , ist also mathematisch durch ein mit Hilfe dieser Operationen gebildetes Wort $w(A_1,\ldots,A_n)$ beschreibbar. Die zugehörige Stomführungsfunktion

$f_S \in F_n(\{0,1\})$: $(a_1,\ldots,a_n) \rightarrow s$ hat also für jedes $(a_1,\ldots,a_n)$ den Wert $w(a_1,\ldots,a_n)$; d.h. es gilt:

$$f_S = w(\pi_1,\ldots,\pi_n).$$

f_S ist somit für Serienparallelschaltungen stets eine Polynomfunktion aus $P_n\{0,1\}$. Die in $\{0,1\}$ gelegenen Werte dieser Polynomfunktion sind entweder durch Ausrechnen von $w(a_1,\ldots,a_n)$ für alle $(a_1,\ldots,a_n) \in \{0,1\}^n$ festzustellen, oder laut Abschnitt 3 aus dem Koeffizienten der disjunktiven oder konjunktiven Normalform von f_S abzulesen.

Beispiel:

Sei folgende Zweipol-Serienparallelschaltung mit den Schaltern A, B, C gegeben:

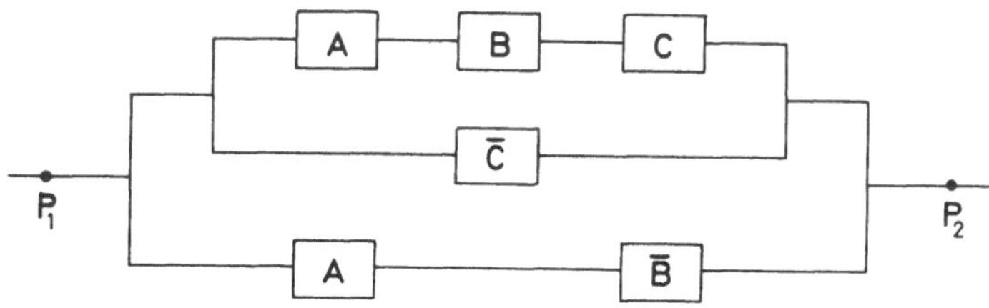

Abb. 15

Dann ist $S(A,B,C) = (A \cap B \cap C) \cup \bar{C} \cup (A \cap \bar{B})$ und die zugehörige Stromführungsfunktion lautet:

$f_S = (\pi_1 \cap \pi_2 \cap \pi_3) \cup \bar{\pi}_3 \cup (\pi_1 \cap \bar{\pi}_2)$, d.h. f_S wird dargestellt durch das Polynom $(x \cap y \cap z) \cup \bar{z} \cup (x \cap \bar{y})$. Die Wertetabelle dieser Funktion ist im Beispiel für den Vergleich von Schaltungen angegeben.

Auf den Prinzipien der Analyse beruht auch der

Vergleich von Schaltblöcken:

Jeder Serienparallelschaltblock $S(A_1,\ldots,A_n)$ hat eine Wortdarstellung $w(A_1,\ldots,A_n)$, mit deren Hilfe die zugehörige Stromführungsfunktion $f_S = w(\pi_1,\ldots,\pi_n)$ eindeutig beschrieben wird. Zwei Schaltblöcke $S(A_1,\ldots,A_n)$ und $T(A_1,\ldots,A_n)$ mit den Wortdarstellungen $w(A_1,\ldots,A_n)$ und $v(A_1,\ldots,A_n)$ (wobei nicht alle A_i in beiden Wörtern auftreten müssen) haben also genau dann dieselbe Stromführungsfunktion (und sind damit für die Praxis äquivalent), wenn $v(\pi_1,\ldots,\pi_n)$ und $w(\pi_1,\ldots,\pi_n)$ dieselbe Polynomfunktion aus

$P_n\{0,1\}$ darstellen. Die Äquivalenz von Schaltblöcken S,T mit den Wortdarstellungen $w(A_1,\ldots,A_n)$ und $v(A_1,\ldots,A_n)$ kann man also auf folgende drei Arten feststellen:

1. Durch Umformung von $w(A_1,\ldots,A_n)$ in $v(A_1,\ldots,A_n)$ mit Hilfe der Gesetze der Booleschen Algebren.

2. Durch Vergleich der Wertetabellen der durch die Polynome $w(x_1,\ldots,x_n)$ und $v(x_1,\ldots,x_n)$ dargestellten Polynomfunktionen $w(\pi_1,\ldots\pi_n)$ und $v(\pi_1,\ldots,\pi_n)$.

3. Durch Bestimmung und Vergleich der (disjunktiven oder konjunktiven) Normalform der beiden Polynomfunktionen $w(\pi_1,\ldots,\pi_n)$ und $v(\pi_1,\ldots,\pi_n)$.

Beispiel:

Wir verwenden die Schaltung aus obigem Beispiel: $S(A,B,C) = (A \cap B \cap C) \cup \bar{C} \cup (A \cap \bar{B})$. Weiters betrachten wir eine weitere Serienparallelschaltung T(A,B,C), die durch folgende Schaltskizze gegeben sei:

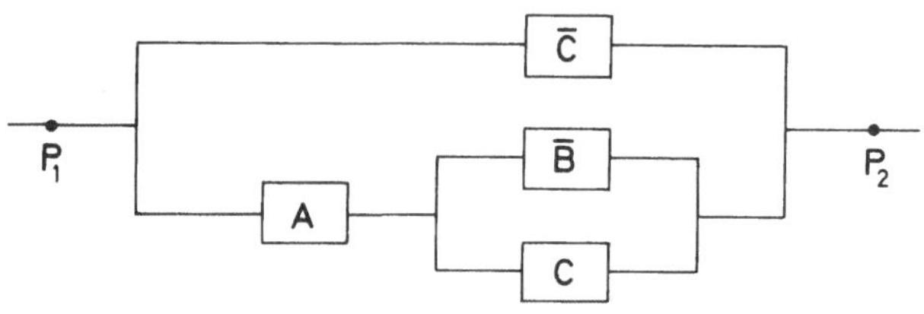

Abb. 16

Es ist also $T(A,B,C) = \bar{C} \cup (A \cap (C \cup \bar{B}))$ und die zugehörige Stromführungsfunktion lautet: $f_T = \bar{\pi}_3 \cup (\pi_1 \cap (\pi_3 \cup \bar{\pi}_2)$ und wird durch das Polynom $\bar{z} \cup (x \cap (z \cup \bar{y}))$ dargestellt.

1. Methode:

$$(x \cap y \cap z) \cup \bar{z} \cup (x \cap \bar{y}) = \bar{z} \cup ((x \cup x) \cap (x \cup \bar{y}) \cap (y \cup x) \cap (y \cup \bar{y}) \cap$$
$$\cap (z \cup x) \cap (z \cup \bar{y})) =$$
$$= \bar{z} \cup (x \cap (z \cup \bar{y})).$$

Also sind die beiden Serienparallelschaltungen äquivalent.

2. Methode:

Wir berechnen die Wertetabellen f_S und f_T:

x	y	z	f_S	f_T
0	0	0	1	1
0	0	1	0	0
0	1	0	1	1
0	1	1	0	0
1	0	0	1	1
1	0	1	1	1
1	1	0	1	1 .
1	1	1	1	1

Da die Wertetabellen von f_S und f_T übereinstimmen, sind die Schaltungen S und T äquivalent.

3. Methode:

Die disjunktive Normalform von f_S lautet:

$$f_S = (\bar{\pi}_1 \cap \bar{\pi}_2 \cap \bar{\pi}_3) \cup (\bar{\pi}_1 \cap \pi_2 \cap \bar{\pi}_3) \cup (\pi_1 \cap \bar{\pi}_2 \cap \bar{\pi}_3) \cup$$
$$\cup (\pi_1 \cap \bar{\pi}_2 \cap \pi_3) \cup (\pi_1 \cap \pi_2 \cap \bar{\pi}_3) \cup (\pi_1 \cap \pi_2 \cap \pi_3).$$

f_T hat dieselbe disjunktive Normalform, also sind S und T äquivalent.

Da man zur Berechnung der Normalformen entweder die gesamte Wertetafel von f_S bzw. f_T benötigt, oder umfangreiche Umformungen durchzuführen hat, benötigt man bei Anwendung dieser Methode im allgemeinen mehr Zeit als bei den beiden erstgenannten Methoden.

Konstruktion von Schaltblöcken:

Aus der jeweiligen konkreten Aufgabenstellung sind stets die zu verwendenden Schaltblöcke $A_1,\ldots,A_n$ und zumeist die zugrundeliegende vollständige Wertetabelle der Stromführungsfunktion des zu konstruierenden Blocks bekannt. Man kann auf Grund der Theorie aus Abschnitt 3 zu dieser Wertetabelle stets eine passende Polynomfunktion finden, deren disjunktive Normalform man etwa direkt aus der Wertetabelle erhält. Ist $w(x_1,\ldots,x_n)$ ein Polynom, welches diese Polynomfunktion darstellt, so ist diese gleich $w(\pi_1,\ldots,\pi_n)$ und die durch $w(A_1,\ldots,A_n)$ dargestellte Serienparallelschaltung eine Lösung des Problems.

Beispiel:

Gesucht ist eine Schaltung, die es ermöglicht, von n verschiedenen Schaltern aus eine Lichtanlage ein- bzw. auszuschalten. Die zu verwendenden Schaltblöcke sind in diesem Fall die n Schalter $A_1,\ldots,A_n$. Ist $(1,1,\ldots,1)$ eine Schalterstellung, bei der das Licht brennt, so gilt für den zu konstruierenden Block $S(A_1,\ldots,A_n)$:

$$f_S(1,\ldots,1) = 1$$

und daher $f_S(i_1,i_2,\ldots,i_n) = 0$, falls genau ein i_j den Wert 0 hat;

$f_S(i_1,\ldots,i_n) = 1$, falls genau zwei i_j den Wert 0 haben;

$f_S(i_1,\ldots,i_n) = 0$, falls genau drei i_j den Wert 0 haben, usw.

In der disjunktiven Normalform von f_S treten also genau alle möglichen Durchschnittsterme mit gerader Anzahl von Variablen $\bar{x}_i$ auf. Für $n = 4$ erhält man etwa

$f_S(i_1,i_2,i_3,i_4) = 1$, falls $i_1 = i_2 = i_3 = i_4 = 1$.

$f_S(i_1,i_2,i_3,i_4) = 0$, falls genau drei der i_j gleich 1 sind

$f_S(i_1,i_2,i_3,i_4) = 1$, falls genau zwei der i_j gleich 1 sind

$f_S(i_1,i_2,i_3,i_4) = 0$, falls genau ein i_j gleich 1 ist

$f_S(i_1,i_2,i_3,i_4) = 1$, falls $i_1 = i_2 = i_3 = i_4$ gleich Null sind.

Also ist die disjunktive Normalform von f gegeben durch:

$$\begin{aligned} f_S = & (\pi_1 \cap \pi_2 \cap \pi_3 \cap \pi_4) \cup (\bar{\pi}_1 \cap \bar{\pi}_2 \cap \pi_3 \cap \pi_4) \cup \\ & \cup (\bar{\pi}_1 \cap \pi_2 \cap \bar{\pi}_3 \cap \pi_4) \cup (\bar{\pi}_1 \cap \pi_2 \cap \pi_3 \cap \bar{\pi}_4) \cup \\ & \cup (\pi_1 \cap \bar{\pi}_2 \cap \bar{\pi}_3 \cap \pi_4) \cup (\pi_1 \cap \bar{\pi}_2 \cap \pi_3 \cap \bar{\pi}_4) \cup \\ & \cup (\pi_1 \cap \pi_2 \cap \bar{\pi}_3 \cap \bar{\pi}_4) \cup (\bar{\pi}_1 \cap \bar{\pi}_2 \cap \bar{\pi}_3 \cap \bar{\pi}_4) . \end{aligned}$$

Eine Lösung des Problems ist etwa die folgende Schaltung $S(A_1,A_2,A_3,A_4)$:

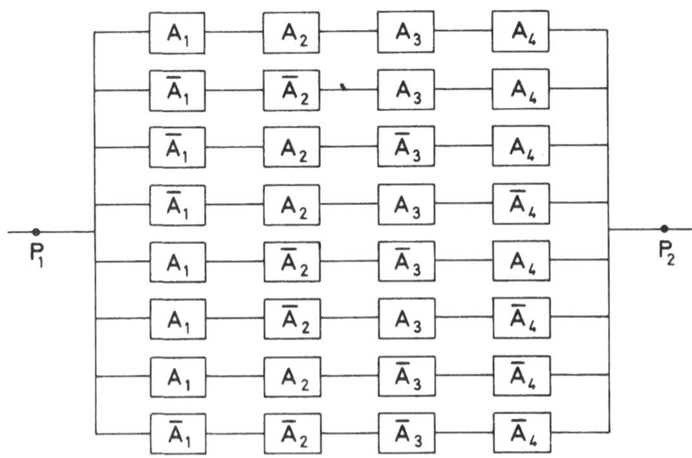

Abb. 17

Vereinfachung von Schaltblöcken:

Wir wollen nun versuchen, zu einer gegebenen Serienparallelschaltung eine dazu äquivalente Serienparallelschaltung zu finden, die möglichst "einfach" ist. Der Begriff "einfach" ist in diesem Zusammenhang schwer eindeutig festzulegen. Welche Schaltung für die Praxis einfacher ist, hängt oft von der gestellten Aufgabe ab. Einmal wird die Anzahl der benötigten Schaltblöcke (mehrfach auftretende mehrfach gezählt), ein zweites Mal die Anzahl der Verzweigungen des zu konstruierenden Netzes, ein drittes Mal die ausschließliche Verwendung gewisser Schaltblöcke für die Einfachheit ausschlaggebend sein.

Im allgemeinen versucht man zunächst, die Anzahl der zu verwendeten Blöcke zu reduzieren, um den Schaltplan übersichtlicher zu gestalten. Dazu stellen wir drei Methoden zur Verfügung (von denen zwei wesentlich verschieden sind).

1.Methode: *Vereinfachung der Stromführungsfunktion* f_S *durch Anwendung der Rechenregeln der Booleschen Algebra "nach Gefühl". Dabei kann es zweckmäßig sein, anstelle von* f_S *das Komplement* $f_{\bar{S}} = \overline{f_S}$ *zu vereinfachen und dann wieder zu* $\overline{f_{\bar{S}}} = f_S$ *überzugehen.*

Wir veranschaulichen diese Methode an der oben gewonnenen Lösung des Problems der Lichtanlage mit vier Schaltern.

Polynomdarstellung der disjunktiven Normalform:

$$\begin{aligned} f_S(x,y,z,t) &= (x \cap y \cap z \cap t) \cup (x \cap \bar{y} \cap \bar{z} \cap t) \cup (x \cap y \cap \bar{z} \cap \bar{t}) \cup \\ &\cup (x \cap \bar{y} \cap z \cap \bar{t}) \cup (\bar{x} \cap \bar{y} \cap z \cap t) \cup (\bar{x} \cap y \cap \bar{z} \cap t) \cup \\ &\cup (\bar{x} \cap y \cap z \cap \bar{t}) \cup (\bar{x} \cap \bar{y} \cap \bar{z} \cap \bar{t}) = \\ &= (x \cap [(y \cap z \cap t) \cup (\bar{y} \cap \bar{z} \cap t) \cup (y \cap \bar{z} \cap \bar{t}) \cup \\ &\cup (\bar{y} \cap z \cap \bar{t})]) \cup (\bar{x} \cap [(\bar{y} \cap z \cap t) \cup (y \cap \bar{z} \cap t) \cup \\ &\cup (y \cap z \cap \bar{t}) \cup (\bar{y} \cap \bar{z} \cap \bar{t})]) = \\ &= (x \cap R) \cup (\bar{x} \cap T) \text{ mit:} \end{aligned}$$

$$R = (y \cap [(z \cap t) \cup (\bar{z} \cap \bar{t})]) \cup (\bar{y} \cap [(\bar{z} \cap t) \cup (z \cap \bar{t})] \text{ und}$$

$$T = (\bar{y} \cap [(z \cap t) \cup (\bar{z} \cap \bar{t})]) \cup (y \cap [(\bar{z} \cap t) \cup (z \cap \bar{t})] \ .$$

Berücksichtigt man, daß $(z \cap t) \cup (\bar{z} \cap \bar{t})$ praktisch durch

realisiert wird, so ist $S(A_1,A_2,A_3,A_4)$ gegeben durch

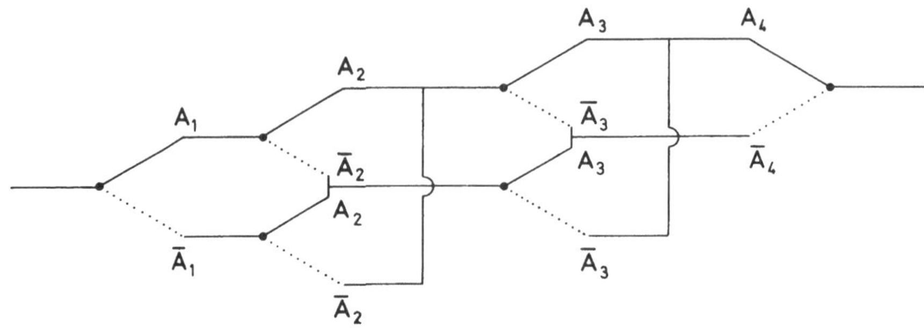

Abb. 18

Der Vorteil bei dieser Methode ist, daß man jede beliebige Darstellung von F als Ausgangspunkt wählen kann. Das Endresultat kann unter Umständen rasch erreicht werden, sobald nämlich eine praktisch leicht realisierbare Schaltung gefunden wurde. Allerdings hat disse Methode den Nachteil, daß sie nicht nach einem festen Schema, also algorithmisch, abläuft.

2.Methode: Das Verfahren von Quine und Mc Cluskey

Diese Methode läuft nach einem festen Verfahren ab, das die algebraischen Eigenschaften unseres mathematischen Modells ausnützt. Als Ausgangspunkt muß dafür eine Darstellung der Stromführungsfunktion der zu vereinfachenden Schaltung als Vereinigung von Durchschnittstermen (*auch* Minterme *genannt*) *zur Verfügung stehen, also eine Darstellung durch ein Polynom der Gestalt* $(x_{t_1}^{i_1} \cap \ldots \cap x_{t_k}^{i_k}) \cup \ldots \cup (x_{u_1}^{j_1} \cap \ldots \cap x_{u_l}^{j_l})$.

Erster Schritt: Zusammenfassung von Termen.

Man benützt dabei die Rechenregeln der Booleschen Algebren, um Terme zusammenzufassen, die sich nur durch einen Übergang $x_i \to \bar{x}_i$ *unterscheiden.* Man legt daher eine Liste der Minterme des Ausgangspolynomes der Stromführungsfunktion f an und ordnet diese Liste zunächst nach den auftretenden Buchstaben aus $x_1,\ldots,x_n$, sodann innerhalb dieser Gruppen mit denselben Buchstaben nach der Anzahl der Komplementbildungen. Die Terme mit den gleichen Buchstaben und gleich vielen Komplementen faßt man jeweils zu einer Gruppe zusammen.

Für je zwei benachbarte Gruppen mit gleichen Buchstaben untersucht man paarweise die Terme auf Zusammenfaßbarkeit. Die Vereinigung aller nicht zusammenfaßbaren Terme und der Resultate der Zusammenfassungen ergeben eine neue Darstellung von f, auf die das Verfahren erneut angewendet werden kann.

Mehrfach auftretende Terme werden nur einmal aufgenommen. Man setzt dieses Verfahren so lange fort, bis keine Zusammenfassungen mehr möglich sind. Die erhaltenen Terme nennt man reduzierte Terme oder Primimplikanten. Zur Kontrolle, daß keine Terme vergessen wurden, numeriert man die Terme und ordnet den zusammengefaßten Termen jeweils beide Nummern zu. Am Ende des Vorganges muß jede Nummer mindestens einmal auftreten.

Beispiel:

Sei f_S gegeben in der disjunktiven Normalform, dargestellt durch das Polynom:

$$\begin{aligned} f_S(x,y,z,t) = {} & (x \cap \bar{y} \cap z \cap t) \cup (x \cap \bar{y} \cap z \cap \bar{t}) \cup \\ & \cup (x \cap \bar{y} \cap \bar{z} \cap \bar{t}) \cup (\bar{x} \cap y \cap z \cap t) \cup \\ & \cup (\bar{x} \cap y \cap z \cap \bar{t}) \cup (\bar{x} \cap y \cap \bar{z} \cap t) \cup \\ & \cup (\bar{x} \cap y \cap \bar{z} \cap \bar{t}) \cup (\bar{x} \cap \bar{y} \cap z \cap t) \cup \\ & \cup (\bar{x} \cap \bar{y} \cap \bar{z} \cap \bar{t}). \end{aligned}$$

Wie im Schritt 1. angegeben, legen wir folgende Tabelle an:

Tabelle 1: (geordnete Liste)

Nr.	Term
1	$x\ \bar{y}\ z\ t$
2	$\bar{x}\ y\ z\ t$
3	$x\ \bar{y}\ z\ \bar{t}$
4	$\bar{x}\ y\ z\ \bar{t}$
5	$\bar{x}\ y\ \bar{z}\ t$
6	$\bar{x}\ \bar{y}\ z\ t$
7	$x\ \bar{y}\ \bar{z}\ \bar{t}$
8	$\bar{x}\ y\ \bar{z}\ \bar{t}$
9	$\bar{x}\ \bar{y}\ \bar{z}\ \bar{t}$

Tabelle 2: (nach Zusammenfassung)

Nr.	Term
1,3	$x\ \bar{y}\ z$
1,6	$\bar{y}\ z\ t$
2,4	$\bar{x}\ y\ z$
2,5	$\bar{x}\ y\ t$
2,6	$\bar{x}\ z\ t$
3,7	$x\ \bar{y}\ \bar{t}$
4,8	$\bar{x}\ y\ \bar{t}$
5,8	$\bar{x}\ y\ \bar{z}$
7,9	$\bar{y}\ \bar{z}\ \bar{t}$
8,9	$\bar{x}\ \bar{z}\ \bar{t}$

Tabelle 3: (neugeordnete Liste)

Nr.	Term
1	$x\ \bar{y}\ z$
2	$\bar{x}\ y\ z$
3	$\bar{x}\ y\ \bar{z}$
4	$\bar{y}\ z\ t$
5	$\bar{y}\ \bar{z}\ \bar{t}$
6	$\bar{x}\ y\ t$
7	$x\ \bar{y}\ \bar{t}$
8	$\bar{x}\ y\ \bar{t}$
9	$\bar{x}\ z\ t$
10	$\bar{x}\ \bar{z}\ \bar{t}$

Tabelle 4 (neuerliches Zusammenfassen):

1	$x \; \bar{y} \; z$
2,3	$\bar{x} \; y$
4	$\bar{y} \; z \; t$
5	$\bar{y} \; \bar{z} \; \bar{t}$
6,8	$\bar{x} \; y$
7	$x \; \bar{y} \; \bar{t}$
9	$\bar{x} \; z \; t$
10	$\bar{x} \; \bar{z} \; \bar{t}$

Der zweifach auftretende Term $\bar{x} \cap y$ kann einmal gestrichen werden. Weitere Zusammenfassungen sind nach diesem Verfahren nicht mehr möglich. Man erhält also folgende sieben reduzierte Terme:

$$R_1 = \bar{x} \cap y, \quad R_2 = x \cap \bar{y} \cap z, \quad R_3 = \bar{y} \cap z \cap t, \quad R_4 = \bar{y} \cap \bar{z} \cap \bar{t},$$
$$R_5 = x \cap \bar{y} \cap \bar{t}, \quad R_6 = \bar{x} \cap z \cap t, \quad R_7 = \bar{x} \cap \bar{z} \cap \bar{t}.$$

2.Schritt: Streichen unnötiger reduzierter Terme.

Man verwendet dabei die Tatsache, daß in jeder Darstellung von f_S als Vereinigung von Durchschnittstermen die Funktion f_S genau dann an einer Stelle den Wert 1 annimmt, wenn mindestens einer der Terme dort den Wert 1 annimmt.

Für $f_S = T_1 \cup \ldots \cup T_n$ (T_i Durchschnittsterme, $i=1,\ldots,n$) mit den reduzierten Termen $R_1,\ldots,R_k$ ist also eine Auswahl aus den Termen $R_1,\ldots,R_k$ so zu treffen, daß genau dann mindestens einer der ausgewählten Terme den Wert 1 annimmt, wenn mindestens ein T_i den Wert 1 annimmt.

Systematisch geht man dabei so vor:

Man legt eine Tabelle mit $T_1,\ldots,T_n$ als Spalten und $R_1,\ldots,R_k$ als Zeilen an. Ist R_j in T_i enthalten, also R_j durch Streichen von Variablen aus T_i zu erhalten (das bedeutet, daß R_j Vereinigung von T_i mit irgendwelchen T_k ist), so setzt man ein Kreuz an den Schnittpunkt der j-ten Zeile mit der i-ten Spalte.

Stehen in der i-ten Spalte an den Schnittpunkten mit den Zeilen $j_1,\ldots,j_m$ jeweils Kreuze, so bedeutet dies: Ist der Wert von T_i an einer Stelle gleich 1, so sind die Werte von $R_{j_1},\ldots,R_{j_m}$ an dieser Stelle ebenfalls gleich 1.

Stehen in der j-ten Zeile an den Schnittpunkten mit den Spalten $i_1,\ldots,i_m$ jeweils Kreuze, so ist $R_j = T_{i_1} \cup \ldots \cup T_{i_m}$. Ist also der Wert von R_j an einer

Stelle gleich 1, so hat mindestens ein T_{i_k} an dieser Stelle den Wert 1. Daraus ergibt sich, daß man eine Auswahl von reduzierten Termen so treffen muß, daß in jeder Spalte wenigstens ein Kreuz verbleibt. Steht in einer Spalte nur ein einziges Kreuz, so ist der entsprechende reduzierte Term jedenfalls auszuwählen. Alle Spalten, in denen die entsprechende Zeile Kreuze enthält, sind damit auch erledigt und man kann alle diese Spalten streichen. Somit stehen in der verbleibenden Resttabelle in jeder Spalte mindestens zwei Kreuze. In diesem Fall hat man für die Auswahl mehrere Möglichkeiten. Welche Auswahl die beste ist, hängt in der Regel von der jeweiligen praktischen Problemstellung ab.

Fortsetzung des Beispiels aus Schritt 1: Wir numerieren die Terme T_i gemäß Tabelle 1.

	T_1	T_2	T_3	T_4	T_5	T_6	T_7	T_8	T_9
R_1		x		x	x			x	
R_2	x		x						
R_3	x					x			
R_4							x		x
R_5			x				x		
R_6		x				x			
R_7								x	x

Somit muß R_1 auf alle Fälle gewählt werden.

Resttabelle:

	T_1	T_3	T_6	T_7	T_9
R_2	x	x			
R_3	x		x		
R_4				x	x
R_5		x		x	
R_6			x		
R_7					x

Um mit möglichst wenig Termen auszukommen, ist es zweckmäßig, reduzierte Terme mit möglichst vielen Kreuzen aufzunehmen.

1. Möglichkeit: Man wählt R_2. Dann hat die Resttabelle folgendes Aussehen:

	T_6	T_7	T_9
R_3	x		
R_4		x	x
R_5		x	
R_6	x		
R_7			x

Somit ist die Auswahl durch R_4 und R_3 oder R_6 zu ergänzen, bzw. durch R_5, R_7 und R_3 oder R_6.

2. Möglichkeit: Man wählt R_3. Dann hat die Resttabelle folgendes Aussehen:

	T_3	T_7	T_9
R_2	x		
R_4		x	x
R_5	x	x	
R_7			x

Also ist die Auswahl zu ergänzen durch R_4 und R_2 oder R_5, bzw. durch R_5 und R_4 oder R_7.

Somit erhalten wir als einfachste Vereinigungsdarstellung von f_S folgende Möglichkeiten:

1. $f_S = R_1 \cup R_2 \cup R_4 \cup R_6$
2. $f_S = R_1 \cup R_2 \cup R_4 \cup R_3$
3. $f_S = R_1 \cup R_3 \cup R_4 \cup R_5$
4. $f_S = R_1 \cup R_3 \cup R_5 \cup R_7$

Der Vorteil des Verfahrens von Quine und Mc Cluskey liegt in seinem algorithmischem Ablauf. Der Nachteil liegt darin, daß es nur auf eine Darstellung von f_S als Vereinigung von Durchschnittstermen anwendbar ist. Oft kann man das Ergebnis der Reduzierung von f_S nach Quine - Mc Cluskey durch Anwendung der Methode 1. für die praktische Realisierung verbessern.

3.Methode: Die Tafeln von Karnaugh (Veitch-Diagramme).

Es handelt sich dabei im wesentlichen um eine graphische Veranschaulichung des Verfahrens von Quine-Mc Cluskey. Die Zusammenfassung (Schritt 1 des Verfahrens von Quine-Mc Cluskey) wird dargestellt durch eine Anordnung, in der zusammenfaßbare Terme benachbart liegen.

Als Ausgangspunkt dient die Darstellung der zu vereinfachenden Stromführungsfunktion f_S *in* n *Variablen in ihrer disjunktiven Normalform.*

Für gerades n wählt man eine Tafel von $2^{n/2} \times 2^{n/2}$ Feldern, für ungerades n eine von $2^{(n-1)/2} \times 2^{(n+1)/2}$ Feldern. Es wird nun der Hälfte der Spalten das x_1, der anderen Hälfte das $\bar{x}_1$ zugeordnet; der Hälfte der Zeilen das x_2, der anderen das $\bar{x}_2$. Dann wieder der Hälfte der Spalten das x_3, der anderen Hälfte das $\bar{x}_3$; diese Zuordnung muß jedoch gegenüber der für x_1 und $\bar{x}_1$ so verschoben sein, daß gleich viele Kombinationen x_1x_3, $x_1\bar{x}_3$, $\bar{x}_1x_3$, $\bar{x}_1\bar{x}_3$ auftreten; ebenso geht man für x_4 mit den Zeilen vor, usw. Dadurch wird jedem Feld der Tafel eine Kombination $x_1^{i_1},\ldots,x_n^{i_n}$ ($i_j = \pm 1$) zugeordnet. Für jeden der in der disjunktiven Normalform von f_S auftretenden Terme $x_1^{i_1} \cap \ldots \cap x_n^{i_n}$ wird im entsprechenden Feld ein Kreuz eingesetzt. Zwei Felder, deren zugeordnete Kombinationen $x_1^{i_1},\ldots,x_n^{i_n}$ bzw. $x_1^{j_1},\ldots,x_n^{j_n}$ sich nur durch einen verschiedenen Exponenten $i_m \neq j_m$ unterscheiden, können zusammengefaßt werden (entsprechend dem Anfang des Verfahrens von Quine-Mc Cluskey). Das trifft jedenfalls auf waagrecht oder senkrecht benachbarte Felder zu (aber nicht nur auf solche!) Allgemein können (den weiteren Zusammenfassungen im Quine-Verfahren entsprechend) "Blöcke" von $2^i \times 2^j$ Feldern gebildet werden. Jeder maximale Block entspricht einem reduzierten Term. Aus den Blöcken ist dann eine Auswahl so zu treffen, daß jedes angekreuzte Feld in mindestens einem ausgewählten Block liegt.

Beispiel:

Für das bei Methode 2 behandelte Beispiel sieht die Tafel von Karnaugh so aus:

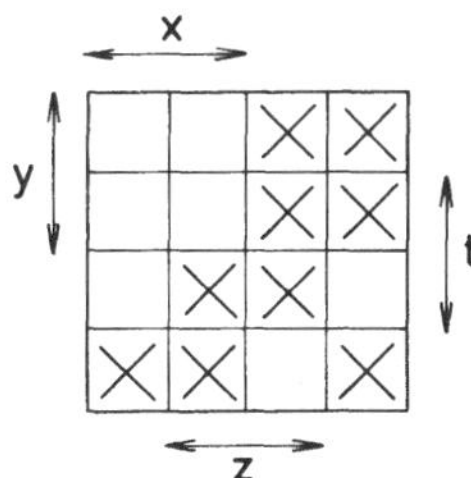

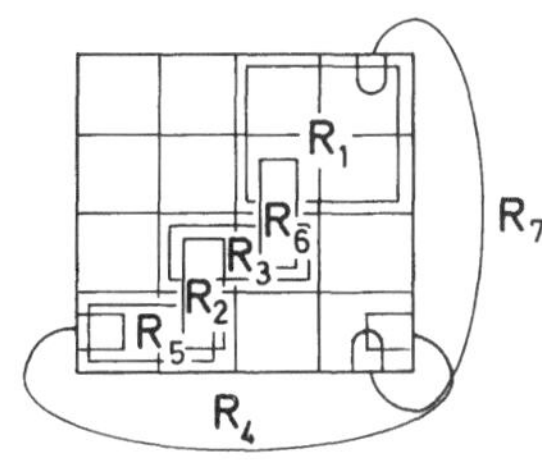

Die Zusammenfassung ergibt:

$R_1 = \bar{x} \cap y$; $R_2 = x \cap \bar{y} \cap z$; $R_3 = \bar{y} \cap z \cap t$; $R_4 = \bar{y} \cap \bar{z} \cap \bar{t}$;

$R_5 = x \cap \bar{y} \cap \bar{t}$; $R_6 = \bar{x} \cap z \cap t$; $R_7 = \bar{x} \cap \bar{z} \cap \bar{t}$.

Der Vorteil dieses Verfahrens liegt für kleines n in seiner Übersichtlichkeit und dem geringen Schreibaufwand.

Die Nachteile liegen in der Voraussetzung des Vorliegens der disjunktiven Normalform von f_S und im (vor allem für größere n) häufigen Auftreten von im Schema nicht benachbarten zusammenfaßbaren Feldern.

Beispiel:

Sei f_S gegeben durch:

$f_S(x,y,z,t,u) = (x \cap y \cap z \cap t \cap u) \cup (x \cap y \cap \bar{z} \cap t \cap u) \cup$

$\cup (x \cap \bar{y} \cap z \cap \bar{t} \cap u) \cup (\bar{x} \cap y \cap \bar{z} \cap t \cap u) \cup (x \cap \bar{y} \cap z \cap \bar{t} \cap u) \cup$

$\cup (\bar{x} \cap y \cap \bar{z} \cap \bar{t} \cap \bar{u}) \cup (\bar{x} \cap y \cap z \cap t \cap u)$.

Die Tafel von Karnaugh sieht in diesem Fall so aus:

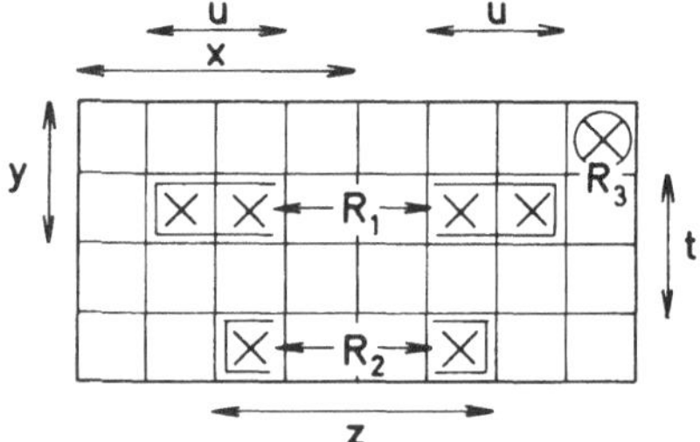

Reduzierte Terme:

$R_1 = y \cap t \cap u$; $R_2 = \bar{y} \cap z \cap \bar{t} \cap u$; $R_3 = \bar{x} \cap y \cap \bar{z} \cap \bar{t} \cap u$.

Zum Abschluß bemerken wir, daß man durch Dualisieren Verfahren zur Vereinfachung von Stromführungsfunktionen f_S erhält, die als Durchschnitt von Vereinigungstermen bzw. in konjunktiver Normalform vorliegen.

5. Allgemeine Schaltungen

Bisher haben wir nur Zweipol-Serienprallelschaltungen behandelt. Aber nicht jede in der Praxis vorkommende Schaltung ist eine solche. Zunächst behandeln wir

Allgemeine Zweipol-Schaltungen

Ein Beispiel einer solchen ist die sogenannte Brückenschaltung:

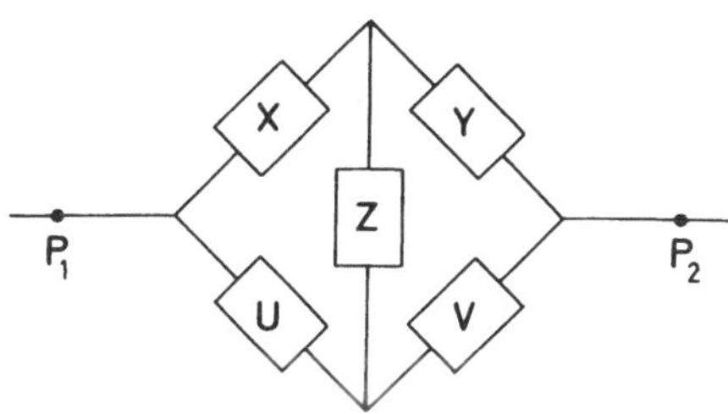

Abb. 19

Da auch die Stromführungsfunktion f_S einer solchen Nichtserienparallelschaltung $S(A_1,\ldots,A_n)$ eine Funktion von $\{0,1\}^n$ in $\{0,1\}$ ist und jede Funktion von $F_n(\{0,1\})$ eine Polynomfunktion ist, die somit durch eine Zweipol-Serienparallelschaltung realisiert werden kann (siehe Abschnitt 6.), existiert zu jeder allgemeinen Zweipol-Schaltung eine dazu äquivalente Zweipol-Serienparallelschaltung.

Ermittlung einer äquivalenten Zweipol-Serienparallelschaltung:

1.Methode: *Beachtet man, daß Strom genau dann zwischen den beiden Polen fließt, wenn es mindestens einen Weg zwischen ihnen gibt, über den Strom fließt, so ergibt sich eine äquivalente Serienparallelschaltung durch das Parallelschalten aller Wege (die ja nichts anderes als Serienschaltungen sind) zwischen den beiden Polen.*

Diese Schaltung hat den Nachteil, im allgemeinen verhältnismäßig kompliziert zu sein; außerdem ist das Aufsuchen aller Wege zwischen den beiden Polen oft recht mühsam.

2.Methode: *Man berechnet die Stromführungsfunktion der vorliegenden Zweipol-Schaltung und ermittelt daraufhin eine dieser Funktion entsprechende Zweipol-Serienparallelschaltung nach den Methoden des vorigen Abschnitts.* Diese Methode verwendet man in der Regel, wenn größere Teile der Wertetabelle schon bekannt sind.

Das Grundprinzip einer weiteren Methode ist die

Knoten-Masche-Transformation:

Ist eine "Sternschaltung" gegeben (siehe Abb. 20), so erhält man eine dazu äquivalente Schaltung, indem man je zwei Pole K_i und K_j durch

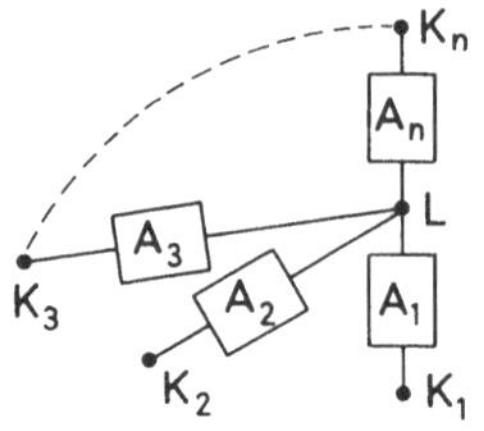

Abb. 20

einen Schaltblock der Gestalt:

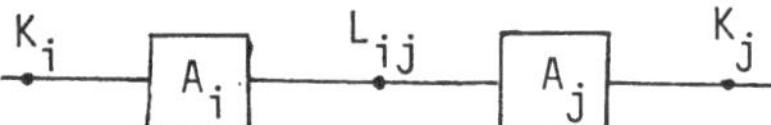

verbindet:

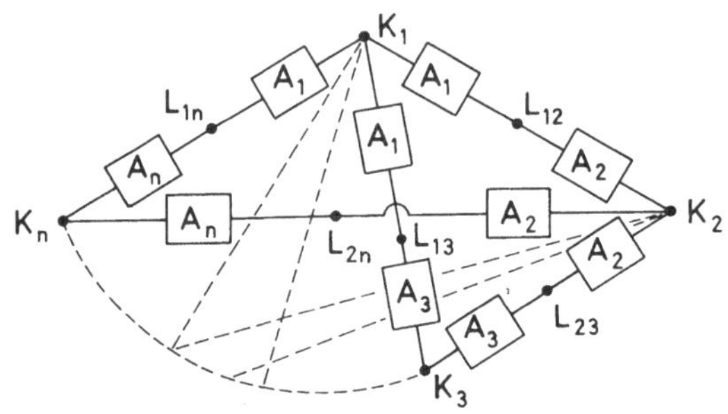

Abb. 21

Man hat bei dieser Transformation den "Knoten" L aufgelöst in "Knoten" L_{ij}. Faßt man die Schaltungen als Graphen auf, mit $K_1,\ldots,K_n$ als Knoten und $A_1,\ldots,A_n$ als (bewertete) Kanten - beachte: Es können mehere A_i gleich sein - so bedeutet diese Transformation das Auflösen eines Knotens von Grad n in $\frac{n(n-1)}{2}$ Knoten vom Grad 2.

Da Schaltblöcke, die nicht Serienparallelschaltungen sind, nur durch Knoten vom Grad $n \geq 3$ entstehen können, liegt es nahe, solche Knoten mit Hilfe der Knoten-Masche-Transformation aufzulösen, um zu einer äquivalenten Serienparallelschaltung zu gelangen.

3.Methode: Algorithmus unter Verwendung der Knoten-Masche-Transformation:

1.Schritt: *Zusammenfassung jener Teile des Schaltblocks, die keine Serienparallelschaltungen sind, zu Unterblöcken.* Diese Teile brauchen nicht weiter transformiert zu werden.

2.Schritt: *Auf einen der verbleibenden Knoten* L *(mit möglichst großem Grad* n) *auf den durch* L *und die benachbarten Knoten* $K_1,\dots,K_n$ *gebildeten Stern die Knotenmasche-Transformation anwenden. Das Ergebnis anstelle des Sterns in den Schaltblock einsetzen.*

Das Verfahren wird so lange wiederholt bis eine Serienparallelschaltung vorliegt.

Beispiel

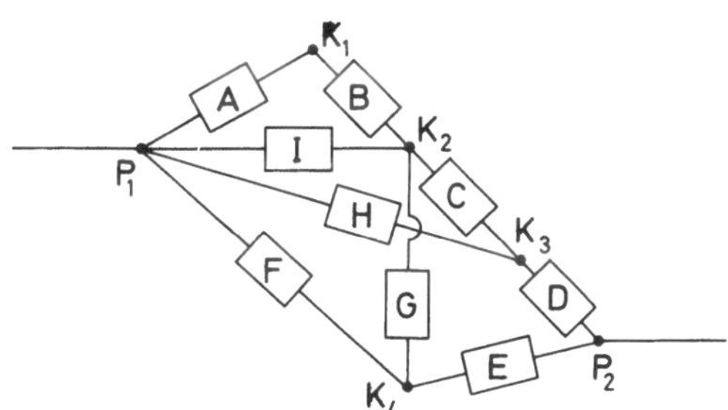

1.Schritt:

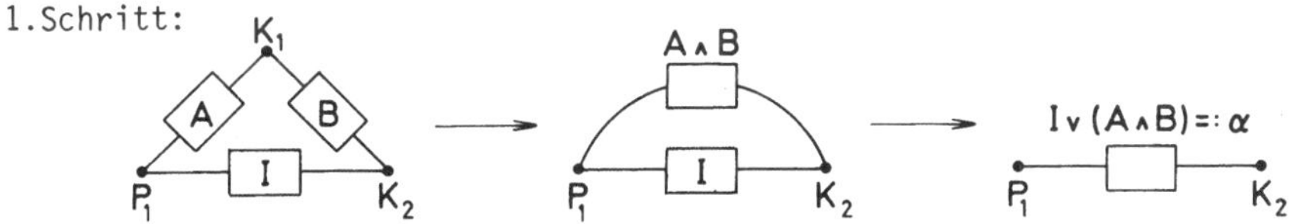

ergibt:

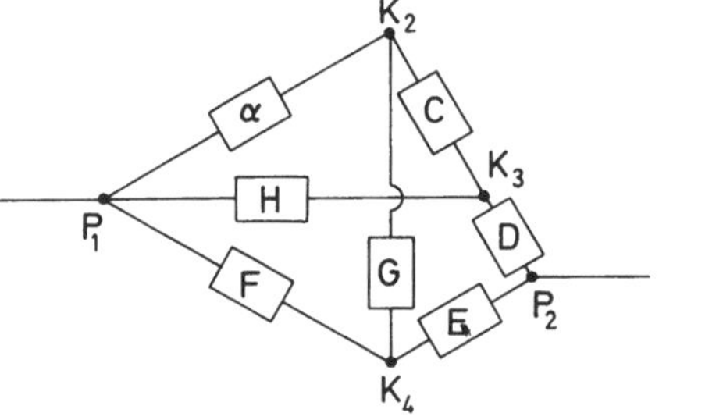

2.Schritt:

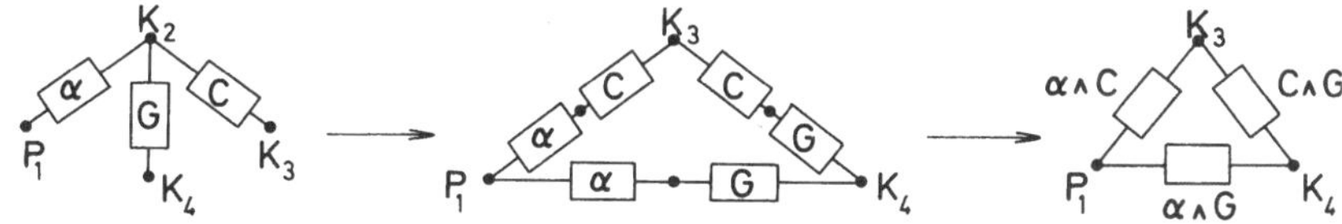

ergibt:

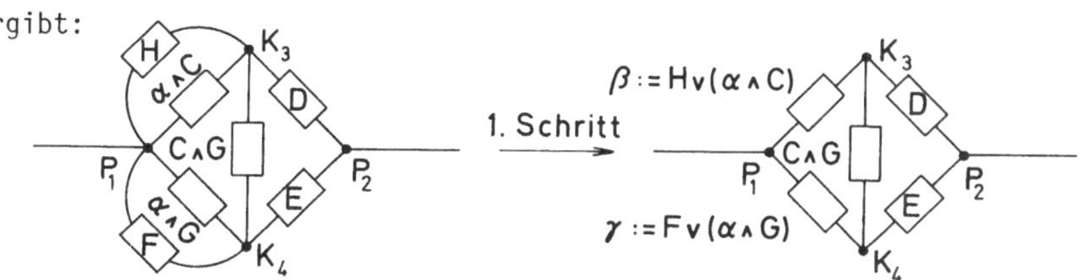

2.Schritt:

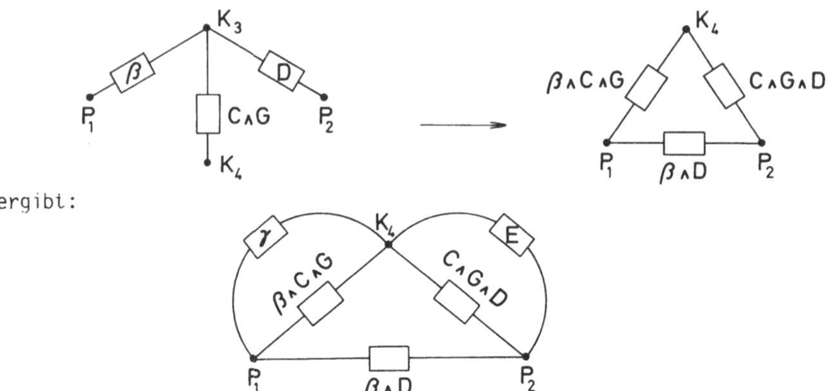

ergibt:

Wir erhalten somit folgende äquivalente Serienparallelschaltung:

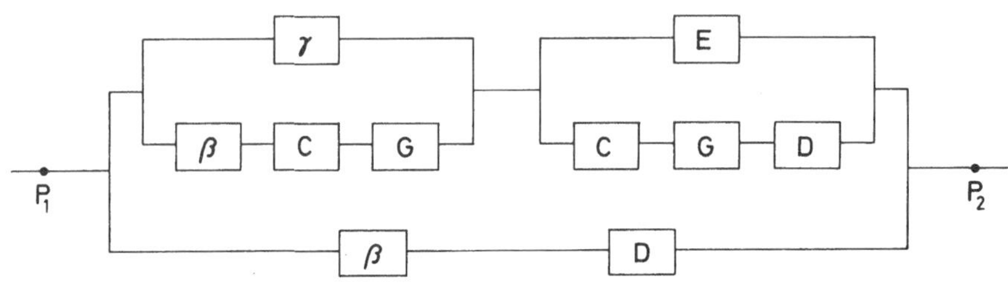

Abb. 22

Darin sind β und γ noch durch die entsprechenden Serienparallelschaltungen zu ersetzen.

Zum Abschluß dieses Abschnittes beschäftigen wir uns noch mit

n-Pol-Schaltungen:

Unter einer n-Pol-Schaltung versteht man eine Schaltung mit n Anschlüssen nach außen.
Für jede Auswahl von Polen P_i und P_j kann man die Schaltung als Zweipol-Schaltung auffassen und deren Stromführungsfunktion bestimmen. Man erhält dabei Stromführungsfunktionen f_{ij}, die man in einer (n,n)-Matrix, der sogenannten Stromführungsmatrix, zusammenfassen kann. Die Ermittlung der f_{ij} und die Transformation der auftretenden allgemeinen Zweipol-Schaltungen in dazu äquivalente Serienparallelschaltungen kann mit den bereits vorgestellten Methoden durchgeführt werden.

Bei der Ermittlung der f_{ij} ist wieder zu beachten, daß alle Wege zwischen

P_i und P_j zu berücksichtigen sind. Da bei komplizierteren Schaltnetzen leicht Wege vergessen werden können, ist es oft zweckmäßig, zunächst nur jene Wege zwischen P_i und P_j zu betrachten, die über keinen "Zwischenpol" P_k laufen. Man erhält so die sogenannte reduzierte Stromführungsmatrix $(r_{ij})_{i,j=1,\ldots,n}$.

Berechnung von (f_{ij}) aus (r_{ij}):

Für jede feste Kombination $(a_1,\ldots,a_k)$ der Stromführungswerte der "Bausteine" $A_1,\ldots,A_k$ der n-Pol-Schaltung $S(A_1,\ldots,A_k)$ sind $(f_{ij}(a_1,\ldots,a_k))$ und $(r_{ij}(a_1,\ldots,a_k))$ (n,n)-Matrizen mit Koeffizienten aus $\{0,1\}$. Diese Matrizen stellen die folgenden Relationen dar:

a) $(f_{ij}(a_1,\ldots,a_k))$ die Relation ρ, definiert durch

$P_i \rho P_j \Leftrightarrow$ es fließt Strom von P_i nach P_j im Zustand $a_1,\ldots,a_k$, der Blöcke $A_1,\ldots,A_k$.

b) $(r_{ij}(a_1,\ldots,a_k))$ die Relation σ definiert durch

$P_i \sigma P_j \Leftrightarrow$ es fließt Strom von P_i nach P_j im Zustand $a_1,\ldots,a_k$ der Blöcke $A_1,\ldots,A_k$ auf einem Weg, der keinen Zwischenpol P_h enthält.

Dabei hat man natürlich $P_i \sigma P_i$ und $P_i \rho P_i$ für $i=1,\ldots,n$ zu setzen. Man erkennt nun sofort, daß gilt:

$P_i(\sigma\circ\sigma) P_j \Leftrightarrow$ es gibt ein P_h (eventuell $P_h=P_i$ oder $P_h=P_j$) mit $P_i \sigma P_h$, $P_h \sigma P_j$, d.h. es gibt einen Weg mit höchstens einen Zwischenpol von P_i nach P_j, über den im Zustand $a_1,\ldots,a_k$ Strom fließt.

Durch analoge Überlegungen erhält man schließlich $\rho = \sigma\circ\sigma\circ\ldots\circ\sigma((n-1)\text{-mal})$, sodaß gilt (siehe Kapitel IV.5.):

$$(f_{ij}(a_1,\ldots,a_k)) = (r_{ij}(a_1,\ldots,a_k))^{n-1}$$

bezüglich der Booleschen Operationen auf der Menge $\{0,1\}$, definiert durch

+	0	1
0	0	1
1	1	1

·	0	1
0	0	0
1	0	1

6. Gatter

In der Elektronik stehen zur Konstruktion von Schaltungen Bausteine zur Verfügung, die gewisse, oft auftretende Stromführungsfunktionen realisieren.

Man nennt diese Bausteine Gatter. *Zur graphischen Darstellung eines Gatters, welches die Funktion* $f \in F_n\{0,1\}$ *realisiert, ist es zweckmäßig, die* n *Variablen von* f *als Eingänge, den Funktionswert als Ausgang aufzufassen.*

Gatter für die Grundoperationen:

Zunächst führen wir jene Typen von Gattern ein, die die Grundoperationen der Booleschen Algebra beschreiben.

1. Das UND-Gatter realisiert die Schaltfunktion

$$f(x_1,x_2,\ldots,x_n) = x_1 \cap x_2 \cap \ldots \cap x_n \quad (n \geq 2).$$

Symbolisch stellt man das UND-Gatter(AND-Gatter) auf folgende Weise dar:

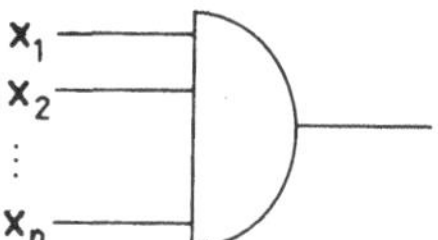

2. Das ODER-Gatter (OR-Gatter) realisiert die Schaltfunktion
$f(x_1,x_2,\ldots,x_n) = x_1 \cup x_2 \cup \ldots \cup x_n$ $(n \geq 2)$ und wird symbolisch dargestellt durch:

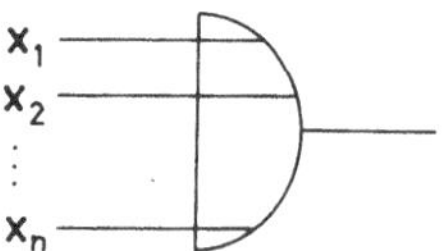

3. Das NICHT-Gatter (NOT-Gatter) beschreibt die Komplementbildung $\bar{x}$, hat also nur den Eingang x und als Ausgang $\bar{x}$:

Bei der Zusammensetzung komplexer Schaltungen aus Gattern ist zu beachten, daß die Ausgänge zweier Gatter niemals direkt miteinander verbunden werden dürfen (dafür steht ja das ODER-Gatter zur Verfügung) und daß ein Eingang eines Gatters nicht an den Ausgang des selben Gatters angeschlossen wird. Eine analoge Rückkoppelung würde im Fall einer Verbindung eintreten, die auf den Umweg über andere Gatter den Ausgang eines Gatters mit einem Eingang des selben verbindet. Solche Schleifen sind also nicht zulässig.

Als Beispiel stellen wir die von uns gefundene Lösung des zu Beginn des Kapitels gestellten Standardproblems in Form einer Gatterschaltung dar, d.h. wir realisieren die Schaltfunktion

$$f(x_1,x_2,x_3,x_4) = (x_1 \cap x_2 \cap x_3 \cap x_4) \cup (\bar{x}_1 \cap \bar{x}_2 \cap x_3 \cap x_4) \cup (x_1 \cap \bar{x}_2 \cap \bar{x}_3 \cap x_4) \cup (x_1 \cap x_2 \cap \bar{x}_3 \cap \bar{x}_4) \cup (\bar{x}_1 \cap x_2 \cap x_3 \cap \bar{x}_4) \cup (\bar{x}_1 \cap x_2 \cap \bar{x}_3 \cap x_4) \cup (x_1 \cap \bar{x}_2 \cap x_3 \cap \bar{x}_4) \cup (\bar{x}_1 \cap \bar{x}_2 \cap \bar{x}_3 \cap \bar{x}_4):$$

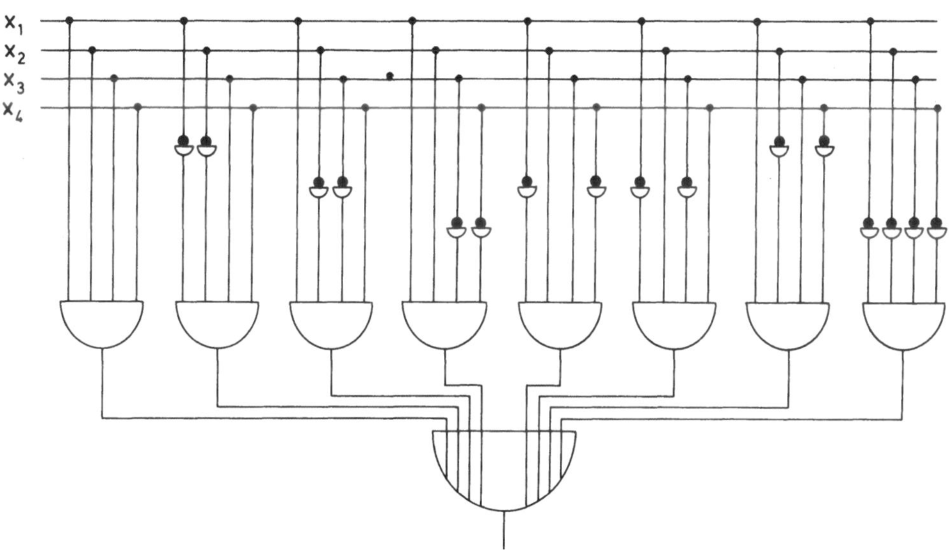

Abb. 23

Weitere Gattertypen:

Die wichtigsten weiteren Gatter, die serienmäßig produziert werden, und daher meist zur Verfügung stehen, sind das NAND- und das NOR-Gatter.

1. Das NAND-Gatter (NOT-AND-Gatter) realisiert die Funktion

$$f(x_1,\ldots,x_n) = \overline{x_1 \cap \ldots \cap x_n} = \bar{x}_1 \cup \ldots \cup \bar{x}_n .$$

Graphische Darstellung:

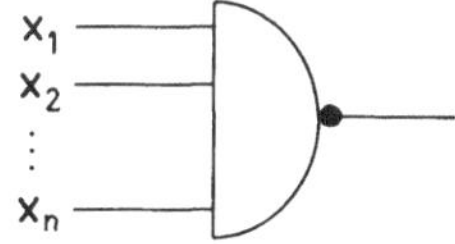

Kurzschreibweise für n=2: $f(x_1,x_2) = x_1 \mid x_2$.

2. Das NOR-Gatter (NOT-OR-Gatter) realisiert die Funktion

$$f(x_1,\ldots,x_n) = \overline{x_1 \cup \ldots \cup x_n} = \bar{x}_1 \cap \ldots \cap \bar{x}_n.$$

Graphische Darstellung:

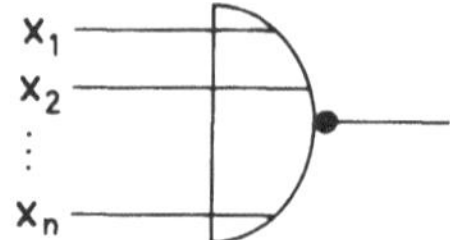

Kurzschreibweise für n=2: $f(x_1,x_2) = x_1 \downarrow x_2$.

NAND- und NOR-Gatter sind vor allem deshalb von großer Bedeutung, weil mit ihrer Hilfe jede Schaltfunktion realisiert werden kann. Diese Tatsache erkennt man daraus, daß die Grundoperationen $\cup$, $\cap$ und $\bar{\ }$ der Booleschen Algebra durch wiederholtes Anwenden von NAND bzw. NOR erhalten werden können:

$$\bar{x} = \bar{x} \cup \bar{x} = x \mid x ,$$

$$x \cup y = \bar{\bar{x}} \cup \bar{\bar{y}} = \bar{x} \mid \bar{y} = (x \mid x) \mid (y \mid y) ,$$

$$x \cap y = \bar{\bar{x}} \cap \bar{\bar{y}} = \overline{\bar{x} \cup \bar{y}} = \overline{x \mid y} = (x \mid y) \mid (x \mid y).$$

Die Ermittlung der Darstellung der Grundoperationen durch NOR überlassen wir dem Leser (Aufg. 17).

Es sei noch vermerkt, daß die beiden zweistelligen Operationen $\mid$ (auch Shefferstrich genannt) und $\downarrow$ (Pierce-Pfeil) nicht das Assoziativgesetz erfüllen. Also Achtung auf die Klammersetzung!

7. Das Grundprinzip sequentieller Schaltwerke

Bei allen bisherigen Schaltungen war der Wert der Stromführungsfunktion nur von den Zuständen der einzelnen Bausteine $A_1,\dots,A_n$ abhängig. Speziell hatten frühere Zustände keinen Einfluß auf spätere. Solche Schaltblöcke - die man kombinatorische Schaltungen nennt - können also keine Information speichern. Um Schaltblöcke mit "Gedächtnis" zu erhalten, verwendet man

Verzögerungselemente:

Unter einem solchen versteht man ein Schaltungselement mit einem Eingang und einem Ausgang, in dem die Ausgabe zu jedem Zeitpunkt $t = i$ *gleich der Eingabe zum Zeitpunkt* $t = i-1$ *ist.*

Aus kombinatorischen Schaltungen und Verzögerungselementen kann man die sogenannten sequentiellen Schaltungen aufbauen. Beim Aufbau ist zu beachten:

(i) Der Ausgang einer kombinatorischen Schaltung oder eines Verzögerungselementes dient als Eingang für eine beliebige Zahl von kombinatorischen Schaltungen oder Verzögerungselementen.

(ii) Jeder Eingang eines kombinatorischen Schaltblocks oder eines Verzögerungselementes wird aus dem Ausgang von höchstens einem kombinatorischen Schaltblock oder eines Verzögerungselementes gewonnen.

(iii) Es dürfen keine "Endlosschleifen" entstehen.

Beispiel: Addierwerk für natürliche Zahlen

Zur automatischen Addition stellt man die Zahlen im Binärsystem dar:

$$k = k_n 2^n + k_{n-1} 2^{n-1} + \ldots + k_1 2 + k_o = k_n \ldots k_o \quad (\text{alle } k_i \in \{0,1\}).$$

Die Addition k + m erfolgt nun wie im Zehnersystem, beginnend mit der letzten Stelle. Ist $k_o + m_o = 0$ oder 1, so ist die letzte Stelle des Resultats $k_o + m_o$; im Fall $k_o + m_o = 2$ (= 10 im Binärsystem) schreibt man als letzte Stelle 0 und es bleibt als Übertrag 1 für die vorletzte Stelle, usw.

Die Addition zweier Stellen x,y ist also zu realisieren durch die beiden kombinatorischen Schaltungen:

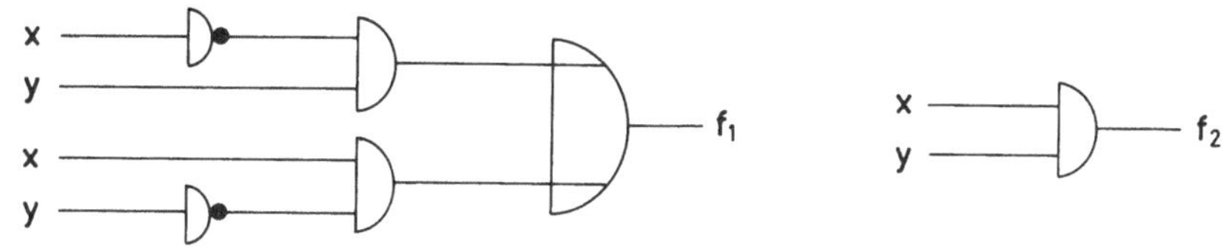

(f_1 = letzte Stelle, f_2 = Übertrag).

Analog kann die Summe dreier Stellen realisiert werden.

Die Verwendung des Übertrags im nächsten Schritt wird schalttechnisch durch ein Verzögerungselement f erreicht. Man erhält also folgendes Schema für ein Addierwerk (Eingabe zum Zeitpunkt t = i: k_i, m_i):

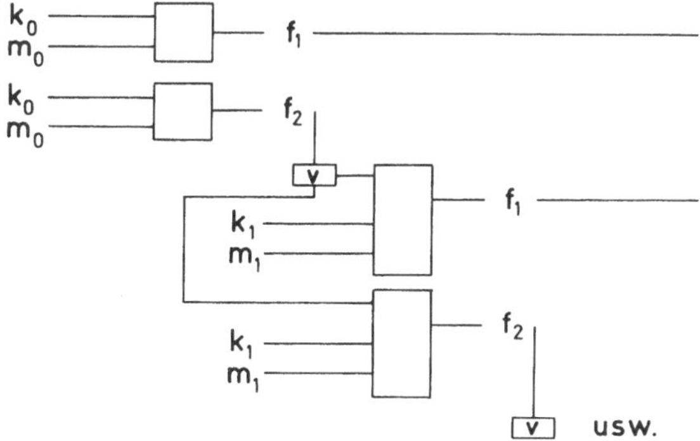

Flip-Flops:

Wie für kombinatorische Schaltungen gibt es auch für sequentielle Netzwerke Standardbausteine, die man Flip-Flops nennt. Ein einfaches Beispiel eines solchen ist etwa das folgende:

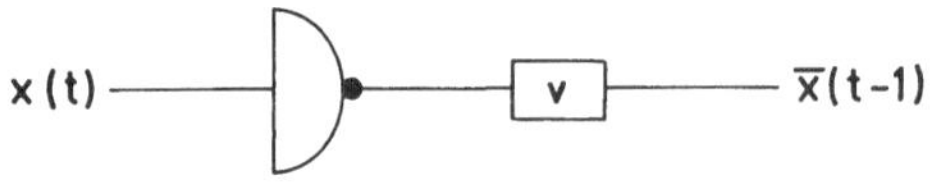

$$x(t) \longrightarrow \boxed{v} \longrightarrow \bar{x}(t-1) \qquad (t = \text{Zeit}).$$

Mit Hilfe von Flip-Flops, AND- und OR- Gattern können die Zustands-Überführungsfunktionen von Automaten realisiert werden. Bezüglich der Details verweisen wir auf die zitierte Literatur.

8. Boolesche Algebra und Logik

Wie bereits im 1.Abschnitt dargelegt wurde, entsprechen die mit Hilfe der Verknüpfungen $\cap$ (und), $\cup$ (oder) , $\bar{\ }$ (Negation) 1,0 gebildeten Aussageformen genau den Serienparallelschaltungen. Man kann also speziell die in den Abschnitten 3 und 4 erklärten Methoden auch auf Aussageformen anwenden. Wir wollen die Interpretation dieser Methoden in der Logik kurz darlegen. In der Logik treten außer den oben genannten Verknüpfungen von Aussagen noch

Implikation und Äquivalenz

auf: Implikation $A \Rightarrow B$ "aus A folgt B"
Äquivalenz $A \Leftrightarrow B$ "A genau dann wenn B"

Diese beiden Verknüpfungen entsprechen Gattern der Schaltalgebra und können mit Hilfe der Grundoperationen dargestellt werden:

$$\begin{aligned} A \Rightarrow B &= \bar{A} \cup B \\ A \Leftrightarrow B &= (A \cap B) \cup (\bar{A} \cap \bar{B}) = (\bar{A} \cup B) \cap (\bar{B} \cup A) = \\ &= (A \Rightarrow B) \cap (B \Rightarrow A). \end{aligned}$$

Die Analyse und der Vergleich von Aussageformen

$S(A_1,\dots,A_n)$ erfolgt wie die Analyse von Schaltungen durch Berechnung der Werte der zugehörigen Wahrheitsfunktion $f_S:(a_1,\dots,a_n) \to s$. (Man nennt diesen Vorgang in der Logik meist das "Aufstellen der Wahrheitstafel von $S(A_1,\dots,A_n)$".). Der Vergleich von Aussageformen geschieht - in Analogie zum Vergleich von Schaltungen - durch Vergleich der Wahrheitstafeln, durch Umformen der einen Aussageform in die andere oder durch Vergleich der Normalformen.

Die Vereinfachung von Aussageformen

kann auch mit denselben Methoden wie die Vereinfachung von Schaltungen durchgeführt werden (Umformung, Quine-Mc Cluskey-Methode, Veitchdiagramme).

Die für die Interpretation brauchbarste vereinfachte Form ist in der Logik meist eine Darstellung der Wahrheitsfunktion (und damit der Aussageform) in disjunktiver Form, d.h. als $\bigcup$ von $\cap$-Termen: da $\bigcup$ die "oder"-Verknüpfung von Aussagen ist, bedeutet eine solche Darstellung die Aufzählung aller Kombinationen von Wahrheitswerten von Aussagen aus $\{A_1,\ldots,A_n\}$, unter denen die Gesamtaussage $S(A_1,\ldots,A_n)$ wahr ist.

Beispiel:

Jemand möchte gerne möglichst viele Personen aus einem Personenkreis A,B, C einladen, wobei folgende Nebenbedingungen erfüllt werden sollen:

1. A und B sollen nicht gleichzeitig eingeladen werden.
2. A soll dann und nur dann eingeladen werden, wenn C eingeladen wird.
3. B wird nur dann eingeladen, wenn C eingeladen wird.

Wer wird eingeladen?

Zur Lösung des Problems stellen wir die zugehörige Aussageform auf. Die Bedingung 1. bedeutet $A \Rightarrow \bar{B}$, und $B \Rightarrow \bar{A}$, Bedingung 2. ergibt: $A \Leftrightarrow C$, und Bedingung 3. heißt: $B \Rightarrow C$. Damit erhalten wir

$$S(A,B,C) = (\bar{A} \cup \bar{B}) \cap (\bar{B} \cup \bar{A}) \cap [(A \cap C) \cup (\bar{A} \cap \bar{C})] \cap (\bar{B} \cup C)$$

d.h. $f_S(a,b,c) = (\bar{a} \cup \bar{b}) \cap (\bar{b} \cup \bar{a}) \cap [(a \cap c) \cup (\bar{a} \cap \bar{c})] \cap (\bar{b} \cup c) =$
$= (\bar{b} \cup (\bar{a} \cap c)] \cap [(\bar{a} \cup c) \cap (a \cup \bar{c})]$.

Da $(\bar{a} \cup a) = (c \cup \bar{c}) = 1$ und $(\bar{b} \cup a) \cap (\bar{c} \cup \bar{b}) \cap \bar{b} = \bar{b}$, erhält man nach einigen Umformungen $f_S(a,b,c) = (\bar{a} \cap \bar{b} \cap \bar{c}) \cup (a \cap \bar{b} \cap c)$.

Daher ist

$(\bar{A} \cap \bar{B} \cap \bar{C}) \cup (A \cap \bar{B} \cap C)$ eine zu $S(A,B,C)$ äquivalente Aussageform.
Aus dieser disjunktiven Darstellung liest man sofort die Möglichkeiten ab:

1. $\bar{A} \cap \bar{B} \cap \bar{C}$ niemand wird eingeladen
2. $A \cap \bar{B} \cap C$ A und C werden eingeladen.

Daher das Gesamtergebnis: A und C werden eingeladen.

Man kann solche Aufgabenstellungen stets auch durch Aufstellen der Wahrheitstafel von $S(A_1,\ldots,A_n)$ lösen: die Werte "1" in dieser Wahrheitstafel sind ja genau die von 0 verschiedenen Koeffizienten der disjunktiven Normalform der Wahrheitsfunktion und liefern daher eine disjunktive Darstellung von $S(A_1,\ldots,A_n)$.

Für das obige Beispiel erhält man etwa:

A	B	C	$\bar{A} \cup \bar{B}$	$A \cap C$	$\bar{A} \cap \bar{C}$	$(A \cap C) \cup (\bar{A} \cap \bar{C})$	$\bar{B} \cup C$	f_S
0	0	0	1	0	1	1	1	1
0	0	1	1	0	0	0	1	0
0	1	0	1	0	1	1	0	0
0	1	1	1	0	0	0	1	0
1	0	0	1	0	0	0	1	0
1	0	1	1	1	0	1	1	1
1	1	0	0	0	0	0	0	0
1	1	1	0	1	0	1	1	0

Man darf also entweder niemanden oder nur A und C einladen.

Das Problem der Konstruktion logischer Aussageformen tritt in der Praxis seltener auf; wir begnügen uns mit der Feststellung, daß auch dieses Problem analog zum Konstruktionsproblem der Schaltungen gelöst werden kann.

Aufgaben

1. Zeigen Sie: Sind a,b,c Elemente in einer Booleschen Algebra , für welche die Bedingungen gelten: $a \cap b = a \cap c$, $a \cup b = a \cup c$, dann folgt b=c. Interpretieren Sie diese Aussage in der Schaltalgebra, indem Sie a,b und c als Schaltblöcke auffassen.

2. Sei n eine natürliche Zahl, die Produkt von paarweise verschiedenen Primzahlen (d.h. quadratfrei) ist und T die Menge aller Teiler von n in $\mathbb{N}$. Zeigen Sie, daß T bezüglich der durch

   $t_1 \cup t_2 = \text{kgV}(t_1,t_2)$ und

   $t_1 \cap t_2 = \text{ggT}(t_1,t_2)$

   definierten Operationen $\cup$ und $\cap$ ein Verband ist. Bestimmen Sie in diesem Verband die Elemente 0 und 1 und zeigen Sie, daß dieser Verband sogar eine Boolesche Algebra ist (wie ist die Operation $^-$ zu definieren ?) .

3. Auf der Menge $\mathbb{N}$ ist durch $a \leq b \Leftrightarrow a|b$ eine Halbordnung definiert. Geben Sie den zugehörigen Verband an und interpretieren Sie die Verbandsoperationen .

4. Auf $M = \{2,3,4,5,10,12,20,60\}$ ist durch $a \leq b \Leftrightarrow a|b$ eine Halbordnung definiert. Zeigen Sie: Diese Halbordnung induziert keinen Verband.

5. Gegeben sei die Menge $M:\{a,b,c,d,e\}$. Suchen Sie alle jene Halbordnungen, die auf dieser Menge Verbände induzieren (betrachten Sie aus jeder Klasse zueinander isomorpher Relationensysteme $\langle M,\leq \rangle$ nur einen Vertreter). Erstellen Sie die zugehörigen Hasse-Diagramme. Welche dieser Verbände sind distributiv (Gesetze 4a und 4b) ?

6. Untersuchen Sie, ob die Menge $A = \{x \in \mathbb{Q} \mid x^3 < 3\}$ bezüglich der üblichen "kleiner"-Relation "<" ein Supremum bzw. Infimum in $\mathbb{Q}$ besitzt .

7. Zeichnen Sie das Hasse-Diagramm des Untergruppenverbandes der Gruppe S_4.

8. a) Konstruieren Sie eine Boolesche Algebra auf der Trägermenge $B = \{0,1,c,d\}$. Wieviele Lösungen gibt es ?

b) Bestimmen Sie zur Funktion $\{\overline{[(\pi_1 \cap \bar{f}_c) \cup (\pi_1 \cap \pi_3)]} \cup \pi_1\} \cup f_d$ über der in a) konstruierten Booleschen Algebra die disjunktive Normalform durch direkte Berechnung der Koeffizienten.

9. Lösen Sie Aufgabe 8b) durch Anwenden der Rechengesetze.

1o. Erstellen Sie die Stromführungsfunktion der folgenden Schaltung:

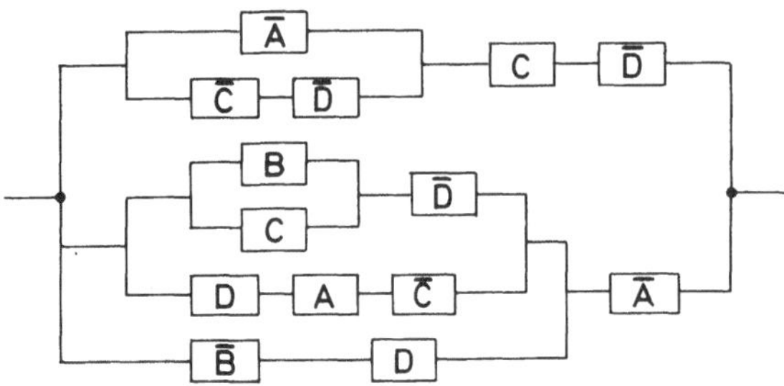

11. Der Tresor einer Bank ist durch 5 voneinander verschiedene Schlösser gesichert; zu jedem dieser Schlösser hat genau einer der 5 Bankangestellten (Direktor, 2 Kassiere, 2 weitere Angestellte) den Schlüssel. Die elektrisch gesteuerte Verriegelung des Tresors soll sich nur dann öffnen, wenn mindestens 3 der Schlösser betätigt werden, darunter entweder jenes des Direktors oder jene beider Kassiere. Erstellen Sie die disjunktive Normalform der Stromführungsfunktion für die Entriegelung und konstruieren Sie eine möglichst einfache Entriegelungsschaltung.

12. Für Abstimmungen in einem 4-köpfigen Gremium gelten folgende Regeln: Stimmenthaltung unzulässig; die Abstimmung erfolgt dadurch, daß jedes Mitglied des Gremiums einen bei seinem Platz angebrachten Schalter in eine der beiden möglichen Stellungen "Ja" bzw. "Nein" bringt. Ein grünes Licht leuchtet bei Annahme eines Antrages auf, ein rotes bei Ablehnung. Bei Stimmengleichheit leuchten beide Lichter auf. Erstellen Sie die disjunktiven Normalformen der beiden Stromführungsfunktionen und vereinfachen Sie diese. Skizzieren Sie eine entsprechende, möglichst einfache Schaltung.

13. Minimisieren Sie nach dem Verfahren von Quine-McCluskey

$$f(x,y,z,t) = (\bar{x} \cap \bar{y} \cap \bar{z} \cap \bar{t}) \cup (\bar{x} \cap \bar{y} \cap z \cap \bar{t}) \cup (\bar{x} \cap y \cap z \cap \bar{t}) \cup$$
$$\cup (x \cap \bar{y} \cap \bar{z} \cap \bar{t}) \cup (x \cap y \cap \bar{z} \cap \bar{t}) \cup (x \cap y \cap z \cap \bar{t}) \cup$$
$$\cup (x \cap y \cap z \cap t).$$

14. Vereinfachen Sie mit Hilfe der Tafeln von Karnaugh:

$$f(x,y,z,t) = (\bar{x} \cap \bar{y} \cap \bar{z} \cap \bar{t}) \cup (\bar{x} \cap y \cap \bar{z} \cap t) \cup (\bar{x} \cap y \cap z \cap t) \cup$$
$$\cup (x \cap \bar{y} \cap z \cap t) \cup (x \cap y \cap z \cap t).$$

15. Bestimmen Sie zu folgender Schaltung mit dem Algorithmus der Knoten-Masche-Transformation eine äquivalente Serien-Parallelschaltung:

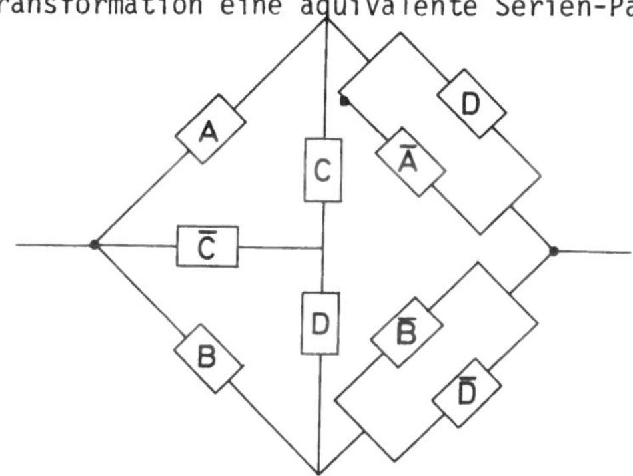

16. Gegeben sei ein Gatter, das die Funktion $f(x,y) = \bar{x} \cup y$ realisiert. Kann mit solchen Gattern jede Schaltfunktion dargestellt werden, wenn die konstanten Funktionen f_0 und f_1 als zusätzliche Eingänge zur Verfügung stehen?

17. Stellen Sie die Grundoperationen $\cap$, $\cup$ und $^{-}$ der Schaltalgebra durch NOR-Gatter dar.

18. Berechnen Sie Polynomdarstellungen für die Funktionen r_{ij} $(i,j = 1,\ldots,4)$ des in der Skizze angegebenen Schaltblocks. Bestimmen Sie daraus die Werte von f_{ij} für $(a,b,c,d,e) = (1,1,0,1,0)$.

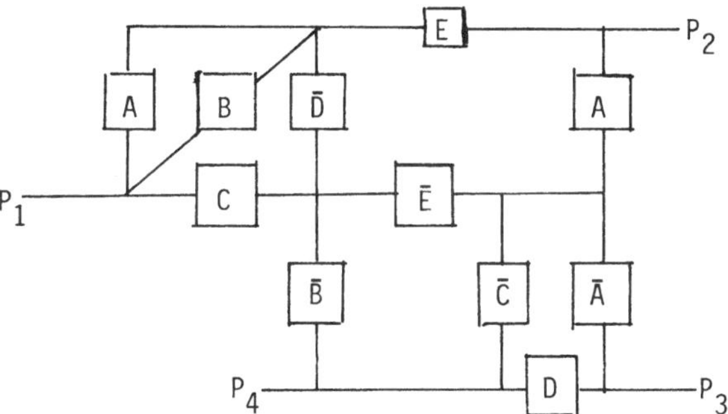

19. Von vier Personen ist bekannt, daß zwei immer lügen und die anderen immer die Wahrheit sagen. Die erste Person behauptet, daß die zweite lüge; die zweite sagt: "Wenn die vierte Person lügt, so auch die dritte"; die vierte behauptet schließlich, daß die erste und die dritte Person gleich oft die Wahrheit sagen. Ermitteln Sie die beiden Lügner auf algebraischem Weg:
    a) durch Umformung der den obigen Aussagen entsprechenden Aussageform ;
    b) durch Erstellen der Wahrheitstafel .

Literatur

[1] S.Adelfio - C.Nolan: Principles and applications of Boolean algebra für electronic engineers. Iliffe Books Ltd., London 1964.

[2] G.Birkhoff - T.Bartee: Angewandte Algebra. R.Oldenbourg Verlag, München - Wien 1973.

[3] H.Bürger - D.Dorninger - W.Nöbauer: Boolesche Algebra und Anwendungen. Österreichischer Bundesverlag, Wien 1974.

[4] H.Deller: Boolesche Algebra. Diesterweg - Salle, Frankfurt-Berlin-München 1976.

[5] W.Dörfler: Mathematik für Informatiker, Band 1. Carl Hanser Verlag, München-Wien 1977.

[6] G.Grätzer: Lattice Theory. Freeman, San Francisco 1971.

[7] G.Hotz: Schaltkreistheorie. De Gruyter, Berlin-New York 1974.

[8] S.Lee: Modern Switching Theory and Digital Design. Prentice-Hall Inc., Englewood Cliffs, N.J. 1978.

[9] U.Weyh: Elemente der Schaltungsalgebra. R.Oldenbourg, München-Wien 1968.

[10] J.Whitesitt: Boolesche Algebra und ihre Anwendungen. Vieweg, Braunschweig 1968.

Sachverzeichnis

Abbildung 8
-, inverse 9
-, lineare 48
Abbildungen, Verknüpfung von 9
abelsche Gruppen 19
- - als Codes 135
abgeschlossen gegenüber Operationen 184
abzählbare Menge 1o
Addierwerk 239
adjazent 163
Adjazenzmatrix eines gerichteten Graphen 172
algebraisches Komplement 1oo
Alphabet 181
Analyse von Schaltblöcken 218
AND-Gatter 236
Anführer von Nebenklassen 136
antisymmetrisch 7
äquivalente Codes 14o
Äquivalenzklasse 7
Äquivalenzrelation 7
-, von f induzierte 1o
Assoziativgesetz 18
Aussage, falsche 2o8
-, wahre 2o8
Austauschsatz von Steinitz 44
Automaten als Graphen 175
- als heterogene Algebren 2o1
- als Relationensysteme 2o1
- als Semimoduln 2o1
Automorphismus 28, 38, 48, 185

Bahn 17o
Basis eines Vektorraums 42
- - -, kanonische 44
Basismatrix 138
BCH-Codes 153
bewerteter gerichteter Graph 168
bijektiv 9
Bild unter f 23
binäre Relation 6
Binärkanal,symmetrischer 129
Blockcode 127
Boolesche Algebra 211
Brückenschaltung 231
Buchstaben 181

charakteristisches Polynom 116
Codewort 127
Codierung 123
-, lineare 138
- mit erzeugendem Polynom 146
-, systematische 127
Cramersche Regel 1o4

darstellbar durch Funktionen 196
Decodierung 124
$\delta_{i\ell}$ 99

de Morgan, Regeln von 11 , 212
Determinante 94
- einer Matrix 96
Determinanten, Multiplikationssatz für 98
Determinantenfunktion 94
-, Multilinearität der 94
-, Schiefsymmetrie der 95
Differenzmenge 5
Dimension eines Vektorraums 46
direktes Produkt 188
Disjunktion 2o8
Distributivgesetz 36 , 211
Division von Relationen 161
dualer Code 14o
- Satz 211
dualisieren 211
Dualitätsprinzip 211
Durchschnitt von Mengen 6

Eigenraum 116
Eigenvektor 116
Eigenwert 116
einfache Algebra 186
Eingabealphabet 127
Eingabefolgen, äquivalente 2o2
Einheitsmatrix 86
Einheitsvektor 112
Elemente einer Menge 3
-, erzeugende 27
elementare Umformungen 87
Empfangswort 128
Endknoten 163
Endomorphismus 28, 48, 185
Entwicklung einer Determinante 1oo
Ereignis 12
Ereignisse, unabhängige 14
-, unvereinbare 13
Erkennungsschema 128
Erzeugendensystem 26, 185
erzeugendes Polynom 144
Euklidischer Vektorraum 111

Faktoralgebra 187
Faktoren eines direkten Produkts 12
Faktorgruppe 3o
Faktorhalbgruppe 3o
Faktormodul 49
Faktorring 39
falsche Aussage 2o8
Fehlerbündel 149
Fehlererkennung 128
-, in Gruppencodes 136
Fehlerkorrektur 128
-, in Gruppencodes 136
Fehlermuster 135
Fehlerwort 135
Fehlstände 23
Flip-Flop 24o
freie Algebra 189
Funktion, identische 9
-, konstante 9, 39

Funktion, k-stellige 12
Funktionenalgebra, volle k-stellige 194
Funktionenring 39

ganze Zahlen 4
Gatter 236
AND-Gatter 236
NAND-Gatter 237
NICHT-Gatter 236
NOR-Gatter 237
ODER-Gatter 236
OR-Gatter 236
UND-Gatter 236
Gaußscher Algorithmus 92
- -, erweiterter 1o6
Generatormatrix 138
gerichteter Kantenfolge 17o
gerichteter Graph 164
Gesetz 182
GF(q) 67
GF(p)-Code, induzierter 154
Gleichungssystem, homogenes 91
-, inhomogenes 91
-, lineares 9o
Golay-Code 151
Grad eines Knotens 163,164
- - Polynoms 51
Gramsche Determinante 11o
Graph, bewerteter gerichteter 168
-, gerichteter 164
-, ungerichteter 162
Graphen, isomorphe 167
Grundmenge 18o
Gruppe 19
-, abelsche 19
-, alternierende 25
-, kommutative 19
- Ordnung einer 21
-, symmetrische 22
-, zyklische 27

Halbdiagonalform 86,9o
Halbgruppe 18
Halbordnung 7
Hamming-Code 15o
- - , erweiterter 152
Hamming-Distanz 13o
Hamming-Gewicht 135
Hasse-Diagramm 214
Hauptdiagonale einer Matrix 87
Herleitung von Gesetzen 183
heterogene Algebra 199
- Operation 199
Hingrad 164
homomorphes Bild 28
Homomorphiesatz 31, 187
Homomorphismus 28, 37, 48, 185, 2oo

Ideal 38
Index 33
- einer heterogenen Operation 199

Indexmenge 1o
Induktion, vollständige 4
Infimum 213
injektiv 9
Integritätsbereich 36
Interpolationsformel v.Lagrange 58
- v. Newton 6o
interpolierbar 196,197
inverses Element 19
Inversion 23
inzident 163
Isomorphismus 28, 38, 48, 185
Kanal 125
-, symmetrischer 129
Kanalcodierung 125
-, Prinzip der 126
Kanten eines Graphen 162
Kantenfolge 168
Kantenzug 168
Karnaugh, Tafeln von 228
kartesisches Produkt 5, 11
Kern eines Homomorphismus 32
Knoten, Abstand zweier 169
- eines Graphen 162
Knoten-Masche-Transformation 231
Koeffizient eines Polynoms 51
kombinatorische Schaltung 238
Kommutativgesetz 19
Komplement 5
-, algebraisches 1oo
Komplementärraum 47
Komponenten 12
Komposition von linearen Abbildungen 84
- 2-stelliger Relationen 16o
Kongruenz(relation) 3o, 38, 48, 186
kongruenzverträglich 195
Konjunktion 2o8
Kontrollmatrix 14o
-, reduzierte 153
Kontrollpolynom 146
Kontrollsymbol 127
Körper 37
Korrektur durch Anführer der Nebenklassen 137
Korrekturschema 128
- für lineare Codes 141
-, vollständiges 128
Kreis (in einem Graphen) 168
Kürzungsregel 36

Lagrange, Formel von 58
Länge eines Vektors 111
Laplace, Entwicklungssatz von 99
linear abhängig 43
- unabhängig 43
Linearcode 138
lineare Hülle 42
linearer Code 138
Linearkombination 42
linksinverses Element 2o
Linksnebenklasse 33
Linksnebenklassenzerlegung 33
linksneutrales Element 2o

Matrix 82
-, adjungierte 1o3
-, Halbdiagonalform einer 86
-, inverse 1o2
-, Rang einer 86
-, reguläre 1o2
-, transponierte 1o3
Matrizen, Multiplikation von 85
-, orthogonale 114
Mehrfachkanten 162
Menge 3
-, Elemente einer 3
-, leere 3
Mengen, Durchschnitt von 6
-, Vereinigung von 6
Minimalabstand von Codewörtern 13o
Minimalpolynom-Codes 152
Minor 1o1
Minterm 224
Modul 4o
Monoid 19
-, freies 192
- eines Automaten 23o

Nachrichtenwort 127
neutrales Element 19
Newton, Formel von 6o
Normalform 195
-, disjunktive 216
-, konjunktive 216
Normalformenproblem 195
Normalformensystem 195
Normalteiler 31
normierter Vektor 112
n-Pol-Schaltung 234
Nullelement (einer Halbgruppe) 19
Nullmatrix 83
Nullstelle eines Polynoms 51
-, k-fache 52
Nullteiler 19

oberer Nachbar 213
Obermenge 5
-, echte 5
Ω-Wort 181
Ω-Wortalgebra 181
Operation, binäre 18
-, n-stellige 179
-, nullstellige 18o
Ordnung einer Gruppe 21
- eines Gruppenelementes 27
- - Reed-Muller-Codes 152
Orthogonale Abbildung 114
Orthogonalraum 1o8
Orthonormalbasis 112
Orthonormalisierungsverfahren von Gram-Schmidt 113
Orthonormalsystem 112

Parallelschaltung 2o8
Partition 8
Permutation 12
-, gerade 25
-, Signum einer 23
-, ungerade 25
Permutationen, Zyklendarstellung von 22
Permutationsgruppen, Kommutativität von 23
Piercepfeil 238
Polynom 51, 217
Polynomfunktion 51
-, einstellige 39
-, darstellbar durch eine 197
- über einer universalen Algebra 194
Potenzen in Halbgruppen 21
Potenzmenge 5
Primimplikant 225
primitives Element 71
- Polynom 71
Primkörper 37
Projektion 12, 159
Quellencodierung 124
Quersummencode 126
Quine-McCluskey, Verfahren von 224

rechtsinverses Element 2o
Rechtsnebenklasse 33
Rechtsnebenklassenzerlegung 33
rechtsneutrales Element 2o
Reed-Muller-Code 152
Reed-Solomon-Code 155
reflexiv 7
rekursive Definition 5
Relation, binäre 6
-, n-stellige 159
Relationensystem 198
Restklassengruppe, additive 3o
-, prime 3o
Restklassenmonoid, multiplikatives 3o
Restklassenring $<Z_n,+,.>$ 38
Ring 36
-, kommutativer 36
- mit Einselement 36
R-Modul 4o

Sarrus, Merkregel von 97
Schaltblock 2o7
-, Analyse von 218
-, Konstruktion von 221
-, Vereinfachung von 223
-, Vergleich von 219
Schaltwerttafel 21o
Schatten eines gerichteten Graphen 165
Schlinge 162
schwach zusammenhängender Graph 17o
Semimodul 2o2
sequentielles Schaltwerk 238
Serienschaltung 2o8
Shefferstrich 238
Skalarprodukt 1o7
Spaltenrang 87

Standardschema 137
stark zusammenhängender Graph 171
Stelligkeit 179, 199
Sternschaltung 231
Stromführungsmatrix 234
-, reduzierte 235
Supremum 213
surjektiv 9
symmetrische Relation 7
Syndrom 14o
System (von Elementen) 4
Systemmatrix 92
-, erweiterte 92

Teilgraph 165
-, gesättigter 165
-, spannender 165
Teilmenge 5
-, echte 5
Totalordnung 7
Trägermenge 18o
transitiv 7
transponierte Matrix 1o3
Transposition 24
Typ einer Algebra 18o

universale Algebra 18o
Unteralgebra 184
-, von M erzeugte 185
Untergruppe 25
-, von M erzeugte 26
Unterhalbgruppe 25
-, von M erzeugte 26
Unterkörper 37
-, von M erzeugter 37
Untermodul 41
-, von M erzeugter 42
Unterring 37
-, von M erzeugter 37
Untersystem 198
Urbild, vollständiges 9

Vandermondesche Determinante 119
Varietät 182
Veitch-Diagramm 228
Vektor, normierter 112
Vektoren, orthogonale 1o7
Vektorraum 4o
- der (m,n)-Matrizen 84
-, Teilraum eines 41
-, Unterraum eines 41
Verband 211
Verbund von Relationen 16o
Verzögerungselement 238
Vielfachheit einer Nullstelle 52
vollständiger Graph 165

Wahrheitstafel 21o
Wahrscheinlichkeit 12
-, bedingte 13
- der falschen Korrektur 133

Wahrscheinlichkeit der Fehlernichterkennung 132
- von Übertragungsfehlern 128
Weg 168
Weggrad 164
Wiederholungscode 127
Wortalgebra 181
Wortproblem 182

Zahlen, ganze 4
-, komplexe 4
-, natürliche 4
-, rationale 4
-, reelle 4
Zeilenrang 87
Zeilenvektor 83
Zeroring 36
zusammenhängender Graph 169
2-Pol-Schaltung 231
2-Pol-Serienparallelschaltung 218
zyklische Gruppe 27
zyklischer Code 143
- - , Polynomdarstellung 143
Zyklus 22
- in einem Graphen 17o
-, Länge eines 23

Eine neue Reihe

Angewandte Informatik

Herausgegeben von Helmut Schauer

Computer bevölkern zunehmend unseren Lebensraum – unseren Arbeitsplatz, unsere Schule, unsere Freizeit.
Gleichzeitig wächst die Leistungsfähigkeit der Rechner, auch der kleinen, mit atemberaubendem Tempo, was immer mehr Menschen das Tor zum Computereinsatz öffnet. Inmitten dieser rasanten Entwicklung kann selbst der Fachmann seinen Überblick kaum mehr bewahren und einen tatsächlichen Nutzen der Flut am Markt angebotener Produkte (Software wie Hardware) abschätzen.
Hier will nun die Reihe „Angewandte Informatik" unterstützend eingreifen. Jeder Band widmet sich einem ausgewählten und aktuellen Schwerpunktthema und präsentiert dazu den Stand der Technik in umfassender Weise, wobei in Frage kommende Produkte firmenneutral dargestellt und objektiv verglichen werden.
Dadurch kann der professionelle Informatiker und EDV-Anwender auf dem laufenden bleiben, der Student kann sein Basiswissen abrunden, der begeisterte Amateur wird viele anregende Tips finden, und der verunsicherte EDV-Aspirant wird klarer sehen, welchen Gewinn die neue Technologie für ihn bereithält und was er für sein Geld verlangen kann.

Bereits erschienen:

W. Purgathofer

Graphische Datenverarbeitung

1985. 133 Abbildungen. XI, 201 Seiten. ISBN 3-211-81855-3
Geheftet DM 59,–, öS 420,–

„Ein Bild sagt mehr als 1000 Worte" bzw. Zahlen – so etwa könnte das Motto der graphischen Datenverarbeitung lauten, denn Bilder oder bildlich dargestellte Informationen sagen uns nun einmal mehr als Texte und Tabellen. Deshalb gewinnt auch die Erzeugung von Bildern mit Hilfe des Computers immer mehr an Bedeutung, und dies um so stärker, je schneller die aufwendige Verarbeitung zur Bilderzeugung von den

Fortsetzung siehe hintere Seite

Fortsetzung von W. Purgathofer, Graphische Datenverarbeitung

Rechnern geleistet werden kann. Dieses Buch möchte nun den Stand der Dinge in einem fundierten Überblick vermitteln und verläßliche Orientierung bieten.
Dazu werden zunächst die Grundbegriffe der GDV ausführlich erläutert, um anschließend – ausgehend von praktischen Anwendungen – die diversen Geräte, Programmiermethoden und algorithmischen Grundlagen eingehend darzulegen.
Leichte Lesbarkeit und Verständlichkeit wurden besonders angestrebt, damit sich das Werk auch als Lehrbuch eignet; nur die einfachsten Begriffe aus der Informatik werden vorausgesetzt.
So wird das Buch dem DV-Fachmann und Studenten ein umfassendes Grundlagenwerk sein, aber genausogut dem interessierten Amateur und beruflichen Anwender abschätzen helfen, welche neuen Chancen ihm die graphische Datenverarbeitung eröffnet.

In Vorbereitung:

H. Schauer/G. Barta

Konzepte der Programmiersprachen

1985. 24 Abbildungen. Etwa 200 Seiten. ISBN 3-211-81865-0

E. Schoitsch

Software-Qualitätssicherung

1985. Etwa 80 Abbildungen und Tabellen. Etwa 300 Seiten.
ISBN 3-211-81866-9

G. Futschek

Programmentwicklung und Verifikation

1985. Mit zahlreichen Beispielen. Etwa 200 Seiten. ISBN 3-211-81867-7

G. Reinauer

Computerunterstütztes Konstruieren

1985. Etwa 30 Abbildungen. Etwa 220 Seiten. ISBN 3-211-81873-1

Springer-Verlag Wien New York